多智能体系统一致性协同演化控制理论与技术

纪良浩　杨莎莎　蒲兴成　段小林　著

科学出版社

北　京

内 容 简 介

多智能体系统是分布式人工智能的一个重要分支,已成为研究复杂性科学与复杂系统的有力工具。多智能体系统的一致性问题是复杂系统协同控制的根本问题,也是分布式计算理论的基础。本书围绕多智能体系统的一致性及分组一致性问题,从系统复杂性、拓扑复杂性以及连接复杂性三个维度,分别概要论述了多智能体系统的一致性以及分组一致性协同演化控制理论及技术等内容,其集中体现了该领域最新的研究成果与发展动态。

本书可作为高等院校计算机、通信、自动化、系统科学等专业以及人工智能领域相关研究人员的参考用书,也可供相关领域工程技术人员参考。

图书在版编目(CIP)数据

多智能体系统一致性协同演化控制理论与技术 / 纪良浩等著. —北京:科学出版社,2019.11(2020.12 重印)

ISBN 978-7-03-062742-1

Ⅰ. ①多… Ⅱ. ①纪… Ⅲ. ①人工智能-研究 Ⅳ. ①TP18

中国版本图书馆 CIP 数据核字(2019)第 245595 号

责任编辑:华宗琪 / 责任校对:彭珍珍
责任印制:罗 科 / 封面设计:陈 敬

科 学 出 版 社 出版

北京东黄城根北街 16 号
邮政编码:100717
http://www.sciencep.com

成都锦瑞印刷有限责任公司 印刷
科学出版社发行 各地新华书店经销

*

2019 年 11 月第 一 版 开本:787×1092 1/16
2020 年 12 月第二次印刷 印张:12 1/4
字数:290 000

定价:109.00 元
(如有印装质量问题,我社负责调换)

前　言

　　受自然界中生物群集现象的启发，伴随着多智能体系统的出现以及应用的不断深入，如今多智能体系统（网络）已发展成为一门新兴的复杂系统科学，并已成为研究复杂性科学与复杂系统的有力工具。研究多智能体系统，就是研究其群集或者聚集的内在演化规律。智能体系统的分布式协同控制是多智能体系统研究的基础，是发挥多智能体群体优势的关键所在，也是整个系统智能性的集中体现。

　　全书共 16 章，其中：

　　第 1 章简要论述多智能体系统及其一致性问题的应用领域等，并概要总结多智能体系统一致性及分组一致性协同控制的研究进展与发展动态。

　　第 2 章主要讨论在周期间歇脉冲控制下多智能体系统的一致性问题。与传统脉冲控制不同，该章所设计的脉冲控制器仅作用于脉冲窗口中，而并非在整个时间序列里都发挥作用。同时，所设计的间歇脉冲控制具有周期性，即脉冲控制窗口和非脉冲控制窗口是呈周期性出现的，因此在脉冲控制器的设计方面也相对容易，易于操作。通过 Lyapunov-Rozumikhin 定理、代数图论理论、Halanay 不等式技巧，分析给出使得多智能体系统达到一致性的条件判据。

　　第 3 章主要研究在脉冲控制策略下，具有切换拓扑的二阶多智能体系统的一致性问题。同时重点研究切换拓扑对二阶系统一致性问题的影响。

　　第 4 章主要讨论带有随机扰动和时滞的多智能体系统在脉冲控制策略下的一致性问题。随机扰动不仅在自然界中随处可见，在人工智能系统中更是不可避免地出现，因此该章研究的针对带有随机扰动的多智能体系统的脉冲控制协议在实际应用中具有较大的研究价值。此外，该章还综合考虑了两种时滞对多智能体系统的影响。

　　第 5 章主要研究带有系统参数不确定性的多智能体系统的一致性问题。在不确定项参数的干扰下，多智能体系统很难实现完全一致。因此，该章研究一类条件相对宽泛的一致性问题，即"具有误差的一致"。通过分段脉冲控制策略，选择合适的脉冲控制增益和脉冲间隔，使领导者节点和跟随者节点之间的误差稳定在一个相对较小的控制范围内。

　　第 6 章从具有不同输入时滞和通信时滞的一阶连续系统的一致性问题出发，分别针对连通二分图和存在全局可达节点的拓扑结构，探讨一阶连续系统的分组一致性问题。基于矩阵理论和频域控制理论，分析给出一阶多智能体系统渐近实现分组一致的代数条件判据。

　　第 7 章依据代数图论和频域控制理论，重点探讨在时滞影响下二阶连续时间多智能体系统的分组一致性问题，并分析给出系统实现分组一致的代数约束条件。研究发现，分组一致的实现依赖于输入时滞、节点的连接权重和系统的耦合强度，而通信时滞不会影响系统的收敛性能。

第 8 章基于矩阵理论、代数图论、频域控制理论以及稳定性理论，对二阶连续时间多智能体系统的加权一致性问题进行探讨，提出一种新颖的加权一致控制协议，并设计决策函数，使系统最终的收敛值等于决策值。最后通过数值仿真实验进一步验证理论结论的正确性和有效性。

第 9 章基于代数图论和频域控制理论，研究在时延影响下二阶连续时间多智能体系统加权一致性问题，并分析给出二阶连续时间多智能体系统渐近实现加权一致的代数条件，以及系统渐近实现加权一致时保守的时延上界条件。最后运用数值仿真实验验证所得结论的正确性和有效性。

第 10 章分析时延影响下二阶离散时间多智能体系统渐近实现加权一致的问题，探讨时延对该类系统动态特性的影响，并给出系统渐近实现加权一致的代数条件。

第 11 章重点讨论具有一般连通拓扑的连续时间多智能体系统的牵制一致性问题，并分析给出一些可以保证多智能体系统达到一致的条件判据。利用 M 矩阵的属性以及节点的连通性，提出一种新颖的牵制控制策略。

第 12 章主要讨论具有一般连通拓扑的离散时间多智能体系统的牵制一致性问题，并分析给出可以保证离散时间多智能体系统达到一致的条件判据。

第 13 章讨论在相同输入时延和不同输入时延影响下，包含一阶和二阶智能体的离散时间异构多智能体系统的分组一致性问题。基于智能体之间的竞争关系，提出一种全新的控制协议，利用频域理论和矩阵分析的相关知识，分析给出保证系统实现分组一致的条件判据以及系统能容忍的时延上界条件。

第 14 章分别讨论在通信时延和输入时延影响下，一类基于竞争关系的异构多智能体系统的分组一致性问题，通过利用矩阵理论和奈奎斯特一般准则，从理论上分析给出一些充分条件以及系统达到分组一致时所能容忍的输入时延的上界条件。

第 15 章讨论在通信时延和输入时延影响下的具有有向二分图拓扑的离散异构多智能体系统的分组一致性问题。通过设计基于竞争关系的控制协议使系统在可以不满足入度平衡的情况下达到分组一致。利用矩阵理论和频域分析法分析得到保证异构系统达到一致的输入时延上界。

第 16 章在第 15 章的基础上研究拓扑结构为含有生成树的有向图的异构多智能体系统的分组一致性问题。基于智能体间的合作-竞争关系，提出全新的分组一致控制协议，有效释放入度平衡条件和二分图的约束条件，使系统拓扑结构更加普通。同时考虑通信时延和输入时延的影响，利用频域分析法和代数理论分析得到确保系统达到一致的时延上界。

本书第 1、13～16 章由纪良浩撰写，第 2～5 章由杨莎莎博士撰写，第 6～9 章由蒲兴成博士撰写，第 10～12 章由段小林撰写。全书由纪良浩、段小林负责统稿。

本书的撰写得到了重庆大学长江学者特聘教授廖晓峰老师的指导，在此表示衷心的感谢。此外，也得到了作者所在的研究团队许多研究生的支持，如赵新月、唐义、耿玉坤、蒋依流与张越等，他们帮助收集并整理了大量的文献资料。没有他们的帮助，本书很难在约定的时间内完成。在此，感谢他们对本书所提供的各种帮助以及所做出的贡献。

本书的出版得到了国家自然科学基金项目（61876200、61572091、61673080）、重庆市基础研究与前沿探索项目（cstc2018jcyjAX0112、cstc2019jcyj-msxmX0545）、重庆市产业类重点主题专项（cstc2017zdcy- zdyfx0091）、重庆市人工智能技术创新重大主题专项重点研发项目（cstc2017rgzn-zdyfx0022）的支持以及重庆邮电大学出版基金的资助，在此表示衷心的感谢。

限于作者的学识与经验，书中难免会出现不足之处，敬请广大读者批评指正。

作　者

2019 年 2 月

目 录

第1章 多智能体系统一致性问题概述

1.1 引　　言

在 2000 年，英国著名物理学家霍金曾经说过："我认为，下个世纪将是复杂性的世纪"。这句话揭示了在 21 世纪，科学界将面临的主要挑战与任务是处理各种各样的复杂系统，快速准确地建立并完善复杂系统理论。

在自然界中，存在着许多有趣的自然现象，如蚁群沿着固定路线觅食、鸟类蜂拥以及萤火虫的闪光同步等，在这些动物的群体行为中存在着一个共同的特征，即在没有全局通信与控制指挥的前提下，个体间通过彼此的交互与协同，最终达到群体行为的一致。这种现象特征称为系统的涌现性，它是复杂系统的整体表现，是通过系统中个体间的协作与竞争而表现出来的系统的整体行为。

受上述自然界中生物群集现象的启发，伴随着多智能体系统的出现以及应用的不断深入，如今多智能体系统（网络）已发展成为一门新兴的复杂系统科学，并已成为研究复杂性科学与复杂系统的有力工具。研究多智能体系统就是研究其群集或者聚集的内在演化规律。智能体系统的分布式协同控制是多智能体系统研究的基础，是发挥多智能体群体优势的关键所在，也是整个系统智能性的集中体现。

1.2　多智能体系统简介

智能体（agent）是指具有独立感知、计算、通信与执行能力的个体。它可以是一个实体，如无人机、机器人等，也可以是一个虚拟的个体，如软件模块与系统等。多智能体系统（multi-agent system，MAS）是指由大量分布式配置的半自治或自治的智能体（子系统）通过网络互连所构成的复杂的大规模系统，它是"系统的系统"（system of systems）[1]。在多智能体系统中，个体通过彼此间相互协同来完成复杂的任务。这种使多个自主个体共同工作以完成某种共同目标的群体行为称为多智能体系统的协同控制。

多智能体系统由于具备自主性、分布性、协调性以及一定的自主学习能力等特点，对外界影响具有较强的鲁棒性，对内部单一智能体的失误具有较高的容忍度，近年来，针对多智能体系统的研究与应用得到了广泛的关注与迅速的发展，其已成为解决复杂问题的有效手段，是分布式人工智能（distributed artificial intelligence，DAI）的一个重要分支。多智能体系统的优势主要体现在如下几个方面[2]：

（1）执行分布式任务。传统的单一复杂系统只能实现集中式的管理控制，而多智能体系统可以通过分布式传感器实现与其他智能体进行信息共享来协调动作，完成单一个体无法完成的任务,从而实现分布式任务处理。与传统的单一个体复杂系统相比,多个体协同工作可以提高操作效率,降低消耗。

(2)提高系统的整体性能。多智能体系统通过分布式控制策略实现对多个个体的协作,在充分发挥每个个体作用的同时,会产生比单一复杂系统更为强大的系统性能。

(3)成本低,可操作性强。对于一个单一复杂系统,其不仅设计、制造、运行、维护成本高,而且可操作性也比较弱。如果能够合理分解操作任务,将集中式的任务分散处理,不仅可以降低设计、运行和维护等一系列成本,更能很大程度上增强系统的灵活性和可操作性。

(4)鲁棒性强。多智能体系统具有较好的分布式处理能力,而且系统有一定的冗余和可替代性,即使系统中某一个体发生故障也不会导致整个任务停止,因而在执行任务时具有更强的鲁棒性。

1.3 多智能体系统一致性问题及其应用领域

群体通过局部协作而获得群体优势的特点刺激了多智能体系统在众多领域的广泛应用。在针对多智能体系统各方面的众多研究中,由于多智能体系统的协同控制是一个前提与基础性的工作,它正渗透到自然科学、社会科学等众多领域,并已成为当前学术界一个重要的研究热点与富有挑战性的研究课题。

多智能体系统的许多协同控制任务,如群集(swarming)、蜂拥(flocking)、聚集(rendezvous)、编队(formation)、跟踪(tracking)等,都可以统一到一致性(consensus)的研究框架之内,所以一致性问题在多智能体系统的分布式协同控制中处于基础与核心的位置。多智能体系统达到一致是实现对其协同控制的一个首要条件。多智能体系统的一致性是指随着时间的推移,系统中所有智能体的状态演化最终能够趋于一个相同的值。一致性协议(算法)是指复杂系统中智能体之间相互作用的规则,它描述了各个智能体与其邻居节点间进行信息交互的过程。

根据系统中各智能体的初始状态以及最终收敛一致状态值的不同,多智能体系统的一致性通常可分为渐近一致、平均一致、最大一致、最小一致以及分组一致等。在包含多个子网(分组、子系统)的多智能体系统中,当系统在分组一致控制策略的作用下实现分组一致时,所有智能体的最终状态按分组渐近实现一致,即同一分组中所有智能体的状态能够达到一致,而不同分组中智能体的状态则不能达到一致。显然,多智能体系统的分组一致性问题是其一致性问题的扩展。

多智能体系统的一致性问题近年来得到了来自计算机科学、系统控制、社会经济、国防安全、能源生态等领域学者的广泛关注,并逐渐发展成为一个横跨诸多学科、具有广泛普适性和巨大应用前景的热门研究课题。作为人工智能领域的一个典型,多智能体系统的分组一致性问题在很多方面有着广泛的应用,如无人机(unmanned aerial vehicle,UAV)编队、侦查与监控、智能机器人、无人驾驶车辆、卫星姿态控制、大规模分布式移动传感器网络的自主配置、重构与信息融合、网络拥塞控制、智能电网的能量传输控制以及群组决策等[3]。近年来，针对多智能体系统一致性相关问题的研究得到了快速的发展，并不断涌现了大量的研究成果。

1.4　一致性问题的研究进展与发展动态

近年来，多智能体系统的一致性、分组一致性等问题一直是计算机科学、系统科学、控制科学等学科领域的热点研究问题之一。大量的研究者从不同的侧重点取得了许多有价值的研究成果，归纳起来，他们的工作主要是围绕系统复杂性、拓扑复杂性、连接复杂性以及它们的不同组合来展开的[4]。其中，系统复杂性是指所研究的复杂系统模型从一阶积分器模型逐步发展到一般线性模型以及非线性模型等。拓扑复杂性则指系统中智能体间的连接关系以及信息交互模式从无向发展到有向，从固定拓扑发展到切换拓扑的研究趋势。连接复杂性是指智能体间在信息交互、传输过程中受到的影响或干扰等。以上三个方面复杂性的发展正是体现了科学研究中从最初理想情形逐步延伸到实际应用场景的一个不断探索的过程。

下面从与本书介绍内容相关的多智能体系统的一致性（脉冲一致、加权一致以及牵制一致）与分组一致性两个方面展开国内外研究现状与发展动态分析。

1. 多智能体系统的一致性

一致性问题既是多智能体系统协作控制的热点课题、经典问题，也是分布式计算理论研究的基石，对于一致性问题的探索最早能够追溯到 20 世纪 70 年代。1974 年，DeGroot 第一次提出一致性问题的概念[5]，通过概率统计的方法来估算多个个体所共有的概率分布函数中的部分参数。在自然界中，人类最熟悉的自然现象是鸟类的集体飞翔、鱼类的聚集和牧群等人类较为常见的生物。在这些自然现象的启发下，1987 年，Reynold 给出了一个利用计算机来模拟动物群聚的模型，即著名的 Boid 模型[6]。此模型的核心为三条准则，即防撞（collision avoidance）准则、聚合（flocking center）准则和速度匹配（velocity matching）准则。1995 年，Vicsek 等科研人员在 Boid 模型的基础上，从统计力学的角度提出了一种新的离散模型，即 Vicsek 模型[7]。该模型里面的每一个独立个体可以表示为

$$\theta_i(t+1) = \arctan \frac{\sum\limits_{j \in N_i(t)} \sin(\theta_j(t))}{\sum\limits_{j \in N_i(t)} \cos(\theta_j(t))} + \Delta\theta_i, \quad i = 1, 2, \cdots, N \tag{1.1}$$

其中，$\theta_i(t)$ 和 $N_i(t)$ 分别表示第 i 个独立个体在 t 时刻的运动方向和邻居集合。通常，Vicsek 模型被认为是 Boid 模型的特殊形式。2003 年，Jadbabaie 等针对无噪声的 Vicsek 模型进行了研究[8]，如式（1.2）所示。并且结合图论和矩阵论的概念，从控制论角度对模型进行了理论分析，结果表明在网络保持为无向连通的拓扑结构下，系统中的微粒运动方向能够达到一致的状态。

$$\theta_i(t+1) = \frac{1}{1+|N_i(t)|}\left(\theta_i + \sum_{j \in N_i(t)} \sin(\theta_j(t))\right), \quad i = 1, 2, \cdots, N \tag{1.2}$$

2004 年，Olfati-Saber 和 Murray 讨论了在固定和切换拓扑情况下多智能体的一致性问题[9]，其中重点考虑了三种情况：固定拓扑情况下的有向网络问题、切换拓扑情况下的有向网络问题和带有时滞的固定网络情况下的无向网络问题。论文在多智能体系统的代数连接和系统的线性一致性准则之间建立起了一种联系。2005 年，Ren 和 Beard 研究了在有限不可靠的信息交互情况下多智能体的一致性问题，且多智能体的网络拓扑是动态切换的[10]。研究成果表明，如果系统的通信网络拓扑中能够包含有向生成树，那么在多智能控制协议的作用下，系统能够达到一致性的状态。

在现实世界中的许多常见系统，如火车晚点、Internet 网络传输时延、无线传感器网络中的信息交互时延等，始终在生物神经网络中都存在某些程度的时滞。因此，由于通信信道拥塞或者信息传递不对称，在多智能体系统中时滞也是不可避免存在的。针对带有时滞的多智能体系统的一致性问题也就此展开。文献[11]研究了在离散多智能体系统环境下带有时滞的系统的一致性问题。研究表明，在网络的自我连接是瞬时的情况下，如果系统的网络拓扑能够确定对应一棵生成树，那么在给定的时滞限制条件下，系统能够达到一致。并且如果系统内部连接也是带有时延的，且时滞满足一定条件，那么系统不能达到一致，而是存在一定周期下的同步，且同步周期和时滞有关。文献[12]则重点考虑基于观察模式下的带有时滞的多智能体系统的一致性问题。文献[13]研究了领航者-跟随者模式下二阶多智能体系统的一致性问题。在该系统中，二阶变量，即位移和速度，均是带有时滞的。Rudy 和 Nejat[14]给出了在不规则网络拓扑环境下系统达到二阶一致性的判定条件，同时研究了各个因素对系统绝对稳定和相对稳定的影响，从而给出了两个新的概念，即最迫切的特征值和最严格的特征值，分别表示系统的时滞稳定允许范围和决定系统的收敛速度。更多关于带有时滞的多智能体系统的一致性问题的相关研究可以参考文献[15]和[16]。

在多智能体系统中，每一个节点通过与其邻居节点通信来了解邻居节点的状态信息，同时调整自己的状态，最终使得自己与邻居节点达到一致的状态[17, 18]。因此，如何选取合适的采样时间以及采样机制成为研究人员关注的问题。2009 年，Dimarogonas 和 Johansson 首次提出触发控制的概念，引起了学术界的广泛关注[19]。2012 年，Dimarogonas 等将基于事件触发的思想应用到二阶有领航者的多智能体系统中，该方法对每个智能体状态更新进行分布式采样，但其更新仍然需要获取领航者的当前状态值[20]。同年，Dimarogonas 等研究了基于事件触发的一阶线性多智能体系统的一致性问题，触发控制算法是基于智能体自身与邻居个体的局部状态信息。而且，为了避免智能体个体漏采样事件的发生，他们还设计了一种自触发的分布式采样控制方案[21, 22]。目前研究的时间触发控制协议，按照触发的形式可以分为集中式触发[23, 24]和分布式触发[25, 26]，前者表示系统中的所有节点都采用相同的事件触发函数，而后者表示每个节点都有自己独特的事件触发函数。显然，分布式触发控制能够有效减少整个系统的通信耗费和管理成本，因此也是目前的研究热点。文献[27]研究了基于触发控制的量化输出一致性问题，其中节点之间的数据传输是基于事件触发控制的，而且在邻居节点之间的传递是经过量化测量的。文献[28]研究了在有向网络背景下带有随机故障特征的二阶多智能体系统的触发控制一致性问题。在实际应用中，连续采样与周期采样通常是难以保证的，文献[29]给出了随机采样机制下系统一致性的解决方案。复杂网络的牵引同步控制也是非线性科学领域令人着迷的研究热点。然而，已存在的工作都是基于连续时间反馈控制策略并且假设每一个网络节点都能实时访问其邻居节点的状态。文献[30]为复杂网络的牵引同步控制提出了一个新颖的分布式事件触发机制。每个节点只在它们自己的事件时间才触发控制，这种策略同连续时间反馈控制相比有效地减少了控制器更新的频率。更多关于触发控制在多智能体系统的一致性问题的相关研究可以参考文献[31]～[35]。

作为一种简单高效的控制方法，脉冲控制凭借其鲁棒性强、反应速度快、收敛性能好、方便易操作等优点获得了极大的关注。另外，由于其在信息传输过程中避免了脉冲控制器对所控对象的实时信息传递和信息冗余，所以在大型航天器的减振装置、电力系统的调节、卫星轨道转换技术、移动通信中传输信号的切换和保密通信技术中得到了广泛的应用。在由多个节点构成的多智能体系统中，同样存在脉冲现象，如万维网中传输信号需要进行切换的时刻、节点之间的连接就具有脉冲效应。同时，由于学者在研究多智能体系统的一致性问题时，多采用连续控制机制，因而在网络通信技术方面有了愈加严苛的条件。因此，将分布式脉冲控制方法引入多智能体系统中是有必要的和可实现的。分布式脉冲控制机制的引入不仅可以减少信息传输冗余，降低系统控制成本，同时还可以提高系统的冗余性和对抗外部干扰的鲁棒性。许多研究人员已经在这一领域展开了许多有意义的探索式研究[36,37]。

文献[38]研究了在固定网络拓扑结构下，多智能体系统的脉冲控制一致性问题，对于如何选取合适的脉冲控制时间和脉冲矩阵也做了相应的讨论。文献[39]则研究了在有向切换网络环境下系统的一致性问题，与之前讨论的问题不同，论文中讨论的每一个节点均具有非线性的动力学特征。对于具有包含不确定性参数和耦合时滞的多智能体系统，其脉冲控制一致性问题在文献[40]中得到了讨论，且网络中的每一个节点都是不相似的。关于有领航者的多智能体系统的脉冲控制一致性问题在文献[41]进行了一定研究。更多关于脉冲控制在多智能体系统中一致性问题的相关研究可以参考文献[42]和[43]。

从理论上讲，脉冲系统同时具有离散和连续的特性，但是又超越了离散和连续的范围，因此与普通的离散或者连续的动力学系统相比，脉冲的引入使得多智能体系统所描述的动力学方程的解空间尤其丰富和多变，且理论分析相应地愈发困难。如何将脉冲控制引入多智能体系统的建模、动力学分析以及相关网络一致性问题的研究，值得更多的关注和探索。

由于在实际的应用场景中，通常不仅要使多智能体系统收敛，还要控制其最终的收敛状态，于是多智能体系统加权一致性就应运而生。俞辉等[44]第一次提出加权一致性的概念，并设计了一种分散协调控制器，使基于有向固定拓扑结构的多智能体系统在该协议下可以渐近达到加权一致，并证明了有向强连通平衡图拓扑结构在系统渐近实现加权一致时所扮演的重要角色。由于时延是不可避免的，俞辉等[45]在文献[44]的基础上，研究了通信时延影响下多智能体系统的加权一致性问题，提出了基于无向固定拓扑结构的线性和非线性分布式控制器，并给出了不同控制器实现一致性的充要条件，通过理论分析证明了多智能体系统在不同的控制规则下，系统最终可收敛到任意指定的加权状态。俞辉等[46]进一步研究了具有切换拓扑结构的多智能体系统加权一致性问题，进一步拓宽了系统实现一致时对通信拓扑结构的限制。随着分组一致性越来越受相关学者的关注，王玉振等[47]设计了一类新颖的基于竞争关系的分散协调控制协议，考虑了基于二部图拓扑结构的分别在有、无时延影响下的多智能体系统加权分组一致性问题，理论证明了该协议的正确性。在有时延影响时，运用圆盘定理和广义奈奎斯特准则，给出了系统收敛时的最大时延上界。文献[48]在已有加权一致性问题研究成果的基础上，研究了拓扑结构为二部图的一阶多智能体系统加权分组一致性问题，对已存在的分组控制协议进行了改进，拓宽了系统实现收敛时所能容忍的最大时延上界。

在实际应用中，随着多智能体系统规模的逐渐扩大，难免考虑到成本问题，针对大规模系统，如何在控制成本的前提下保证高效地控制多智能体，此时引入牵制控制的概念显得极为重要。牵制控制思想是指通过对多智能体系统中一些关键节点施加牵制，结合节点属性及节点间连通性，从而达到高效的实现控制整个网络的目的。纪良浩[49]讨论了基于一般连通拓扑结构连续和离散时间系统牵制一致性问题。针对连续时间多智能体系统，给出保证多智能渐近实现牵制一致的牵制策略；对于离散时间系统，给出保证多智能体系统渐近实现牵制一致的代数条件判据。文献[50]基于有向图讨论了非线性多智能体系统的牵制一致性问题，使用李代数理论，提出了一种线性节点和节点牵制方法，然后通过将小原理应用于小型网络，给出了一个充分的条件来减少受控节点的数量。文献[51]讨论了复杂动态多智能体系统牵制控制问题，给出了一个算法来推导反馈增益和牵制节点数量的最优组合，以获得全局指数稳定性。同时，提供了如何选择适当的牵制对象以及相应的最优牵制方案。陈天平等[52]基于有向图讨论了动态多智能体系统的牵制一致性问题，系统的选择可以是单输入单输出或多输入多输出动态多智能体系统，也可以是不相同的非线性系统，但在网络可控性研究中将被指定为相同的线性时不变系统，并讨论状态和结构可控性问题。研究结果表明，网络拓扑结构、节点系统动力学、外部控制输入和内部动态相互作用共同影响一般复杂网络的可控性。虞文武等[53]讨论了以下几个问题：①针对给定的复杂网络，选择什么类型的牵制方案来保证多智能网络渐近实现牵制一致？②设计什么类型的控制器来确保多智能体系统实现一致？③在给定的复杂网络中应该使用多大的耦合强度保证多智能体系统渐近实现牵制一致？研究结果表明，复杂系统可以通过使用耦合强度的自适应调整来实现任何连续时间多智能体系统牵制一致。通常情况下，度值较高的节点优先选择被牵制，但是，在该研究中，当耦合强度较小时，度值小的节点应该优先选择被牵制。宋强等[54]分别针对有向图和无向图给出了一种低维度的牵制策略，通过研究网络拓扑结构和耦合强度之间的关系，提出了具体的牵制方案来选择牵制节点。文献[55]讨论了具有多时延系统的二阶牵制分组一致性问题，提出新的牵制策略，该策略指出，应该选择入度为零的节点作为领导节点，且其系数应为任意常数。文献[56]基于 Lurie 动力学，讨论了具有时变时延的非线性系统牵制一致性问题。文献[57]针对具有固定拓扑的情形，研究了基于自适应的二阶非线性多智能体系统牵制一致性问题。利用矩阵、图论和 Lyapunov 稳定性理论的工具，通过分布式自适应牵制策略获得了保证多智能体系统渐近实现一致的充分条件。

2. 多智能体系统的分组一致性

北京大学王龙教授团队分别就具有无向拓扑、切换拓扑以及通信时延影响下的多智能体系统的分组一致性问题展开了深入的研究，并获得了一系列相关的理论研究成果[58-60]。针对离散系统，吕金虎教授团队分别研究了在固定与切换拓扑下多智能体系统的分组一致性问题[61, 62]。刘德荣教授团队针对具有固定拓扑的多智能体系统，运用集中与分散事件驱动的策略讨论了系统的分组一致性问题，并分别给出了系统实现分组一致的条件[63]。段广仁教授团队针对固定拓扑与切换拓扑的多智能体系统，分别研究了其在时变输入时延影响下的分组一致性问题，获得了系统实现分组一致的条件判据[64, 65]。于俊艳教授团队针对具有切换拓扑的一阶、二阶多智能体系统研究了其在时变时延影响下的分组一致性问题[66-68]。秦家虎教授团队分别就固定与切换动态拓扑条件下同质与异质多智能体系统的分组一致性问题进行了深入的探讨[69, 70]。刘飞教授团队就固定以及切换拓扑下二阶多智能体系统在通信时延、时变通信时延影响下的分组一致性问题进行了研究，分别得到了系统渐近实现分组一致的条件[71-74]。尚轶伦教授分别就具有随机噪声、时延影响以及切换拓扑下一阶多智能体系统的分组一致性问题进行了深入的研究[75, 76]。马倩教授团队分别讨论了连续、离散多智能体系统在具有非线性输入约束条件下的分组一致性问题以及二阶多智能体系统在具有领航者-跟随者情形下的牵制分组一致性问题[77, 78]。复旦大学陈天平教授团队分别针对具有固定拓扑和切换拓扑的多智能体系统，考虑了在外部影响下的系统分组一致性问题[79, 80]。杭州电子科技大学胡鸿翔博士设计了一种连续、离散的混合协议，讨论了多智能体系统的分组一致性问题，同时，也对在参数不确定情形下异质多智能体系统的分组一致性问题进行了探讨[81, 82]。华中科技大学关治洪教授团队利用脉冲控制的方法，对多智能体系统的多一致性问题开展了深入的研究，并获得了一系列的理论成果[83-87]。重庆邮电大学纪良浩教授团队分别针对通信时延、输入时延影响下的分组一致性问题以及基于牵制、自适应控制策略的分组一致性等问题进行了比较深入的研究，并取得了一系列的研究成果[88-91]。文献[92]~[98]分别研究了具有固定与随机切换拓扑的一阶、二阶离散以及连续多智能体系统在无时延以及有时延影响两种情形下的分组一致性问题。文献[99]~[103]、[104]~[107]及其参考文献，分别考虑了带领航者-跟随者的多智能体系统的分组一致性以及牵制分组一致性问题。

上述相关研究工作主要是针对同质多智能体系统的分组一致性问题。然而，在实际的复杂系统中，受各种条件的限制，同一系统中各个智能体的动力学行为总是或多或少存在差异，甚至基于成本控制等需求，需要组织不同特性的智能体来协作实现一个整体的任务目标。因此，近几年来，研究者纷纷将视野转到针对异质多智能体系统的分组一致性问题的研究。

北京交通大学闻国光教授团队分别讨论了异质多智能体系统的分组一致性、时延分组一致性以及考虑输入饱和情形下的牵制分组一致性等问题[108-111]。文献[112]~[116]也分别针对异质连续、离散多智能体系统，研究了其分组一致性问题。

上述关于同质或者异质多智能体系统的相关研究工作主要基于复杂系统中多智能体间的合作关系来展开的。事实上，在多智能体系统中，智能体间的关系除了合作关系以外，还存在竞争以及同时存在竞争与合作的关系[117]。近几年来，许多研究者也纷纷对此展开了研究。

山东大学王玉振教授团队针对具有二分拓扑的同质系统，分别讨论了基于竞争关系以及同时具有竞争与合作关系的系统的分组一致性问题[117]。东南大学曹进德院士、虞文武教授团队研究了基于组间竞争、组内合作关系的同质多智能体系统的反向分组一致性问题以及基于竞争与合作关系二阶系统的一致性问题[118-120]。文献[121]讨论了基于竞争合作关系的高阶多智能体系统的分组一致性问题。天津大学左志强教授团队基于事件触发机制，分别讨论了竞争协作同质多智能体系统的分组一致性问题[122, 123]。重庆邮电大学纪良浩教授团队运用频域分析方法，分别对具有竞争关系的异质多智能体系统在通信时延以及输入时延影响下的分组一致性问题进行了研究，研究表明系统分组一致的实现与通信时延无关，仅与系统的控制参数以及输入时延相关，但通信时延却能影响系统的收敛速度[124-129]。

综上所述，通过文献的调研与梳理，可知晓国内外学者针对多智能体系统一致性以及分组一致性问题的研究动态是从最初的同质系统到异质系统、从最基本的智能体间的合作关系到竞争以及合作-竞争关系，从而使得对多智能体系统一致及分组一致协同演化的研究不断深入，并取得了丰富的研究成果。

1.5　本　章　小　结

本章简要介绍了多智能体系统及其一致性问题的应用领域与研究进展，并概要总结了多智能体系统一致性及分组一致性协同控制的发展动态。

参 考 文 献

[1]　佘莹莹. 多智能体系统一致性若干问题的研究[D]. 武汉：华中科技大学博士学位论文，2010.

[2]　王晴. 高阶非线性不确定多智能体系统鲁棒协同控制[D]. 北京：北京科技大学博士学位论文，2018.

[3]　洪奕光，翟超. 多智能体系统动态协调与分布式控制设计[J]. 控制理论与应用，2011，28（10）：1506-1512.

[4]　Wieland P. From static to dynamic couplings in consensus and synchronization among identical and non-identical systems[D]. Stuttgart：University of Stuttgart，2010.

[5]　DeGroot M. Reaching a consensus[J]. Journal of American Statistical Association，1974，69（345）：118-121.

[6]　Borkar V，Varaiya P P. Asymptotic agreement in distributed estimation[J]. IEEE Transactions on Automatic Control，1982，27（3）：650-655.

[7]　Vicsek T，Czirók A，Ben-Jacob E. Novel type of phase transition in a system of self-driven particles[J]. Physical Review Letters，1995，75（6）：1226-1229.

[8]　Jadbabaie A，Lin J，Morse A S. Coordination of groups of mobile autonomous agents using nearest neighbor[C]. IEEE Conference on Decision & Control，2003：1675.

[9]　Olfati-Saber R，Murray R M.Consensus problems in networks of agents with switching topology and time-delays[J]. IEEE Transactions on Automatic Control，2004，49（9）：1520-1533.

[10]　Ren W，Beard R W.Consensus seeking in multiagent systems under dynamically changing interaction topologies[J]. IEEE Transactions on Automatic Control，2005，50（5）：655-661.

[11]　Lu W，Atay F M，Jost J. Consensus and synchronization in discrete-time networks of multi-agents with stochastically switching topologies and time delays[J]. Networks & Heterogeneous Media，2009，93（33）：2609-2610.

[12]　Yoshioka C，Namerikawa T. Observer-based consensus control strategy for multi-agent system with communication time delay[C]. IEEE International Conference on Control Applications，2008：1037-1042.

[13]　Weixun L，Chen Z. Leader-following consensus of second-order time-delay multi-agent systems with and without nonlinear dynamics[J]. Journal of University of Science & Technology of China，2012，（5）：415-422.

[14]　Rudy C，Nejat O. Exhaustive stability analysis in a consensus system with time delay and irregular topologies[C]. American Control Conference，2011：746-757.

[15]　Pei Y，Sun J. Consensus of discrete-time linear multi-agent systems with Markov switching topologies and time-delay[J]. Neurocomputing，2015，151：776-781.

[16]　Kaviarasan B，Sakthivel R，Abbas S. Robust consensus of nonlinear multi-agent systems via reliable control with probabilistic time delay[J]. Complexity，2016，21（S2）：138-150.

[17]　Olfati-Saber R. Flocking for multi-agent dynamic systems：Algorithms and theory[J]. IEEE Transactions on Automatic Control，2006，51（3）：401-420.

[18]　Hong Y，Hu J，Gao L. Tracking control for multi-agent consensus with an active leader and variable topology[J]. Automatica，2006，42（7）：1177-1182.

[19]　Dimarogonas D V，Johansson K H. Event-triggered control for multi-agent systems[C]. Proceedings of the 48th IEEE Conference on Decision and Control，2009：7131-7136.

[20]　Dimarogonas D V，Frazzoli E，Johansson K H. Distributed event-triggered control for multi-agent systems[J]. IEEE Transactions on Automatic Control，2012：1291-1297.

[21]　Guinaldo M，Dimarogonas D V，Lehmann D，et al. Distributed event-based control for interconnected linear systems[J]. IET Control Theory & Applications，2011，7（6）：2553-2558.

[22]　Meng X，Chen T. Event based agreement protocols for multi-agent networks[J]. Automatica，2013，49（7）：2125-2132.

[23]　Chen X，Hao F. Event-triggered average consensus control for discrete-time multi-agent systems[J]. IET Control Theory & Applications，2012，6（16）：2493-2498.

[24]　Tang T，Liu Z，Chen Z. Event-triggered formation control of multi-agent systems[C]. 中国自动化学会（控制理论专业委员会 C 卷），2011：4783-4786.

[25]　Hu J，Chen G，Li H. Distributed event-triggered tracking control of second-order leader-follower multi-agent systems[C]. 中国自动化学会（控制理论专业委员会 B 卷），2011：4819-4824.

[26]　Fan Y，Feng G，Wang Y，et al. Distributed event-triggered control of multi-agent systems with combinational measurements[J]. Automatica，2013，49（2）：671-675.

[27]　Han Y，Antsaklis P J. Output synchronization of networked passive systems with event-driven communication[J]. IEEE Transactions on Automatic Control，2014，59（3）：750-756.

[28]　Li H，Liao X，Huang T，et al. Second-order global consensus in multiagent networks with random directional link failure[J]. IEEE Transactions on Neural Networks & Learning Systems，2015，26（3）：565-575.

[29]　Mu N，Liao X，Huang T. Consensus of second-order multi-agent systems with random sampling via event-triggered control[J]. Journal of the Franklin Institute，2016，353（6）：1423-1435.

[30]　Gao L，Liao X，Li H. Pinning controllability analysis of complex networks with a distributed event-triggered mechanism[J]. IEEE Transactions on Circuits and Systems II：Express Briefs，2014，61（7）：541-545.

[31]　Wang X，Lemmon M D. Self-triggering under state-independent disturbances[J]. IEEE Transactions on Automatic Control，2010，55（6）：1494-1500.

[32]　Yi X，Lu W，Chen T. Pull-based distributed event-triggered consensus for multiagent systems with directed topologies[J]. IEEE Transactions on Neural Networks & Learning Systems，2015，28：71-79.

[33]　Shi X，Li L，Lu J，et al. Event-triggered consensus for double-integrator multi-agent systems[C]. IEEE International Conference on Industrial Technology，2016：1396-1401.

[34]　Han Y，Lu W，Chen T. Consensus analysis of networks with time-varying topology and event-triggered diffusions[J]. Neural

Networks the Official Journal of the International Neural Network Society，2015，71（C）：196-203.

[35]　Manitara N E，Hadjicostis C N. Distributed stopping for average consensus in undirected graphs via event-triggerred strategies[J]. Automatica，2016，70：121-127.

[36]　Li L，Jian J. Exponential convergence and Lagrange stability for impulsive Cohen-Grossberg neural networks with time-varying delays[J]. Journal of Computational & Applied Mathematics，2015，277（C）：23-35.

[37]　Zhang W，Li C，Huang T，et al. Synchronization of memristor-based coupling recurrent neural networks with time-varying delays and impulses[J]. IEEE Transactions on Neural Networks & Learning Systems，2015，26（12）：3308-3313.

[38]　Jiang H，Yu J，Zhou C. Consensus of multi-agent linear dynamic systems via impulsive control protocols[J]. International Journal of Systems Science，2011，42（6）：967-976.

[39]　Guan Z，Liu Z，Feng G. Impulsive consensus algorithms for second-order multi-agent networks with sampled information[J]. Automatica，2012，48（7）：1397-1404.

[40]　Liu B，Hill D J. Impulsive consensus for complex dynamical networks with nonidentical nodes and coupling time-delays[J]. SIAM Journal on Control & Optimization，2011，49（2）：315-338.

[41]　Guo W，Wang G. Impulsive consensus of the leader-following multi-agent systems[C]. Advances in Computer Science，Intelligent System and Environment，2011：403-408.

[42]　Zhang H，Zhou J. Distributed impulsive consensus for second-order multi-agent systems with input delays[J]. IET Control Theory & Applications，2013，7（16）：1978-1983.

[43]　Liu Z，Guan Z，ShenX，et al. Consensus of multi-agent networks with aperiodic sampled communication via impulsive algorithms using position-only measurements[J]. IEEE Transactions on Automatic Control，2012，57（10）：2639-2643.

[44]　俞辉，蹇继贵，王永骥. 多智能体有向网络的加权平均一致性[J]. 微计算机信息，2007，23（5）：239-241.

[45]　俞辉，蹇继贵，王永骥. 多智能体时滞网络的加权平均一致性[J]. 控制与决策，2007，22（5）：558-565.

[46]　俞辉，蹇继贵. 多智能体有向切换网络的加权平均一致性[C]. 第 27 届中国控制会议，2008：526-530.

[47]　王玉振，杜英雪，王强. 多智能体时滞和无时滞网络的加权分组一致性分析[J]. 控制与决策，2015，30（11）：1993-1998.

[48]　He Y，Wang X. Weighted group-consensus of multi-agent systems with bipartite topologies[C]. The 28th Chinese Control and Decision Conference，2016：2368-2372.

[49]　Ji L，Tang Y，Liu Q. On hybrid adaptive and pinning consensus for multi-agent networks[J]. Mathematical Problems in Engineering，2016，doi:10.1155/2016/9127356.

[50]　Xiong W，Daniel C，Wang Z. Consensus analysis of multiagent networks via aggregated and pinning approaches[J]. IEEE Transactions on Neural Networks，2011，22（8）：1231-1240.

[51]　Zhao J，Lu J，Wu X. Pinning control of general complex dynamical networks with optimization[J]. Science China Information Sciences，2010，53（4）：813-822.

[52]　Chen T，Liu X，Lu W. Pinning complex networks by a single controller[J]. IEEE Transactions on Circuits and Systems I：Regular Papers，2007，54（6）：1317-1326.

[53]　Yu W，Chen G，Lv J. On pinning synchronization of complex dynamical networks[J]. Automatica，2009，45（2）：429-435.

[54]　Song Q，Cao J. On pinning synchronization of directed and undirected complex dynamical networks[J]. IEEE Transactions on Circuits and Systems I：Regular Papers，2010，57（3）：672-680.

[55]　Han K，Xie D，Jiang F. Distributed observer design for group consensus tracking of multi-agent systems with time-delays[C]. Proceedings of the 2015 Conference on Chinese Control，2015：7586-7591.

[56]　Guo L，Pan H，Jia M. Group consensus for multi-agent systems with Lurie dynamics and time delays[C]. Proceedings of the 2015 Conference on Chinese Control，2015：7073-7078.

[57]　Xu C，Zheng Y，Su H，et al. Cluster consensus for second-order mobile multi-agent systems via distributed adaptive pinning control under directed topology[J]. Nonlinear Dynamics，2016，83（4）：1975-1985.

[58]　Yu J，Wang L. Group consensus of multi-agent systems with undirected communication graphs[C]. Proceedings of the 7th

Asian Control Conference，2009：105-110.

[59]　Yu J，Wang L. Group consensus in multi-agent systems with switching topologies[J]. Systems & Control Letters，2010，59（6）：340-348.

[60]　Yu J，Wang L. Group consensus of multi-agent systems with directed information exchange[J]. International Journal of Systems Science，2012，43（2）：334-348.

[61]　Chen Y，Lv J，Han F，et al. Cluster consensus of discrete-time multi-agent systems with fixed topology[C]. Proceedings of the 8th Asian Control Conference，2011：794-799.

[62]　Chen Y，Lv J，Han F，et al. On the cluster consensus of discrete-time multi-agent systems[J]. Systems & Control Letters，2011，60（7）：517-523.

[63]　Ma H，Liu D，Wang D，et al. Centralized and decentralized event-triggered control for group consensus with fixed topology in continuous time[J]. Neurocomputing，2015，161：267-276.

[64]　Tan C，Duan G，Liu G. Couple-group consensus of multi-agent systems with directed and fixed topology[C]. Proceedings of the 30th Chinese Control Conference，2011：6515-6520.

[65]　Tan C，Liu G，Duan G. Group consensus of networked multi-agent systems with directed topology[C]. Proceedings of the 18th World Congress on the International Federation of Automatic Control，2011：8878-8883.

[66]　Gao Y，Yu J，Shao J，et al. Second-order group consensus in multi-agent systems with time-delays based on second-order neighbors' information[C]. Proceedings of the 34th Chinese Control Conference，2015：7493-7498.

[67]　Xia H，Huang T，Shao J，et al. Group consensus of multi-agent systems with communication delays[J]. Neurocomputing，2016，171：1666-1673.

[68]　Gao Y，Yu J，Shao J，et al. Group consensus for second-order discrete-time multi-agent systems with time-varying delays under switching topologies[J]. Neurocomputing，2016，207：805-812.

[69]　Qin J，Yu C. Cluster consensus control of generic linear multi-agent systems under directed topology with acyclic partition[J]. Automatica，2013，49（9）：2898-2905.

[70]　Qin J，Ma Q，Zheng W. Output group consensus for heterogeneous linear multi-agent systems communicating over switching topology[C]. Proceedings of the 36th Chinese Control Conference，2017：8632-8637.

[71]　Li X，Liu C，Liu F. Coupled-group consensus seeking for second-order multi-agent systems with communication delay[C]. Proceeding of the 2015 IEEE International Conference on Information and Automation，2015：2541-2546.

[72]　Li X，Liu C，Liu F. Scaled group consensus of delayed second-order multi-agent systems[C]. The 12th World Congress on Intelligent Control and Automation，2016：2163-2168.

[73]　李向军，刘成林，刘飞. 时延异构多自主系统的群一致性分析[J]. 计算机应用，2016，36（5）：1439-1444.

[74]　Chen S，Liu C，Liu F. Delay effect on group consensus seeking of second-order multi-agent systems[C]. Proceedings of the 29th Chinese Control and Decision Conference，2017：1190-1195.

[75]　Shang Y. Group consensus of multi-agent systems in directed networks with noises and time delays[J]. International Journal of Systems Science，2015，46（14）：2481-2492.

[76]　Shang Y. Couple-group consensus of continuous-time multi-agent systems under Markovian switching topologies[J]. Journal of the Franklin Institute，2015，352（11）：4826-4844.

[77]　Ma Q，Wang Z，Miao G. Second-order group consensus for multi-agent systems via pinning leader-following approach[J]. Journal of the Franklin Institute，2014，351（3）：1288-1300.

[78]　Miao G，Ma Q. Group consensus of the first-order multi-agent systems with nonlinear input constraints[J]. Neurocomputing，2015，161：113-119.

[79]　Han Y，Lu W，Chen T. Cluster consensus of networks of second-order multi-agent systems with inter-cluster non-identical inputs[C]. The 25th Chinese Control and Decision Conference，2013：4667-4672.

[80]　Han Y，Lu W，Chen T. Achieving cluster consensus in continuous-time networks of multi-agents with inter-cluster non-identical inputs[J]. IEEE Transactions on Automatic Control，2015，60（3）：793-798.

[81] Hu H, Yu L, Zhang W, et al. Group consensus in multi-agent systems with hybrid protocol[J]. Journal of the Franklin Institute, 2013, 350 (3): 575-597.

[82] Hu H, Yu W, Xuan Q, et al. Group consensus for heterogeneous multi-agent systems with parametric uncertainties[J]. Neurocomputing, 2014, 142: 383-392.

[83] Li J, Guan Z, Chen G. Multi-consensus of nonlinearly networked multi-agent systems[J]. Asian Journal of Control, 2015, 17 (1): 157-164.

[84] Guan Z, Han G, Li J, et al. Impulsive multiconsensus of second-order multiagent networks using sampled position data[J]. IEEE Transactions on neural networks and learning systems, 2015, 26 (11): 2678-2687.

[85] Han G, Guan Z, Li J, et al. Multi-consensus of multi-agent networks via a rectangular impulsive approach[J]. Systems & Control Letters, 2015, 76: 28-34.

[86] Han G, He D, Guan Z, et al. Multi-consensus of multi-agent systems with various intelligences using switched impulsive protocols[J]. Information Sciences, 2016, 349-350: 188-198.

[87] Han G, Guan Z, Li J, et al. Multi-tracking of second-order multi-agent systems using impulsive control[J]. Nonlinear Dynamics, 2016, 84: 1771-1781.

[88] Ji L, Liao X, Liu Q. Group consensus analysis of multi-agent systems with delays[J]. Acta Physica Sinica, 2012, 61 (22): 220202 (1) -220202 (8).

[89] Ji L, Liu Q, Liao X. On reaching group consensus for linearly coupled multi-agent networks[J]. Information Sciences, 2014, 287: 1-12.

[90] Liao X, Ji L. On pinning group consensus for dynamical multi-agent networks with general connected topology[J]. Neurocomputing, 2014, 135: 262-267.

[91] Ji L, Zhao X. On couple-group consensus of multiagent networks with communication and input time delays[J]. Journal of Control Science and Engineering, 2016, (3): 1-9.

[92] Feng Y, Lu J, Xu S, et al. Couple-group consensus for multi-agent networks of agents with discrete-time second-order dynamics[J]. Journal of the Franklin Institute, 2013, 350 (10): 3277-3292.

[93] Zhao H, Park J H, Zhang Y. Couple-group consensus for second-order multi-agent systems with fixed and stochastic switching topologies[J]. Applied Mathematics and Computation, 2014, 232: 595-605.

[94] Feng Y, Xu S, Zhang B. Group consensus control for double-integrator dynamic multiagent systems with fixed communication topology[J]. International Journal of Robust and Nonlinear Control, 2014, 24: 532-547.

[95] Xie D, Liu Q, Lv L, et al. Necessary and sufficient condition for the group consensus of multi-agent systems[J]. Applied Mathematics and Computation, 2014, 243: 870-878.

[96] Xie D, Liang T. Second-order group consensus for multi-agent systems with time delays[J]. Neurocomputing, 2015, 153: 133-139.

[97] Lin Y, Li Z. Group consensus of multi-agent system with double-integrator dynamics under directed topology[C]. Proceedings of the 35th Chinese Control Conference, 2016: 1181-1186.

[98] Yu M, Yan C, Li C. Event-triggered tracking control for couple-group multi-agent systems[J]. Journal of the Franklin Institute, 2017, 354: 6152-6169.

[99] Wang G, Shen Y. Second-order cluster consensus of multi-agent dynamical systems with impulsive effects[J]. Communications in Nonlinear Science Numerical Simulation, 2014, 19 (9): 3220-3228.

[100] Ma Z, Wang Y, Li X. Cluster-delay consensus in first-order multi-agent systems with nonlinear dynamics[J]. Nonlinear Dynamics, 2016, 83 (3): 1303-1310.

[101] Tu Z, Zhang D, Xia X, et al. Event-triggered group consensus of leader-following multi-agent systems with nonlinear dynamics[C]. Proceedings of the 35th Chinese Control Conference, 2016: 7885-7890.

[102] Cui Q, Xie D, Jiang F. Group consensus tracking control of second-order multi-agent systems with directed fixed topology[J]. Neurocomputing, 2016, 218 (7): 286-295.

[103] Xu W，Ho D. Clustered event-triggered consensus analysis：An impulsive framework[J]. IEEE Transactions on Industrial Electronics，2016，63（11）：7133-7143.

[104] Han K，Xie D，Jiang F. Distributed observer design for group consensus tracking of multi-agent systems with time-delays[C]. Proceedings of the 34th Chinese Control Conference，2015：7586-7591.

[105] Guo L，Pan H，Jia M，et al. Group consensus for multi-agent systems with Lurie dynamics and time delays[C]. Proceedings of the 34th Chinese Control Conference，2015：7073-7078.

[106] Ma Q，Lu J. Cluster synchronization for directed complexdynamical networks via pinning control[J]. Neurocomputing，2013，101：354-360.

[107] Guo L，Cai N，Pan H. Robust group consensus analysis of multi-agent systems with nonlinear dynamics[C]. Proceedings of the 35th Chinese Control Conference，2016：7728-7732.

[108] Huang J，Wen G，Wang C，et al. Distributed group consensus for heterogeneous multi-agent systems[C]. The 27th Chinese Control and Decision Conference，2015：175-180.

[109] Wen G，Yu Y，Peng Z，et al. Dynamical group consensus of heterogeneous multi-agent systems with input time delays[J]. Neurocomputing，2016，175：278-286.

[110] Wen G，Huang J，Wang C. Group consensus control for heterogeneous multi-agent systems with fixed and switching topologies[J]. International Journal of Control，2016，89（2）：259-269.

[111] Wen G，Huang J，Peng Z，et al. On pinning group consensus for heterogeneous multi-agent system with input saturation[J]. Neurocomputing，2016，207：623-629.

[112] Zheng Y，Wang L. A novel group consensus protocol for heterogeneous multi-agent systems[J]. International Journal of Control，2015，88（11）：2347-2353.

[113] Liu C，Zhou Q，Hu X. Group consensus of heterogeneous multi-agent systems with fixed topologies[J]. International Journal of Intelligent Computing and Cybernetics，2015，8（4）：294-311.

[114] Liu B，Zhang Y，Jiang F，et al. Group consensus for a class of discrete-time heterogeneous multi-agent systems in directed topology[C]. The 32nd Youth Academic Annual Conference of Chinese Association of Automation，2017：376-381.

[115] Chen K，Wang J，Zhang Y，et al. Cluster consensus of multi-agent systems with heterogeneous dynamics[C]. The 29th Chinese Control and Decision Conference，2017：1517-1522.

[116] Kim J，Choi Y，Jin B. Cluster consensus for heterogeneous multi-agent systems[C]. The 15th International Conference on Control，Automation and Systems，2015：1119-1122.

[117] Wang Q，Wang Y. Cluster synchronization of a class of multi-agent systems with a bipartite graph topology[J]. Science China Information Sciences，2014，57：012203（11）.

[118] Hu H，Yu W，Wen G，et al. Couple-group consensus of multi-agent systems in the cooperation-competition network[C]. Proceedings of the 35th Chinese Control Conference，2016：8302-8306.

[119] Hu H，Yu W，Wen G，et al. Reverse group consensus of multi-agent systems in the cooperation-competition network[J]. IEEE Transactions on Circuits & Systems I：Regular Papers，2016，63（11）：2036-2047.

[120] Hu H，Xuan Q，Yu W，et al. Second-order consensus for heterogeneous multi-agent systems in the cooperation-competition network. A hybrid adaptive and pinning control approach[J]. Nonlinear Analysis：Hybrid Systems，2016，20：21-36.

[121] Zhou M，Zhan J，Li X. Cluster consensus of high-order multi-agent systems in weighted cooperative networks[C]. Proceedings of the 35th Chinese Control Conference，2016：7739-7744.

[122] Zuo Z，Ma J，Wang Y. Layered event-triggered control for group consensus with both competition and cooperation interconnections[J]. Neurocomputing，2018，275：1964-1972.

[123] 马金瑾，杜英雪. 基于事件触发与竞争协作的分组一致性控制[J]. 控制与决策，doi：10.13195/j.kzyjc.2017.0898.

[124] Yu N，Ji L，Yu F. Heterogeneous and competitive multi-agent networks：Couple-group consensus with communication or input time delays[J]. Complexity，2017：1-10.

[125] Ji L，Yu N，Wang Y. Couple-group consensus for heterogeneous and competitive complex multi-agent systems with multiple

time delays[C]. The 43rd Annual Conference of the IEEE Industrial Electronics Society，2017：5737-5742.

[126] Ji L，Zhang Y，Jiang Y. Couple-group consensus：A class of delayed heterogeneous multiagent systems in competitive networks[J]. Complexity，2018，doi：10.1155/2018/7386729.

[127] Jiang Y，Ji L，Pu X，et al. Group consensus for discrete-time heterogeneous multi-agent systems with input and communication delays[J]. Complexity，2018，doi：10.1155/2018/8319537.

[128] Jiang Y，Ji L，Liu Q，et al. Couple-group consensus for discrete-time heterogeneous multiagent systems with cooperative-competitive interactions and time delays[J]. Neurocomputing，2018，319：92-101.

[129] Ji L，Yu X，Li C. Group consensus for heterogeneous multi-agent systems in the competition networks with input time delays[J]. IEEE Transactions on Systems，Man，and Cybernetics：Systems，doi：10.1109/TSMC.2018.2858556.

第2章　周期间歇脉冲控制下多智能体系统一致性

2.1　引　　言

  多智能体系统通常是由大量相互连接的节点构成的,每一个节点代表具有自己独立动力学行为的智能体,节点之间的边表示智能体之间的信息交互关系。近年来,多智能体系统的一致性问题已经引起了人们的极大关注。对多智能体系统的研究不仅可以帮助人们认识自然界中的现象,如食草动物如何避免食肉动物的侵袭、增加觅食机会,同时也可以在人工智能机器人的协调控制方面提供有益的思路和有效的解决方案[1-5]。

  在现实世界,许多系统在演化过程中都有可能在某些时刻经历状态的剧烈变化。这些信息的突变既有可能是来自于系统内部的干扰,也有可能是系统之间的交互形成的。更多的是,这些突变是在某些既定时刻发生的且会引发一系列的连锁反应。研究人员用脉冲来表示这种信号突变的现象。作为一种简单有效的控制机制,脉冲控制已经在多智能体系统的同步和一致性问题中得到了应用[6-12]。文献[6]讨论了在有向图背景下多智能体系统脉冲控制的一致性问题,系统中多智能体节点的运动过程均采用脉冲微分方程表示。文献[8]引入了控制拓扑的概念,表示整个系统的控制器的分布结构,包括节点之间的有向连接。该控制拓扑既可以和多智能体系统的拓扑结构相同,也可以完全独立于系统的拓扑结构。在该控制拓扑的作用下,多智能体系统能够达到一致的状态。文献[12]研究了在带有非线性时滞和异构脉冲下复杂网络的同步问题。异构脉冲是指脉冲的强度在时间和空间上都是异构的,也就是说,同一时刻不同节点之间脉冲的影响是不一样的,且不同时刻同一节点的脉冲也是不一样的。因此,从理论上和实践上都可以看出,针对脉冲作用下的多智能体系统的一致性问题进行研究是有必要的。

  与连续性的返回控制相比,脉冲控制仅需要实现对部分有限时刻的控制。尽管人们对脉冲控制在多智能体系统的一致性问题已经有所研究,但是在脉冲控制的实现过程中依然存在一个时间间隔的上限。通常,这个时间间隔不会太大。因此,每一个节点状态突变的频率还是较高的。另外,在某些特殊的情况下,脉冲控制窗口(脉冲控制器能够运行的时间段)是受特定条件限制和约束的,如金融领域内现金的供应、卫星在轨道之间的传输等。如果空闲时间窗口(脉冲控制器不能够运行的时间段)大于脉冲控制间隔的上限,那么原有的脉冲控制机制将不能被采纳。从另一个角度看,减少脉冲控制时间是一种通过减少脉冲信号冗余来改善多智能体系统一致性的新方法。文献[13]正好给出了一种间歇脉冲控制方法来解决带有时滞的混沌神经网络的同步问题,但是关于间歇脉冲控制在多智能体系统中的应用尚处于空白状态,因此本章重点研究带有时滞的多智能体系统的间歇脉冲控制一致性问题。与以往的脉冲系统相比,本章的间歇脉冲控制主要是为了解决带有时滞的多智能体系统的一致性问题。在本章的间歇脉冲控制中,脉冲控制器仅仅在脉冲窗口运行，而不是运行在整个系统时间中。基于线性矩阵不等式（LMI）矩阵理论和 Lyapunov-Rozumikhin 稳定性定理，给出模型能够达到一致的条件。

2.2 预 备 知 识

本章考虑一个由 N 个智能体组成的线性多智能体系统，每个智能体有独立且不相关的动力学行为。此系统中，每一个智能体的状态行为信息可以用一个 n 维向量表示，$G = (V, \varepsilon, A)$ 表示该系统的通信拓扑加权有向图。可以定义第 i 个智能体的动力学行为如下：

$$\dot{x}_i(t) = -Cx_i(t) + Af(x_i(t)) + Bf(x_i(t - \tau(t))) + u_i, \quad i = 1, 2, \cdots, N \quad (2.1)$$

在系统中，$x_i(t) = [x_{i1}(t), x_{i2}(t), \cdots, x_{iN}(t)]$ 是每一个智能体的状态向量；$C = \mathrm{diag}\{c_1, c_2, \cdots, c_n\}$ 是对角矩阵，并且 $c_i > 0, i = 1, 2, \cdots, N$；连续非线性向量函数 $f(x_i(t)) = [f_1(x_{i1}(t)), f_2(x_{i2}(t)), \cdots, f_N(x_{iN}(t))]$ 代表每个多智能体之间相互交互的行为；传输时滞 τ 有界且满足条件 $0 \leqslant \tau(t) < \tau$；$A \in \mathbb{R}^{n \times n}$ 和 $B \in \mathbb{R}^{n \times n}$ 分别是连接权重矩阵和带有时滞的连接权重矩阵；$u_i \in \mathbb{R}^n$ 就是需要设计的控制器。

注 2.1 模型（2.1）也可以看成一个结合几个常见模型的带有时滞的混沌神经网络。尤其值得注意的是，如果激活函数 $f_i(x) : R \to \mathbb{R}$ 是 S 型的，那么模型（2.1）描述的就是带有时滞的 Hopfiled 混沌神经网络。类似地，如果激活函数 $f_i(x) = \frac{1}{2}(|x+1| - |x-1|)$，那么模型（2.1）描述的就是带有时滞的细胞神经网络。

假设 2.1 $f_i(x) : R \to \mathbb{R}$ 是有界的且 $f(0) = 0$，并且满足 Lipschitz 条件，即对于任意 $x, y \in \mathbb{R}^n$，都存在正常数 ρ_i 使得如下不等式成立：

$$\|f_i(x) - f_i(y)\| \leqslant \rho_i \|x - y\| \quad (2.2)$$

注 2.2 假设 2.1 保证了带有时滞的多智能体系统（2.1）存在平衡点而且模型的解是存在的。

控制节点（或领航者）标记为 0，其动力学演化如下所示：

$$\dot{x}_0(t) = -Cx_0(t) + Af(x_0(t)) + Bf(x_0(t - \tau(t))) \quad (2.3)$$

其中，$x_0(t) \in \mathbb{R}$ 是状态向量。领航者负责对系统的行为进行控制，以达到生成所需的目标轨迹的目的。g_i 是控制节点与其他节点之间的连接权重且满足 $g_i \geqslant 0$。$g_i > 0$ 表示控制节点和节点 i 之间有且只有一条边，$G = \mathrm{diag}\{g_i\} \in \mathbb{R}^{n \times n}$。

在信息传输过程中，系统控制器经常被一系列带有固定参数的脉冲打断，可以表示为 $\sum\limits_{k=1}^{\infty} \sigma(t - t_k) W_k u_i$，$W_k \in \mathbb{R}^{n \times n}$，$k \in n$。其中 $\sigma(\cdot)$ 代表 Dirac 函数，W_k 是脉冲增益矩阵。将脉冲引入系统（2.1），可以得到如下带有脉冲的多智能体系统：

$$\dot{x}_i(t) = -Cx_i(t) + Af(x_i(t)) + Bf(x_i(t - \tau(t))) + \sum\limits_{k=1}^{\infty} \sigma(t - t_k) W_k u_i, \quad i = 1, 2, \cdots, N \quad (2.4)$$

本章所引入的间歇脉冲控制策略，脉冲控制器仅仅工作在控制窗口内，而不是整个系统运行时间中。脉冲控制窗口和非脉冲控制窗口分别定义为 $[m\varpi, m\varpi + \varsigma]$ 和 $[m\varpi + \varsigma, (m+1)\varpi]$。其中，$m = 0, 1, \cdots$，$0 < \varpi < \varpi + \varsigma < \infty$。

$$\begin{cases} \dot{x}_i(t) = -Cx_i(t) + Af(x_i(t)) + Bf(x_i(t-\tau(t))), & t \in [m\varpi, m\varpi + \varsigma] \\ \dot{x}_i(t) = -Cx_i(t) + Af(x_i(t)) + Bf(x_i(t-\tau(t))), & t \neq T_{m,z}, t \in [m\varpi + \varsigma, (m+1)\varpi] \\ \Delta x_i(t) = x_i(t^+) - x_i(t^-) = x_i(t^+) - x_i(t) = W_z u_i(t), & t = T_{m,z}, t \in [m\varpi + \varsigma, (m+1)\varpi] \end{cases} \quad (2.5)$$

其中，$m = 0, 1, \cdots$，$z = 0, 1, \cdots, M_m$，M_m 是一个与 m 相关的正实数；$T_{m,z}$ 表示在第 m 个脉冲控制窗口中的第 z 个脉冲，$m\varpi + \varsigma = T_{m,1} < T_{m,2} < \cdots < T_{m,M_m} \leqslant (m+1)\varpi$。间歇脉冲控制机制可以简单地表示为 $\{W_k, T_{m,z}\}$。$\lim\limits_{h \to 0^+} x_i(t_T - h) = x_i(t_T^-) = x_i(t_T)$，$\lim\limits_{h \to 0^+} x_i(t_T + h) = x_i(t_T^+)$ 说明 $x_i(t_T)$ 在 $t = T_{m,z}$ 时刻是左连续的。此外，定义 $T_{k,M_k+1} = (k+1)\varpi$，$\Delta_{k,i} = T_{k,i+1} - T_{k,i}$。

定义跟随者的初始条件如下：

$$x_i(t) = \psi_i(t), \quad -r \leqslant t \leqslant 0 \quad (2.6)$$

定义 $e_i(t) = x_i(t) - x_0(t)$，可以得到如下误差系统：

$$\begin{cases} \dot{e}_i(t) = -Ce_i(t) + A(f(x_i(t)) - f(x_0(t))) \\ \qquad + B(f(x_i(t-\tau(t))) - f(x_0(t-\tau(t)))), & t \in [m\varpi, m\varpi + \varsigma] \\ \dot{e}_i(t) = -Ce_i(t) + A(f(x_i(t)) - f(x_0(t))) \\ \qquad + B(f(x_i(t-\tau(t))) - f(x_0(t-\tau(t)))), & t \neq T_{m,z}, t \in [m\varpi + \varsigma, (m+1)\varpi] \\ \Delta e_i(t) = e_i(t^+) - e_i(t^-) = W_z u_i(t), & t = T_{m,z}, t \in [m\varpi + \varsigma, (m+1)\varpi] \end{cases} \quad (2.7)$$

改写为 Kronecker 乘积的形式如下：

$$\begin{cases} \dot{e}(t) = -(I_N \otimes C)e(t) + (I_N \otimes A)h(e(t)) \\ \qquad + (I_N \otimes B)h(e(t(t-\tau(t)))), & t \in [m\varpi, m\varpi + \varsigma] \\ \dot{e}(t) = -(I_N \otimes C)e(t) + (I_N \otimes A)h(e(t)) \\ \qquad + (I_N \otimes B)h(e(t(t-\tau(t)))), & t \neq T_{m,z}, t \in [m\varpi + \varsigma, (m+1)\varpi] \\ \Delta e(t) = e(t^+) - e(t^-) = (I_N \otimes W_z)U(t), & t = T_{m,z}, t \in [m\varpi + \varsigma, (m+1)\varpi] \end{cases} \quad (2.8)$$

其中，$\overline{x}_0(t) = I_N \otimes x_0(t)$，$x(t) = [x_1^T(t), \cdots, x_N^T(t)]$，$e(t) = x_i(t) - \overline{x}_0(t) = [e_i^T(t), \cdots, e_N^T(t)]$，$h(e(t)) = [(f(x_1(t)) - f(x_0(t)))^T, \cdots, (f(x_N(t)) - f(x_0(t)))^T]^T$，$U(t) = [u_i^T(t), \cdots, u_N^T(t)]$，$h(e(t-\tau(t))) = [(f(x_1(t-\tau(t))) - f(x_0(t-\tau(t))))^T, \cdots, (f(x_N(t-\tau(t))) - f(x_0(t-\tau(t))))^T]^T$

本章设计的控制机制的目的是使跟随者的状态以指数方式接近领航者，最终达到同步的效果，具体细节如下。

定义 2.1　脉冲控制协议在系统中是有效的，如果对于系统（2.5）的最终状态满足：

$$\lim\limits_{t \to \infty} \|e(t)\| = \lim\limits_{t \to \infty} \|x(t) - x_0(t)\| = 0 \quad (2.9)$$

为了实现多智能体同步的目标，采用以下分布式跟踪机制，并且综合考虑节点的当前状态信息和带有时滞的状态信息，具体如式（2.10）所示：

$$u_i(t) = d_1 K \left(\sum_{j \in N_i} a_{ij}(t)(x_j(t) - x_i(t)) - g_i(x_0(t) - x_i(t)) \right)$$
$$+ d_2 M \left(\sum_{j \in N_i} a_{ij}(t)(x_j(t - \tau(t)) - x_i(t - \tau(t))) - g_i(x_0(t - \tau(t)) - x_i(t - \tau(t))) \right) \quad (2.10)$$

改写成矩阵形式如下：

$$U(t) = -d_1((L(t) + G(t)) \otimes K)e(t) - d_2((L(t) + G(t)) \otimes M)e(t - \tau(t)) \quad (2.11)$$

其中，$d_1 > 0$、$d_2 > 0$ 为耦合强度，$K = K^{\mathrm{T}} \in \mathbb{R}^{n \times n}$、$M = M^{\mathrm{T}} \in \mathbb{R}^{n \times n}$ 为采用的反馈增益矩阵，$A(t) = [a_{ij}(t) \in \mathbb{R}^{n \times n}]$ 为伴随图 $G(t)$ 的邻接矩阵，$G(t)$ 为 t 时刻 N 个节点之间的基本通信拓扑结构。

将分布式跟踪机制（2.11）代入多智能体系统（2.8）中，可以得到系统：

$$\begin{cases}
\dot{e}(t) = -(I_N \otimes C)e(t) + (I_N \otimes A)h(e(t)) \\
\qquad + (I_N \otimes B)h(e(t(t - \tau(t)))), & t \in [m\varpi, m\varpi + \varsigma] \\
\dot{e}(t) = -(I_N \otimes C)e(t) + (I_N \otimes A)h(e(t)) \\
\qquad + (I_N \otimes B)h(e(t(t - \tau(t)))), & t \neq T_{m,z}, t \in [m\varpi + \varsigma, (m+1)\varpi] \\
\Delta e(t) = e(t^+) - e(t^-) = (I_N \otimes W_z)U(t), \\
U(t) = -d_1((L(t) + G(t)) \otimes K)e(t) \\
\qquad - d_2((L(t) + G(t)) \otimes M)e(t - \tau(t)), & t = T_{m,z}, t \in [m\varpi + \varsigma, (m+1)\varpi]
\end{cases} \quad (2.12)$$

为了证明本章的结论，给出如下的引理。

引理 2.1　对于给定的矩阵 W_1、W_2，存在矩阵 $Q = Q^{\mathrm{T}} > 0$ 和实数 $a > 0$ 使得式（2.13）成立：

$$W_1^{\mathrm{T}} W_2 + W_2^{\mathrm{T}} W_1 \leqslant a W_1^{\mathrm{T}} Q W_1 + a^{-1} W_2^{\mathrm{T}} Q^{-1} W_2 \quad (2.13)$$

引理 2.2　$\alpha, \beta, \tau \geqslant 0$ 是给定的实数，假设对于任意 $\tau \geqslant 0$，函数 $R, v: [t_0 - \tau, \infty) \to \mathbb{R}^+$ 在区间 $[t_0 - \tau, \infty)$ 都是连续的。更进一步，如果存在 $\alpha \geqslant \beta \geqslant 0$，有

$$D^+ v(t) \leqslant -\alpha v(t) + \beta \sup_{s \in [t - \tau, t]} v(s), \ t \in [t_0, \infty) \quad (2.14)$$

那么

$$v(t) \leqslant \sup_{s \in [t_0 - \tau, t_0]} v(s) \exp(-v^+(t - t_0)) \quad (2.15)$$

其中 $t \in [t_0, \infty)$，满足 $v \in (0, \alpha - \beta]$ 且

$$v = \alpha - \beta e^{v\tau} \quad (2.16)$$

2.3　问题描述与分析

本节分析带有时滞的多智能体的间歇脉冲控制同步问题。依据前面的假设和定义，可以得到定理 2.1。

定理 2.1　若假设 2.1 满足，在间歇脉冲控制机制下，如果存在常数 λ_1、λ_2、$a_{m,z}$、$b_{m,z}$、ρ 使得下列条件（（1）～（4））满足，那么系统（2.12）在均方下是同步的。也就是说，带有时滞的多智能体系统（2.1）在均方下也是同步的。

（1）假设存在正定矩阵 P 和正定对角矩阵 Q_1、Q_2 使得下面的不等式成立：

$$2(P \otimes C) + (P \otimes A)Q_1(P \otimes A)^{\mathrm{T}} + (I_N \otimes \Im)Q_1^{-1}(I_N \otimes \Im)^{\mathrm{T}} + (P \otimes B)Q_1(P \otimes B)^{\mathrm{T}} - \alpha P \leqslant 0 \tag{2.17}$$

$$(I_N \otimes \Im)Q_2^{-1}(I_N \otimes \Im)^{\mathrm{T}} - \beta P \leqslant 0 \tag{2.18}$$

其中，常数 $\alpha > 0$，$\beta > 0$，$\Im = \mathrm{diag}\{\rho_1, \rho_2, \cdots, \rho_n\}$。

（2）

$$\begin{bmatrix} -\lambda_1 I_{Nn} & ((L(t) + G(t)) \otimes W_z K) + I_{Nn} \\ * & -P^{-1} \end{bmatrix} < 0 \tag{2.19}$$

$$\begin{bmatrix} -\lambda_2 I_{Nn} & ((L(t) + G(t)) \otimes W_z M) \\ * & -P^{-1} \end{bmatrix} < 0 \tag{2.20}$$

（3）

$$a_{m,z} = \frac{d_1^2(1 + \kappa_{T_{m,z}})}{\lambda_{\min}(P)} \tag{2.21}$$

$$b_{m,z} = \frac{d_1^2(1 + \kappa_{T_{m,z}}^{-1})}{\lambda_{\min}(P)} \tag{2.22}$$

其中，$\max\{\mathrm{e}^{\gamma\tau}, a_{m,n} + b_{m,n}\mathrm{e}^{\gamma\tau}\} \leqslant \rho \leqslant 1$。

（4）时滞 $\tau(t) \leqslant \varDelta_0$ 且满足：

$$\xi = \rho^{M_0}\mathrm{e}^{\gamma(\varpi - \varsigma)} < 1 \tag{2.23}$$

证明　构建 Lyapunov 函数为 $V(t) = e(t)Pe(t)$。

当 $t \in [m\varpi, m\varpi + \varsigma]$ 时，多智能体系统运行在无脉冲控制环境中，因此可以得到

$$\begin{aligned} \dot{V}(t) &= \dot{e}(t)Pe(t) + e^{\mathrm{T}}(t)P\dot{e}(t) \\ &= 2e(t)P(-(I_N \otimes C)e(t) + (I_N \otimes A)h(e(t)) + (-I_N \otimes B)e(t - \tau(t))) \end{aligned} \tag{2.24}$$

应用 Kronecker 积，能够得到

$$\begin{aligned} &2e^{\mathrm{T}}(t)P(I_N \otimes A)h(e(t)) \\ &\leqslant e^{\mathrm{T}}(t)P(I_N \otimes A)Q_1(I_N \otimes A)^{\mathrm{T}}Pe(t) + h^{\mathrm{T}}(e(t))Q_1^{-1}h(e(t)) \\ &\leqslant e^{\mathrm{T}}(t)(P \otimes A)Q_1(P \otimes A)^{\mathrm{T}}e(t) + e(t)(I_N \otimes \Im)Q_1^{-1}(I_N \otimes \Im)^{\mathrm{T}}e(t) \end{aligned} \tag{2.25}$$

根据引理 2.1，并且取 $Q = Q_1$，$a = 1$，可以得到

$$
\begin{aligned}
& 2e^{\mathrm{T}}(t)P(I_N \otimes A)h(e(t)) \\
& \leqslant e^{\mathrm{T}}(t)P(I_N \otimes A)Q_1(I_N \otimes A)^{\mathrm{T}}Pe(t) + h^{\mathrm{T}}(e(t))Q_1^{-1}h(e(t)) \\
& \leqslant e^{\mathrm{T}}(t)(P \otimes A)Q_1(P \otimes A)^{\mathrm{T}}Pe(t) \\
& \quad + e^{\mathrm{T}}(t)(I_N \otimes \mathfrak{I})Q_1^{-1}(I_N \otimes \mathfrak{I})^{\mathrm{T}}e(t)
\end{aligned}
\tag{2.26}
$$

根据引理 2.1，并且取 $Q = Q_2$，$a = 1$，可以得到

$$
\begin{aligned}
& 2e^{\mathrm{T}}(t)P(I_N \otimes B)h(e(t - \tau(t))) \\
& \leqslant e^{\mathrm{T}}(t)P(I_N \otimes B)Q_2(I_N \otimes B)^{\mathrm{T}}Pe(t) + h^{\mathrm{T}}(e(t - \tau(t)))Q_2^{-1}h(e(t - \tau(t))) \\
& \leqslant e^{\mathrm{T}}(t)(P \otimes B)Q_2(P \otimes B)^{\mathrm{T}}Pe(t) \\
& \quad + e^{\mathrm{T}}(t - \tau(t))(I_N \otimes \mathfrak{I})Q_2^{-1}(I_N \otimes \mathfrak{I})^{\mathrm{T}}e(t - \tau(t))
\end{aligned}
\tag{2.27}
$$

把式（2.25）～式（2.27）代入式（2.24），可以得到

$$
\begin{aligned}
\dot{V}(t) = & e(t)(-(P \otimes C) + (P \otimes A)Q_1(P \otimes A)^{\mathrm{T}} + (I_N \otimes \mathfrak{I})Q_1^{-1}(I_N \otimes \mathfrak{I})^{\mathrm{T}} \\
& + (P \otimes B)Q_2(P \otimes B)^{\mathrm{T}})e(t) + e^{\mathrm{T}}(t - \tau(t))(I_N \otimes \mathfrak{I})Q_1^{-1}(I_N \otimes \mathfrak{I})^{\mathrm{T}}e(t - \tau(t))
\end{aligned}
\tag{2.28}
$$

根据条件（1）得

$$
\dot{V}(t) \leqslant -\alpha V(t) + \beta V(t - \tau(t)) \leqslant -\alpha V(t) + \beta \sup_{s \in [t_0 - \tau, t_0]} V(s)
\tag{2.29}
$$

通过引理 2.2 和式（2.29），得到存在常数 γ 使得对于任意 $t \in [m\varpi, m\varpi + \varsigma]$，有下列公式成立：

$$
\dot{V}(t) \leqslant \tilde{V}(t_{m\varpi})\mathrm{e}^{\gamma(t - t_{m\varpi})}
\tag{2.30}
$$

其中，$\tilde{V}(t_{m\varpi})$ 的定义与引理 2.2 中 $v(t_0)$ 的定义类似。

如果 $t \in [m\varpi + \varsigma, (m+1)\varpi]$，且 $m\varpi + \varsigma \leqslant T_{m,z-1} < T_{m,z} \leqslant (m+1)\varpi$，可得

$$
\dot{V}(t) \leqslant -\alpha V(t) + \beta V(t - \tau(t))
\tag{2.31}
$$

即

$$
\dot{V}(t) \leqslant \tilde{V}(T_{m,z-1})\mathrm{e}^{\gamma(t - T_{m,z-1})}
\tag{2.32}
$$

为了书写的简洁性，给出定义 $Z(t) = L(t) + G(t)$。

当 $t = T_{m,z}$ 时，有

$$
\begin{aligned}
e(T_{m,z}^+) = & -d_1((I_N \otimes W_z)(Z(t) \otimes K) + I_{Nn})e(T_{m,z}) \\
& -d_2(I_N \otimes W_z)(Z(t) \otimes M)e(T_{m,z} - \tau(T_{m,z})) \\
= & -d_1(Z(t)(W_z \otimes K) + I_{Nn})e(T_{m,z}) \\
& -d_2(Z(t) \otimes W_zM)e(T_{m,z} - \tau(T_{m,z}))
\end{aligned}
\tag{2.33}
$$

然后，可得

$$V(e(T_{m,z}^+)) = e^{\mathrm{T}}(T_{m,z}^+)Pe(T_{m,z}^+)$$
$$= -d_1\left((I_{Nn} \otimes W_z)(Z(t) \otimes K) + I_{Nn}\right)e^{\mathrm{T}}(T_{m,z})$$
$$\cdot P(-d_2(I_{Nn} \otimes W_z)(Z(t) \otimes M))e(T_{m,z} - \tau(T_{m,z}))$$
$$= d_1^2 e^{\mathrm{T}}(T_{m,z})((Z(t) \otimes K) + I_{Nn})^{\mathrm{T}} P((Z(t) \otimes K) + I_{Nn})e(T_{m,z})$$
$$+ d_2^2 e^{\mathrm{T}}(T_{m,z} - \tau(T_{m,z}))((I_{Nn} \otimes W_z)(Z(t) \otimes M))^{\mathrm{T}} \qquad (2.34)$$
$$\cdot P((I_{Nn} \otimes W_z)(Z(t) \otimes M))e(T_{m,z} - \tau(T_{m,z}))$$
$$+ 2d_1 d_2 e^{\mathrm{T}}(T_{m,z})((Z(t) \otimes K) + I_{Nn})^{\mathrm{T}}$$
$$\cdot P((I_{Nn} \otimes W_z)(Z(t) \otimes M))e(T_{m,z} - \tau(T_{m,z}))$$

根据引理 2.1，可得

$$V(e(T_{m,z}^+)) \leqslant d_1^2 e^{\mathrm{T}}(T_{m,z})(1 + \kappa_{T_{m,z}})$$
$$\cdot ((Z(t) \otimes K) + I_{Nn})^{\mathrm{T}} P((Z(t) \otimes K) + I_{Nn})e(T_{m,z})$$
$$+ d_2^2 e^{\mathrm{T}}(T_{m,z} - \tau(T_{m,z}))(1 + \kappa_{T_{m,z}}^{-1})(I_{Nn} \otimes W_z)Z(t) \qquad (2.35)$$
$$\cdot P(I_{Nn} \otimes W_z)(Z(t) \otimes M)e(T_{m,z} - \tau(T_{m,z}))$$

采用 Schur 补引理的概念，可得和不等式（2.19）和（2.20）对等的不等式（2.36）和（2.37）：

$$((Z(t) \otimes K) + I_{Nn})^{\mathrm{T}} P((Z(t) \otimes K) + I_{Nn}) \leqslant \lambda_1 I_{Nn} \qquad (2.36)$$

$$(Z(t) \otimes M)^{\mathrm{T}} P(Z(t) \otimes M) \leqslant \lambda_2 I_{Nn} \qquad (2.37)$$

因此可得

$$V(e(T_{m,z}^+)) \leqslant d_1^2(1 + \kappa_{T_{m,z}})\lambda_1 e^{\mathrm{T}}(T_{m,z})e(T_{m,z})$$
$$+ d_2^2(1 + \kappa_{T_{m,z}}^{-1})\lambda_2 e^{\mathrm{T}}(T_{m,z} - \tau(T_{m,z}))e(T_{m,z} - \tau(T_{m,z}))$$
$$\leqslant \frac{d_1^2(1 + \kappa_{T_{m,z}})}{\lambda_{\min}(P)}V(e(T_{m,z})) + \frac{d_2^2(1 + \kappa_{T_{m,z}}^{-1})}{\lambda_{\min}(P)}V(e(T_{m,z} - \tau(T_{m,z}))) \qquad (2.38)$$
$$\leqslant a_{m,z}V(e(T_{m,z})) + b_{m,z}V(e(T_{m,z} - \tau(T_{m,z})))$$

通过数学归纳法验证对于一切 $t \in (m\varpi + \varsigma, (m+1)\varpi)$，下面不等式均成立：

$$V(t) \leqslant \rho^{z-1}\tilde{V}(T_{m\varpi})\mathrm{e}^{\gamma(t-T_{m\varpi})} \qquad (2.39)$$

根据数学归纳法的验证规则，先验证 $z = 1$ 的情况。对于 $t \in (T_{m,0}, T_{m,1}]$，根据式（2.32），可以得到

$$V(t) \leqslant \tilde{V}(T_{m\varpi})\mathrm{e}^{\gamma(t-T_{m\varpi})} \leqslant \rho^0 \tilde{V}(T_{m\varpi})\mathrm{e}^{\gamma(t-T_{m\varpi})} \qquad (2.40)$$

因此，$z = 1$ 的情况验证是成立的。接下来，假设当 $z = n$，$m \in \mathbb{N}$，$m \geqslant 2$ 时式（2.39）成立，那么可以验证 $z = n + 1$，式（2.39）依然成立：

$$V(e(T_{m,n}^+)) \leqslant a_{m,n} V(e(T_{m,n})) + b_{m,n} V(e(T_{m,n} - \tau(T_{m,n})))$$

$$\leqslant \rho^{n-1} a_{m,n} \tilde{V}(t_{m\varpi}) e^{\gamma(T_{m,n} - t_{m\varpi})} + \rho^{n-1} b_{m,n} \tilde{V}(t_{m\varpi}) e^{\gamma(T_{m,n} - \tau(T_{m,n}) - t_{m\varpi})}$$

$$\leqslant \rho^{n-1} (a_{m,n} + b_{m,n} e^{\gamma\tau}) \tilde{V}(t_{m\varpi}) e^{\gamma(T_{m,n} - t_{m\varpi})} \qquad (2.41)$$

$$\leqslant \rho^{n} \tilde{V}(t_{m\varpi}) e^{\gamma(T_{m,n} - t_{m\varpi})}$$

对于 $z = n+1$，通过式（2.32）、式（2.39）和式（2.41），可以得到

$$V(t) \leqslant \tilde{V}(e(T_{m,n})) e^{\gamma(T_{m,n} - t_{m\varpi})} = \sup_{s \in [T_{m,n} - \tau, T_{m,n}]} V(e(s)) e^{\gamma(T_{m,n} - t_{m\varpi})}$$

$$= \max \left\{ \sup_{s \in [T_{m,n} - \tau, T_{m,n}]}, V(e(T_{m,n}^+)) \right\} e^{\gamma(T_{m,n} - t_{m\varpi})}$$

$$\leqslant \max \{ \rho^{n-1} \tilde{V}(t_{m\varpi}) e^{\gamma(T_{m,n} - \tau - t_{m\varpi})}, \rho^{n} \tilde{V}(t_{m\varpi}) e^{\gamma(T_{m,n} - t_{m\varpi})} \} e^{\gamma(t - T_{m,n})} \qquad (2.42)$$

$$= \{ \rho^{n-1} e^{\gamma\tau}, \rho^{n} \} e^{\gamma(T_{m,n} - t_{m\varpi})} e^{\gamma(t - T_{m,n})}$$

$$\leqslant \rho^{n} \tilde{V}(t_{m\varpi}) e^{\gamma(t - t_{m\varpi})}$$

因此，式（2.39）是成立的。

当 $t \in [m\varpi, (m+1)\varpi]$ 时，有

$$V(t) \leqslant \begin{cases} \tilde{V}(t_{m\varpi}) e^{\gamma(t - t_{m\varpi})}, & t \in [m\varpi, m\varpi + \varsigma] \\ \rho^{z-1} \tilde{V}(t_{m\varpi}) e^{\gamma(t - t_{m\varpi})}, & t \in [m\varpi + \varsigma, (m+1)\varpi] \end{cases} \qquad (2.43)$$

$$V(t) \leqslant \begin{cases} \tilde{V}(t_{m\varpi}) e^{\gamma\varsigma}, & t \in [m\varpi, m\varpi + \varsigma] \\ \rho^{z-1} \tilde{V}(t_{m\varpi}) e^{\gamma(\varpi - \varsigma)}, & t \in [T_{m,z}, T_{m,z+1}] \end{cases} \qquad (2.44)$$

由于（4）中的 $\tau \leqslant \varDelta_0(t)$，可得

$$\tilde{V}(t_{(m+1)\varpi}) \leqslant \rho^{M_m} \tilde{V}(t_{m\varpi}) e^{\gamma(\varpi - \varsigma)} \qquad (2.45)$$

根据条件（4），可得

$$\tilde{V}(t_{(m+1)\varpi}) \leqslant \rho^{M_0} \tilde{V}(t_{m\varpi}) e^{\gamma(\varpi - \varsigma)} \leqslant \varepsilon \tilde{V}(t_{m\varpi}) \qquad (2.46)$$

其中，$\varepsilon = \rho^{M_0} e^{\gamma(\varpi - \varsigma)} < 1$。

更进一步，可得

$$V(t) \leqslant \begin{cases} \varepsilon^m \tilde{V}(0) e^{\gamma\varsigma}, & t \in [m\varpi, m\varpi + \varsigma] \\ \varepsilon^m \rho^{z-1} \tilde{V}(0), & t \in [T_{m,z}, T_{m,z+1}] \end{cases} \qquad (2.47)$$

因此可得

$$\lim_{t \to \infty} V(t) = 0 \qquad (2.48)$$

证毕。

根据定义 2.1，可以知道系统在均方下是可以达到同步状态的，也就意味着带有时滞的多智能体系统在间歇脉冲控制的条件下也是同步的。

注 2.3 式（2.17）和式（2.18）中的矩阵 P 和 Q 依赖于多智能体的拓扑结构图，因此对于不同的拓扑结构，控制参数 (d_1, d_2, K, M) 也是独立的。

注 2.4 容易发现定理 2.1 中的条件仅仅是充分条件，而不是充分必要条件。因此，

定理 2.1 的计算复杂性是和定理 2.1 所有条件的计算复杂性是等同的。总体上看，定理 2.1 中一共有四个主要条件。其中，最复杂的应该是条件（1）中的第一项，即式（2.17），其计算复杂性为 $O(n^3)$。综合可得定理 2.1 的计算复杂性为 $O(n^3)$。

注 2.5　脉冲控制作为一个重要课题，由于其存在的独特性和必要性，研究热度一直居高不下。与文献[13]相比，本章的创新之处在于将间歇脉冲控制引入多智能体的同步问题研究当中。在本章的间歇脉冲控制策略中，脉冲控制器仅作用在脉冲控制窗口中，而不是发生在整个系统时间中。这种间歇控制机制与实际生活中的部分特殊情况更加切合，即控制器被限制在部分特殊时刻中，如金融系统中的资金控制以及卫星在轨道中的运行情况。

2.4　例子与数值仿真

为了验证本章理论的正确性与有效性，本节给出如下具体的数值例子。

例 2.1　假设一个由 5 个智能体构成的系统 S，由 1 个领航者和 4 个跟随者节点构成，其动力学演化分别如式（2.49）和式（2.50）所示：

$$\dot{x}_0(t) = -Cx_0(t) + Af(x_0(t)) + Bf(x_0(t-\tau(t))) \tag{2.49}$$

$$\dot{x}_i(t) = -Cx_i(t) + Af(x_i(t)) + Bf(x_i(t-\tau(t))) + \sum_{k=1}^{\infty}\sigma(t-t_k)W_k u_i, \quad i=1,2,3,4 \tag{2.50}$$

其中，$x_0(t) = (x_0^1(t), x_0^2(t))^{\mathrm{T}}$ 为领航者的状态变量，$x_i(t) = (x_i^1(t), x_i^2(t))^{\mathrm{T}}$ 为智能体 i 的状态变量，其初始值均从 $[-1,1]$ 中随机产生，如下所示：

$$x_0(t) = (0.1712 \quad 0.0318), \quad x(t) = \begin{bmatrix} 0.9058 & 0.9134 \\ 0.9649 & 0.9706 \\ -0.9157 & 0.9595 \\ 0.7577 & 0.3922 \end{bmatrix}$$

多智能体系统 G 的通信拓扑如图 2.1 所示，系统的拉普拉斯矩阵的和牵引矩阵分别为

$$L = \begin{bmatrix} 1 & 0 & 0 & -1 \\ -1 & 1 & 0 & 0 \\ 0 & -1 & 1 & 0 \\ 0 & 0 & -1 & 1 \end{bmatrix}, \quad G = \begin{bmatrix} 1 & 0 & 0 & 0 \\ 0 & 1 & 0 & 0 \\ 0 & 0 & 1 & 0 \\ 0 & 0 & 0 & 1 \end{bmatrix}$$

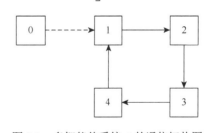

图 2.1　多智能体系统 G 的通信拓扑图

为了运算方便，牵引增益 g_i 和连接权重都设为 1。其他参数设定为 $C = \mathrm{diag}(1,1)$，$f(x_i(t)) = \dfrac{|x_i(t)+1| - |x_i(t)-1|}{2}$，$\tau(t) = \tau = 1$。反馈矩阵为

$$A = \begin{bmatrix} 1+\dfrac{\pi}{4} & 20 \\ 0.1 & 1+\dfrac{\pi}{4} \end{bmatrix}, \quad B = \begin{bmatrix} \dfrac{-1.3\sqrt{2}\pi}{4} & 0.1 \\ 0.1 & \dfrac{-1.3\sqrt{2}\pi}{4} \end{bmatrix}$$

参数 $K = 1.5I_2$，$M = 1.5I_2$，脉冲控制窗口 ς 和非脉冲控制窗口 ϖ 均定义为 20。时滞 $\tau(t) = 1$，脉冲间隔 $t_k - t_{k-1} = 5$。

实验分析：通过简单计算，可以得到 $\lambda_1 < 0.3256$，$\lambda_2 < 1.2781$，$\lambda_{\min}(P) = 0.5327$。因此可以简单定义 $\lambda_1 < 0.3$，$\lambda_2 < 1.1$。通过定理 2.1 中的条件（3），可以得到 $\rho \geqslant 0.7257$。类似地，可以定义 $\rho \geqslant 0.8$，那么可以得到 $\xi = 0.9281 < 1$。根据定理 2.1 的条件，可以认为带有时滞的多智能体系统在间歇脉冲控制下可以达到同步的状态。图 2.2 和图 2.3 展示了系统 S_1 和 S_2 在脉冲控制下节点的运动状态，图 2.4 和图 2.5 表示系统 S_1 和 S_2 的测量误差演化过程，图 2.6 表示脉冲控制序列，由此可以看出系统 S 在间歇脉冲控制的情况下能够达到一致。综上所述，本章所提到的间歇脉冲控制协议是有效的。

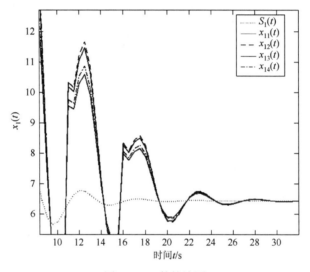

图 2.2　S_1 的轨迹图

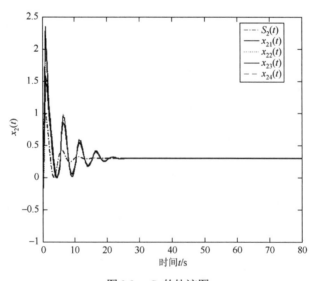

图 2.3　S_2 的轨迹图

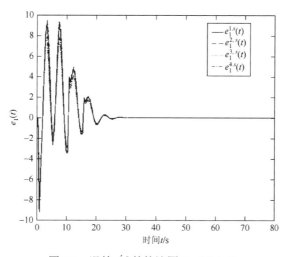

图 2.4 误差 $e_1^{i,s}$ 的轨迹图 $(i=1,2,3,4)$

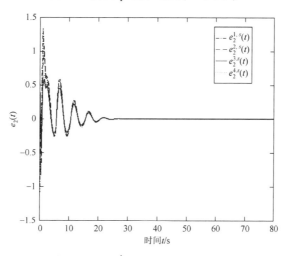

图 2.5 误差 $e_2^{i,s}$ 的轨迹图 $(i=1,2,3,4)$

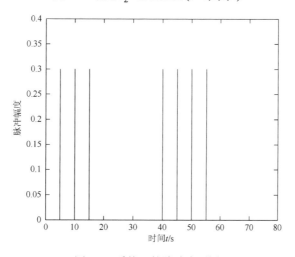

图 2.6 系统 S 的脉冲序列图

2.5 本章小结

本章主要针对带有时滞的多智能体系统的一致性问题进行了研究,并且设计了相应的间歇脉冲控制协议。设计的间歇脉冲控制协议打破了传统脉冲控制的局限性。与传统脉冲控制协议不同,本章的脉冲控制器仅仅作用在脉冲窗口中,而不是在整个时间序列都发挥作用。同时,本章研究的间歇脉冲控制是具有周期性的,即脉冲控制窗口和非脉冲控制窗口是呈周期状出现的,因此在脉冲控制器的设计方面也相对容易,易于操作。通过 Lyapunov-Rozumikhin 定理、代数图论理论、Halanay 不等式技巧,得到了新的使带有时滞的多智能体系统达到一致性的条件。通过一个具体代数实例,验证了理论的正确性和有效性。目前带有时滞的多智能体系统的一致性问题仍处于起步阶段,有许多研究课题值得深入探索,如二阶多智能体系统的脉冲控制、带有随机项的多智能体系统的脉冲控制等,将在以后的研究中对这些方向进行探讨。

参 考 文 献

[1] Fax J A,Murray R M. Information flow and cooperative control of vehicle formations[J]. IEEE Transactions on Automatic Control,2004,35(1):1465-1476.

[2] Watts D J,Strogatz S H. Collective dynamics of "small-world" networks[J]. Nature,1998,393(6684):440-442.

[3] Yu W,Chen G,Cao M. Consensus in directed networks of agents with nonlinear dynamics[J]. IEEE Transactions on Automatic Control,2011,56(6):1436-1441.

[4] Yu J,Wang L. Group consensus in multi-agent systems with switching topologies and communication delays[J]. Systems & Control Letters,2010,59(6):340-348.

[5] Lu J,Ho D ,Cao J. A unified synchronization criterion for impulsive dynamical networks[J]. Automatica,2010,46(7):1215-1221.

[6] Hu H X,Liu A,Xuan Q,et al. Second-order consensus of multi-agent systems in the cooperation-competition network with switching topologies:A time-delayed impulsive control approach[J]. Systems & Control Letters,2013,62(12):1125-1135.

[7] Jiang H B. Hybrid adaptive and impulsive synchronisation of uncertain complex dynamical networks by the generalised Barbalat's lemma[J]. IET Control Theory & Applications,2009,3(10):1330-1340.

[8] Guan Z H,Liu Z W,Feng G,et al. Synchronization of complex dynamical networks with time-varying delays via impulsive distributed control[J]. IEEE Transactions on Circuits & Systems I:Regular Papers,2010,57(8):2182-2195.

[9] Yu W,Chen G,Cao M,et al. Second-order consensus for multiagent systems with directed topologies and nonlinear dynamics[J]. IEEE Transactions on Systems Man & Cybernetics Part B,2010,40(3):881-891.

[10] Zhou J,Wu Q,Xiang L,et al. Impulsive synchronization seeking in general complex delayed dynamical networks[J]. Nonlinear Analysis Hybrid Systems,2011,5(3):513-524.

[11] Jiang H,Bi Q,Zheng S. Impulsive consensus in directed networks of identical nonlinear oscillators with switching topologies[J]. Communications in Nonlinear Science & Numerical Simulation,2012,17(1):378-387.

[12] Zhang W,Tang Y,Wu X,et al. Synchronization of nonlinear dynamical networks with heterogeneous impulses[J]. IEEE Transactions on Circuits & Systems I:Regular Papers,2014,61(4):1220-1228.

[13] Liu X,Shen X,Zhang H. Intermittent impulsive synchronization of chaotic delayed neural networks[J]. Differential Equations & Dynamical Systems,2011,19(1-2):149-169.

第3章　有向二阶多智能体系统脉冲一致性

3.1　引　　言

与一阶多智能体系统相比，二阶多智能体系统的适用性更广。二阶多智能体每一个节点同时有两个衡量参数，通常用速度和位移表示。二阶多智能体系统的一致性问题获得了极大的关注[1-4]。文献[1]的研究表明，拉普拉斯矩阵特征值的实数部分和虚数部分与二阶多智能体系统一致性问题的必要条件和充分条件均有着密切联系。文献[3]在文献[1]的基础上继续探索，探讨了基于随机采样的二阶多智能体系统的一致性问题。文献中指出如果拉普拉斯矩阵特征值是实数，那么除了某些特定时刻出现意外，都能通过控制系统采样间隔时间的机制使得二阶多智能体系统达到一致。但是，如果拉普拉斯矩阵特征值存在至少一个非零虚部，那么就不能存在足够小或者足够大的采样周期使得系统达到二阶一致。文献[3]研究了在有干扰的情况下二阶多智能体系统的一致性问题，其中的干扰部分是未知且有界的。

作为影响多智能体系统性能指标的一个重要因素，其所处的网络环境也是一个不可忽视的衡量指标。通常来讲，按照信息传递方向性来划分，网络环境可以分为有向图网络环境和无向图网络环境。按照科研工作循序渐进的选择，对于该课题的探索是从无向网络环境开始的。文献[5]研究了具有固定和切换拓扑的情况下系统的一致性问题。文献[6]分析了存在有界扰动情况下二阶多智能体系统的一致性问题。文献[7]研究了在无向图网络环境下多智能体系统的分组一致性问题。文献[8]给出的多智能体系统达到平均一致的充分必要条件均是在无向图网络背景下给出的。随着对该领域研究的深入，针对有向网络环境下多智能体系统的性能问题的研究也逐步展开[9-17]。文献[10]研究了在有向图网络环境下基于事件处理的多智能体系统的一致性问题。文献[11]重点研究了有向图网络环境下如何选择合适的牵引控制机制使得系统能够快速达到一致。文献[12]～[14]中所研究的系统有向网络背景则是存在拓扑切换的。

尽管有许多论文涉及多智能体系统的一致性问题，但是针对有限图网络环境中脉冲作用下的二阶多智能体系统研究较少。因此，本章重点研究脉冲影响下二阶多智能体系统的一致性问题，系统中的每一个节点都具有相似的非线性动力学行为。此外，本章所研究的多智能体系统的网络结构拓扑是有向的，且存在有向网络拓扑的切换，因此研究是有意义的且具有实用性。

3.2　预　备　知　识

本章考虑一个由 N 个智能体组成的二阶多智能体系统，每一个智能体的状态信息都可以用一个 n 维向量表示，加权有向图 $G = (V, E, W)$ 表示智能体之间的连接拓扑结构，每一个节点的动力学演化描述如下：

$$
\begin{cases}
\dot{x}_i(t) = v_i(t) \\
\dot{v}_i(t) = u_i(t) \\
u_i(t) = \displaystyle\sum_{j \in N_i}^{N} a_{ij}(x_j(t) - x_i(t)) + \sum_{j \in N_i}^{N} a_{ij}(v_j(t) - v_i(t))
\end{cases}
\tag{3.1}
$$

其中，$x_i(t) \in \mathbb{R}^n$ 和 $v_i(t) \in \mathbb{R}^n$ 分别表示第 i 个智能体的位移和速度。$A = [a_{ij}]_{N \times N}$ 表示图的邻接矩阵，通过图的邻接矩阵就可以唯一确定网络的拓扑结构。N_i 表示第 i 个智能体的邻居数量。

定义 3.1 如果对于任意初始条件，多智能体系统（3.1）最后都能达到

$$
\begin{cases}
\displaystyle\lim_{x \to \infty} \|x_j(t) - x_i(t)\| = 0 \\
\displaystyle\lim_{x \to \infty} \|v_j(t) - v_i(t)\| = 0
\end{cases}, \quad \forall i, j = 1, 2, \cdots, N
\tag{3.2}
$$

那么，就认为系统能够达到一致。

正如人们看到的，二阶多智能体系统的一致性问题依赖于拉普拉斯矩阵的耦合强度和范围是否满足某些条件。然而，对于真实的多智能体环境，每一个节点的速度动力学演化通常是非线性的。更值得注意的是，相比位置信息，更难获得的是节点的连续的动力学演化信息。为了解决这个问题，这里引入脉冲控制策略，使得每个节点将在某些固定时刻更新自己的位置和速度信息。带有脉冲控制的二阶多智能体系统如下：

$$
\begin{cases}
\dot{x}_i(t) = v_i(t) \\
\dot{v}_i(t) = f(v_i(t), t) + u_i(t) \\
u_i(t) = \displaystyle\sum_{k=1}^{+\infty} h(t - t_k) b_k \sum_{j \in N_i}^{N} a_{ij}(x_j(t) - x_i(t)) \\
\qquad + \displaystyle\sum_{k=1}^{+\infty} h(t - t_k) c_k \sum_{j \in N_i}^{N} a_{ij}(v_j(t) - v_i(t)) \\
k \in \mathbb{N}^+, i = 1, 2, \cdots, N
\end{cases}
\tag{3.3}
$$

其中，离散时刻 t_k 满足 $0 \leqslant t_0 < t_1 < \cdots < t_{k-1} < t_k < \cdots$，且 $\displaystyle\lim_{k \to +\infty} t_k = +\infty$，$\tau_k = t_{k+1} - t_k$。$h(t)$ 是 Dirac 函数，即对于 $t \neq 0$，$h(t) = 0$，并且 $\int_{-\infty}^{\infty} h(t)\mathrm{d}t = 1$。Dirac 函数有一个基本性质，即对于 $\varepsilon \neq 0$，$\int_{a-\varepsilon}^{a+\varepsilon} h(t)\sigma(t-a)\mathrm{d}t = h(a)$。在很多实际情况中，Dirac 函数通常用来模拟高且窄的函数，如脉冲。$b_k \in \mathbb{R}$、$c_k \in \mathbb{R}$、$k \in \mathbb{N}^+$ 是脉冲常数，在后面的脉冲控制设计中将具体描述。不失一般性，认为 $x_i(t)$ 和 $v_i(t)$ 在 t_k 时刻都是左连续的，即 $x_i(t_k) = x_i(t_k^-)$，$v_i(t_k) = v_i(t_k^-)$。采用类似文献[18]和[19]中的方法，可以得到

$$
x_i(t_k + \varepsilon) - x_i(t_k - \varepsilon) = \int_{t_k - \varepsilon}^{t_k + \varepsilon} (f(x_i(s), s) + u_i(s))\mathrm{d}s
\tag{3.4}
$$

其中，$\varepsilon > 0$ 是一个充分小的实数。如果 $\varepsilon \to 0^+$，那么式（3.4）变为 $\Delta x_i(t_k) = b_k \displaystyle\sum_{j \in N_i} (x_j(t_k^-) -$

$x_i(t_k^-))$，其中，$\Delta x_i(t_k) = x_i(t_k^+) - x_i(t_k^-)$，$x_i(t_k^+) = \lim\limits_{t \to t_k^+} x_i(t)$，$x_i(t_k^-) = \lim\limits_{t \to t_k^-} x_i(t)$。由此可以表明多智能体 i 可在 t_k 时刻根据自身的情况和邻居的状态突然改变状态。因此，控制输入 $u_i(t)$ 可认为是脉冲控制协议。

根据脉冲控制协议，第 i 个智能体的动力学演化可以描述如下：

$$
\begin{cases}
\begin{cases}
\dot{x}_i(t) = v_i(t) \\
\dot{v}_i(t) = f(v_i, t)
\end{cases}, \quad i = 1, 2, \cdots, N, \ t \neq t_k \\[2mm]
\begin{cases}
\Delta x_i(t_k) = x_i(t_k^+) - x_i(t_k^-) = b_k \sum\limits_{j \in N_i}^{N} a_{ij}(x_j(t) - x_i(t)) \\[4mm]
\Delta v_i(t_k) = v_i(t_k^+) - v_i(t_k^-) = c_k \sum\limits_{j \in N_i}^{N} a_{ij}(v_j(t) - v_i(t))
\end{cases}, \quad k \in \mathbb{N}^+, \ t = t_k
\end{cases}
\tag{3.5}
$$

其中，$f(v_i, t)$ 是非线性连续可微向量值函数，b_k 是 x 在 t_k 时刻的脉冲增益，c_k 是 v 在 t_k 时刻的脉冲增益。

假设 3.1　存在非负常数满足：

$$
\|f(v, t) - f(\tilde{v}, t)\| \leqslant \phi \|v - \tilde{v}\|
\tag{3.6}
$$

注 3.1　可以很容易地证实一些经典混沌系统满足以上假设，如 Lorenz 系统、Chen 系统、Lü 系统、Chua's 电路等。

下面考虑 ψ 个有向图，分别表示为 $\zeta_1, \zeta_2, \cdots, \zeta_\psi$。定义切换信号为 $\sigma : [t_0, +\infty] \to \{1, 2, \cdots, \psi\}$。切换信号是一个分段且连续的常数函数。图的拓扑结构用 $\psi_{\sigma(t)}$ 表示，且与其拉普拉斯矩阵 $L_{\sigma(t)}$ 相关，其中 $\sigma(t) \in \{1, 2, \cdots, \psi\}$。

带有脉冲控制的切换多智能体系统如下：

$$
\begin{cases}
\dot{x}_i(t) = v_i(t) \\
\dot{v}_i(t) = f(v_i(t), t) + u_i(t) \\
u_i(t) = \sum\limits_{k=1}^{+\infty} h(t - t_k) b_k \sum\limits_{j \in N_i(\sigma(t))}^{N} a_{ij}(x_j(t) - x_i(t)) \\
\qquad + \sum\limits_{k=1}^{+\infty} h(t - t_k) c_k \sum\limits_{j \in N_i(\sigma(t))}^{N} a_{ij}(v_j(t) - v_i(t)) \\
k \in \mathbb{N}^+, \ i = 1, 2, \cdots, N
\end{cases}
\tag{3.7}
$$

在脉冲控制协议作用下，第 i 个节点的动力学行为满足：

$$
\begin{cases}
\begin{cases}
\dot{x}_i(t) = v_i(t) \\
\dot{v}_i(t) = f(v_i, t)
\end{cases}, \quad i = 1, 2, \cdots, N, \ t \neq t_k \\[2mm]
\begin{cases}
\Delta x_i(t_k) = x_i(t_k^+) - x_i(t_k^-) = b_k \sum\limits_{j \in N_i(\sigma(t))}^{N} a_{ij}(x_j(t) - x_i(t)) \\[4mm]
\Delta v_i(t_k) = v_i(t_k^+) - v_i(t_k^-) = c_k \sum\limits_{j \in N_i(\sigma(t))}^{N} a_{ij}(v_j(t) - v_i(t))
\end{cases}, \quad k \in \mathbb{N}^+, \ t = t_k
\end{cases}
\tag{3.8}
$$

假设 3.2 假设多智能体系统的拓扑图是强连通的且是平衡图，那么系统（3.8）可表述为

$$\begin{cases} \begin{cases} \dot{x}_i(t) = v_i(t) \\ \dot{v}_i(t) = f(v_i, t) \end{cases}, \quad i = 1, 2, \cdots, N; \ t \neq t_k \\ \begin{cases} x_i(t_k^+) = (P_{t_k^+} \otimes I_n) x_i(t_k^-) \\ v_i(t_k^+) = (Q_{t_k^+} \otimes I_n) v_i(t_k^-) \end{cases}, \quad k \in \mathbb{N}^+ \end{cases} \tag{3.9}$$

其中，$P_{t_k^+} = I_n - b_k L_{\sigma(t)}$，$Q_{t_k^+} = I_n - c_k L_{\sigma(t)}$。

由假设 3.2 可以得出 $P_{t_k^+}$ 和 $Q_{t_k^+}$ 是双重随机矩阵，因此 $P_{t_k^+}^{\mathrm{T}} P_{t_k^+}$ 和 $Q_{t_k^+}^{\mathrm{T}} Q_{t_k^+}$ 也是双重随机矩阵。因此，可以得到下面的公式[20, 21]：

$$\begin{cases} P_{t_k^+}^{\mathrm{T}} P_{t_k^+} = I_n - \sum_{i=1}^{N} \sum_{j=1}^{i-1} m_{ij}(t_k^-)(e_i - e_j)(e_i - e_j)^{\mathrm{T}} \\ Q_{t_k^+}^{\mathrm{T}} Q_{t_k^+} = I_n - \sum_{i=1}^{N} \sum_{j=1}^{i-1} n_{ij}(t_k^-)(e_i - e_j)(e_i - e_j)^{\mathrm{T}} \end{cases} \tag{3.10}$$

其中，$m_{ij}(t_k^-)$ 和 $n_{ij}(t_k^-)$ 分别是 $P_{t_k^+}^{\mathrm{T}} P_{t_k^+}$ 和 $Q_{t_k^+}^{\mathrm{T}} Q_{t_k^+}$ 的第 (i, j) 个条目，$e_i \in \mathbb{R}^n$，$e_i(i) = 1$，$e_i(j) = 0$，$j \neq i$。

给出如下定义：

$$\begin{cases} \bar{x}(t) = \frac{1}{N} \sum_{i=1}^{N} x_i(t) = \frac{1}{N}(\mathbf{1}^{\mathrm{T}} \otimes I_n) x(t) \\ \bar{v}(t) = \frac{1}{N} \sum_{i=1}^{N} v_i(t) = \frac{1}{N}(\mathbf{1}^{\mathrm{T}} \otimes I_n) v(t) \end{cases} \tag{3.11}$$

由假设 3.1 和假设 3.2 可以得到

$$\begin{cases} \bar{x}(t_k^+) = \frac{1}{N} \sum_{i=1}^{N} x_i(t_k^+) = \frac{1}{N}(\mathbf{1}^{\mathrm{T}} \otimes I_n)(P_{t_k^+} \otimes I_n) x(t_k^-) \\ \qquad = \frac{1}{N}(\mathbf{1}^{\mathrm{T}} P_{t_k^+} \otimes I_n) x(t_k^-) = \frac{1}{N}(\mathbf{1}^{\mathrm{T}} \otimes I_n) x(t_k^-) = \bar{x}(t_k^-) \\ \bar{v}(t_k^+) = \bar{v}(t_k^-) \end{cases}$$

$\bar{x}(t)$ 的 $\bar{v}(t)$ 动力学演化满足下列等式：

$$\begin{cases} \begin{cases} \bar{x}(t) = \frac{1}{N} \sum_{i=1}^{N} x_i(t) \\ \bar{v}(t) = \frac{1}{N} \sum_{i=1}^{N} v_i(t) \end{cases}, \quad t \neq t_k \\ \begin{cases} \bar{x}(t_k^+) = \bar{x}(t_k^-) \\ \bar{v}(t_k^+) = \bar{v}(t_k^-) \end{cases}, \quad k \in \mathbb{N}^+ \end{cases} \tag{3.12}$$

本章还将用到的数学知识如下。

对于矩阵 $C = [c_{ij}] \in \mathbb{R}^{n \times n}$，$C \geqslant 0$（$C$ 是非负的）表示矩阵中的所有元素 c_{ij} 都是非负的，$C > 0$（C 是正的）表示矩阵中的所有元素 c_{ij} 都是正的。更进一步，$C \geqslant D$ 表示 $C - D \geqslant 0$，$C > D$ 表示 $C - D > 0$。如果非负矩阵 $C \in \mathbb{R}^{n \times n}$ 满足条件 $C\mathbf{1} = \mathbf{1}$，那么就认为该矩阵是随机矩阵。对于方阵 $C \in \mathbb{R}^{n \times n}$，如果满足 C 及其转置 C^{T} 都是随机矩阵，那么就认为方阵 C 是双重随机矩阵。

引理 3.1[6] 假设 ζ 是一个具有 n 个节点的有向图，并且图的度的最大值为 $d = \max\limits_{i}\left(\sum\limits_{j \neq i} a_{ij}\right)$，那么存在一个 n 阶矩阵 P 满足以下性质（其中参数 $\varpi \in (0, 1/d]$）：

（1）P 为行随机非负矩阵，且特征值为 1；

（2）P 的所有特征值在一个单位圆内；

（3）如果 ζ 是平衡图，那么 P 是一个二重随机矩阵。

3.3　问题描述与分析

3.3.1　具有固定拓扑的多智能体系统的一致性

定理 3.1 考虑多智能体系统，并且假设 3.1 和假设 3.2 成立。存在 ψ 个有向拓扑网络，分别标记为 $\zeta_1, \zeta_2, \cdots, \zeta_\psi$。如果存在离散时刻 t_k 和脉冲常数 b_k、c_k 使得条件成立：

（1）存在正常数 ζ 使得 $\Omega = \begin{bmatrix} (1-\zeta)I_n & \dfrac{I_n}{2} \\[2mm] \dfrac{I_n}{2} & 2\phi - \zeta \end{bmatrix} < 0$；

（2）存在两个常数 β_1 和 β_2 使得 $0 < \beta_1 \leqslant t_k - t_{k-1} \leqslant \beta_2 \leqslant +\infty$，$k \in \mathbb{N}^+$；

（3）存在常数 $b_k > 0$，$c_k > 0$，$\omega_k > 0$，$\eta_k > 0$，$\theta = \min\{\omega_k^2, \eta_k^2\}$，使得矩阵 $P_{t_k^+} = I_n - b_k L_{\sigma(t)}$ 和 $Q_{t_k^+} = I_n - c_k L_{\sigma(t)}$ 为非负矩阵，它们的对角线元素均为正数，并且 $P_{t_k^+}$ 的每一个元素都不小于 ω_k，$Q_{t_k^-}$ 的每一个元素都不小于 η_k；

（4）存在常数 μ 使得 $\left(1 - \dfrac{\theta}{N}\right) \mathrm{e}^{\gamma(t_k - t_{k-1})} \leqslant \mu < 1$，$k \in \mathbb{N}^+$。

那么在脉冲控制协议下，多智能体系统（3.3）能够达到二阶一致的状态，也就是说，脉冲控制协议在系统（3.3）中是可行的。

证明 构建如下 Lyapunov 函数：

$$V(t) = \frac{1}{2}(x(t) - \overline{x}(t))^{\mathrm{T}}(x(t) - \overline{x}(t)) + \frac{1}{2}(v(t) - \overline{v}(t))^{\mathrm{T}}(v(t) - \overline{v}(t)) \tag{3.13}$$

显然，可以得到 $V(t) \geqslant 0$。当且仅当 $(x(t) - \overline{x}(t)) = 0$ 和 $(v(t) - \overline{v}(t)) = 0$ 时，$V(t) = 0$。

对于 $t \in [t_{k-1}, t_k)$，$V(t) \geqslant 0$ 对时间按照系统（3.3）求上右导数：

$$
\begin{aligned}
\dot{V}(t) &= (x(t)-\overline{x}(t))^{\mathrm{T}}(\dot{x}(t)-\dot{\overline{x}}(t)) + (v(t)-\overline{v}(t))^{\mathrm{T}}(\dot{v}(t)-\dot{\overline{v}}(t)) \\
&= (x(t)-\overline{x}(t))^{\mathrm{T}}\left(v(t)-\frac{1}{N}(\mathbf{1}^{\mathrm{T}}\otimes I_n)v(t)\right) \\
&\quad + (v(t)-\overline{v}(t))^{\mathrm{T}}\left(f(v,t)-\frac{1}{N}(\mathbf{1}^{\mathrm{T}}\otimes I_n)f(v,t)\right) \\
&\geqslant 0
\end{aligned}
\tag{3.14}
$$

根据 $(a_1+a_2+\cdots+a_n)^2\leqslant N(a_1^2+a_2^2+\cdots+a_n^2)$，可以得到

$$
\begin{aligned}
&(v(t)-\overline{v}(t))^{\mathrm{T}}\left(f(v,t)-\frac{1}{N}(\mathbf{1}^{\mathrm{T}}\otimes I_n)f(v,t)\right) \\
&\leqslant \sum_{i=1}^{N}\|v_i(t)-\overline{v}(t)\|\left\|f(v_i,t)-\frac{1}{N}\sum_{j=1}^{N}f(v_j,t)\right\| \leqslant \frac{\phi}{N}\sum_{i=1}^{N}\|v_i(t)-\overline{v}(t)\|\sum_{j=1}^{N}\|v_i(t)-v_j(t)\| \\
&\leqslant \frac{\phi}{N}\sum_{i=1}^{N}\|v_i(t)-\overline{v}(t)\|\sum_{j=1}^{N}\left(\|v_i(t)-\overline{v}(t)\|+\|v_j(t)-\overline{v}(t)\|\right) \leqslant \phi\sum_{i=1}^{N}\|v_i(t)-\overline{v}(t)\|^2 \\
&+ \frac{\phi}{N}\left(\sum_{i=1}^{N}\|v_i(t)-v_j(t)\|\right)^2 \leqslant \phi\sum_{i=1}^{N}\|v_i(t)-\overline{v}(t)\|^2 + \phi\sum_{i=1}^{N}\|v_i(t)-\overline{v}(t)\|^2 \\
&= 2\phi(v(t)-\overline{v}(t))^{\mathrm{T}}(v(t)-\overline{v}(t))
\end{aligned}
\tag{3.15}
$$

将式（3.14）和式（3.15）代入式（3.13）得到

$$
\begin{aligned}
\dot{V}(t) &= (x(t)-\overline{x}(t))^{\mathrm{T}}(v(t)-\overline{v}(t)) + 2\phi(v(t)-\overline{v}(t))^{\mathrm{T}}(v(t)-\overline{v}(t)) \\
&\leqslant (x(t)-\overline{x}(t))^{\mathrm{T}}(x(t)-\overline{x}(t)) + (x(t)-\overline{x}(t))^{\mathrm{T}}(v(t)-\overline{v}(t)) \\
&\quad + 2\phi(v(t)-\overline{v}(t))^{\mathrm{T}}(v(t)-\overline{v}(t)) \\
&\leqslant ((x(t)-\overline{x}(t)),(v(t)-\overline{v}(t)))(\Omega\otimes I_n)\begin{pmatrix}x(t)-\overline{x}(t)\\v(t)-\overline{v}(t)\end{pmatrix}+\gamma V(t)\leqslant \gamma V(t)
\end{aligned}
\tag{3.16}
$$

也就是

$$
V(t)\leqslant V(t_{k-1}^{+})\mathrm{e}^{\gamma(t-t_{k-1})},\ t\in[t_{k-1},t_k),\ k\in\mathbb{N}^{+}
\tag{3.17}
$$

另外，当 $t=t_k\ (k\in\mathbb{R}^{+})$ 时，可以得到

$$
\begin{aligned}
V(t_k^{+}) &= \frac{1}{2}(x(t_k^{+})-\overline{x}(t_k^{+}))^{\mathrm{T}}(x(t_k^{+})-\overline{x}(t_k^{+})) + \frac{1}{2}(x(t_k^{+})-\overline{x}(t_k^{+}))^{\mathrm{T}}(v(t_k^{+})-\overline{v}(t_k^{+})) \\
&= \frac{1}{2}(x(t_k^{+})-\mathbf{1}\otimes\overline{x}(t_k^{+}))^{\mathrm{T}}(x(t_k^{+})-\mathbf{1}\otimes\overline{x}(t_k^{+})) \\
&\quad + \frac{1}{2}(v(t_k^{+})-\mathbf{1}\otimes\overline{v}(t_k^{+}))^{\mathrm{T}}(v(t_k^{+})-\mathbf{1}\otimes\overline{v}(t_k^{+})) \\
&= \frac{1}{2}((P_{t_k^{-}}\otimes I_n)x(t_k^{-})-\mathbf{1}\otimes\overline{x}(t_k^{-}))^{\mathrm{T}}((P_{t_k^{-}}\otimes I_n)x(t_k^{-})-\mathbf{1}\otimes\overline{x}(t_k^{-})) \\
&\quad + \frac{1}{2}((Q_{t_k^{-}}\otimes I_n)v(t_k^{-})-\mathbf{1}\otimes\overline{v}(t_k^{-}))^{\mathrm{T}}((Q_{t_k^{-}}\otimes I_n)(t_k^{-})-\mathbf{1}\otimes\overline{v}(t_k^{-})) \\
&= \frac{1}{2}((P_{t_k^{-}}\otimes I_n)x(t_k^{-})-(P_{t_k^{-}}\otimes I_n)\otimes\overline{x}(t_k^{-}))^{\mathrm{T}}((P_{t_k^{-}}\otimes I_n)x(t_k^{-})-(P_{t_k^{-}}\otimes I_n)\otimes\overline{x}(t_k^{-}))
\end{aligned}
$$

$$+ \frac{1}{2}((Q_{t_k^-} \otimes I_n)v(t_k^-) - (Q_{t_k^-} \otimes I_n) \otimes \overline{v}(t_k^-))^{\mathrm{T}}((Q_{t_k^-} \otimes I_n)v(t_k^-) - (Q_{t_k^-} \otimes I_n) \otimes \overline{v}(t_k^-))$$

$$= \frac{1}{2}(x(t_k^-) - \mathbf{1} \otimes \overline{x}(t_k^-))^{\mathrm{T}}((I_n) \otimes P_{t_k^-}^{\mathrm{T}} P_{t_k^-})(x(t_k^-) - \mathbf{1} \otimes \overline{x}(t_k^-))$$

$$+ \frac{1}{2}(v(t_k^-) - \mathbf{1} \otimes \overline{v}(t_k^-))^{\mathrm{T}}((Q_{t_k^-}^{\mathrm{T}} Q_{t_k^-}) \otimes I_n)(v(t_k^-) - \mathbf{1} \otimes \overline{v}(t_k^-))$$

$$= V(t_k^-) - \sum_{i=1}^{N} \sum_{j=1}^{i-1} m_{ij}(t_k^-)(x_i(t_k^-) - x_j(t_k^-))^{\mathrm{T}}(x_i(t_k^-) - x_j(t_k^-))$$

$$- \sum_{i=1}^{N} \sum_{j=1}^{i-1} n_{ij}(t_k^-)(v_i(t_k^-) - v_j(t_k^-))^{\mathrm{T}}(v_i(t_k^-) - v_j(t_k^-))$$

$$(3.18)$$

由定理 3.1 中的条件（3），可以得到 $P_{t_k^+}^{\mathrm{T}} P_{t_k^+}$ 中的每一项都是大于等于 ω_k^2，因为 $P_{t_k^+}$ 中的每一项都大于等于 ω_k。类似地，可以得到 $Q_{t_k^+}^{\mathrm{T}} Q_{t_k^+}$ 中的每一项都大于等于 η_k^2。

更进一步，如果 $s \in \mathfrak{I}_j$，或者 $j \in \mathfrak{I}_s$，则可以得到

$$m_{ij}(t_k^-) = \sum_{s=1}^{\mathfrak{I}} P_{t_k^-}(si) P_{t_k^-}(sj) \geqslant P_{t_k^-}(ii) P_{t_k^-}(ij) + P_{t_k^-}(ji) P_{t_k^-}(jj) > 0 \qquad (3.19)$$

$$m_{ij}(t_k^-) = m_{ji}(t_k^-) > 0 \qquad (3.20)$$

类似地，能够得到

$$n_{ij}(t_k^-) = n_{ji}(t_k^-) > 0 \qquad (3.21)$$

因此，将式（3.19）～式（3.21）代入式（3.18），可以得到

$$V(t_k^+) \leqslant V(t_k^-) - \omega_k^2 \sum_{i=1}^{N} \sum_{j=1}^{i-1} \mathrm{sgn}(m_{ij}(t_k^-))(x_i(t_k^-) - x_j(t_k^-))(x_i(t_k^-) - x_j(t_k^-))^{\mathrm{T}}$$

$$- \eta_k^2 \sum_{i=1}^{N} \sum_{j=1}^{i-1} \mathrm{sgn}(n_{ij}(t_k^-))(v_i(t_k^-) - v_j(t_k^-))(v_i(t_k^-) - v_j(t_k^-))^{\mathrm{T}} \qquad (3.22)$$

由定理 3.1 中的条件（3），定义 $\theta = \min\{\omega_k^2, \eta_k^2\}$，那么

$$V(t_k^+) \leqslant V(t_k^-) - \theta \sum_{i=1}^{N} \sum_{j=1}^{i-1} \mathrm{sgn}(m_{ij}(t_k^-))(x_i(t_k^-) - x_j(t_k^-))(x_i(t_k^-) - x_j(t_k^-))^{\mathrm{T}}$$

$$- \theta \sum_{i=1}^{N} \sum_{j=1}^{i-1} \mathrm{sgn}(n_{ij}(t_k^-))(v_i(t_k^-) - v_j(t_k^-))(v_i(t_k^-) - v_j(t_k^-))^{\mathrm{T}} \qquad (3.23)$$

由于系统（3.1）多智能体系统拓扑结构图是强连通的，所以对于每一个节点 $1 \leqslant p$，$p \leqslant N$，$p \neq q$，存在一条通路 $(p_0, p_1), (p_1, p_2), \cdots, (p_s, p_{s+1})$，其中 $1 \leqslant s \leqslant N-2$，$p_0 = p$，$p_{s+1} = q$。那么，有下面的推理：

$$\left\|x_p(t_k^-)-x_q(t_k^-)\right\|^2 \leqslant \sum_{\alpha=0}^{\beta}\left\|x_{p_\alpha}(t_k^-)-x_{q_{\alpha+1}}(t_k^-)\right\|^2$$

$$\leqslant \sum_{i=1}^{N}\sum_{j=1}^{i-1}\mathrm{sgn}(m_{ij}(t_k^-))(x_i(t_k^-)-x_j(t_k^-))^{\mathrm{T}}(x_i(t_k^-)-x_j(t_k^-)) \tag{3.24}$$

由此可得

$$V(t_k^-)=\frac{1}{2}(x(t_k^-)-\overline{x}(t_k^-))^{\mathrm{T}}(x(t_k^-)-\overline{x}(t_k^-))+\frac{1}{2}(v(t_k^-)-\overline{v}(t_k^-))^{\mathrm{T}}(v(t_k^-)-\overline{v}(t_k^-))$$

$$\leqslant \frac{1}{2}(x(t_k^-)-\overline{x}(t_k^-))^{\mathrm{T}}(x(t_k^-)-\overline{x}(t_k^-))+\frac{1}{2}(v(t_k^-)-\overline{v}(t_k^-))^{\mathrm{T}}(v(t_k^-)-\overline{v}(t_k^-))$$

$$\leqslant \frac{1}{2}\sum_{i=1}^{N}\left\|(x_i(t_k^-)-\overline{x}(t_k^-))\right\|^2+\frac{1}{2}\sum_{i=1}^{N}\left\|(v_i(t_k^-)-\overline{v}(t_k^-))\right\|^2$$

$$\leqslant \frac{1}{2N}\sum_{i=1}^{N}\sum_{j=1}^{N}\left\|(x_i(t_k^-)-x_j(t_k^-))\right\|^2+\frac{1}{2N}\sum_{i=1}^{N}\sum_{j=1}^{N}\left\|(v_i(t_k^-)-v_j(t_k^-))\right\|^2$$

$$\leqslant \frac{1}{2N}\sum_{i=1}^{N}\sum_{j=1}^{N}\sum_{i=1}^{N}\sum_{j=1}^{i-1}\mathrm{sgn}(m_{ij}(t_k^-))(x_i(t_k^-)-x_j(t_k^-))(x_i(t_k^-)-x_j(t_k^-))^{\mathrm{T}}$$

$$+\frac{1}{2N}\sum_{i=1}^{N}\sum_{j=1}^{N}\sum_{i=1}^{N}\sum_{j=1}^{i-1}\mathrm{sgn}(n_{ij}(t_k^-))(v_i(t_k^-)-v_j(t_k^-))(v_i(t_k^-)-v_j(t_k^-))^{\mathrm{T}} \tag{3.25}$$

$$\leqslant N\sum_{i=1}^{N}\sum_{j=1}^{i-1}\mathrm{sgn}(m_{ij}(t_k^-))(x_i(t_k^-)-x_j(t_k^-))(x_i(t_k^-)-x_j(t_k^-))^{\mathrm{T}}$$

$$+N\sum_{i=1}^{N}\sum_{j=1}^{i-1}\mathrm{sgn}(n_{ij}(t_k^-))(v_i(t_k^-)-v_j(t_k^-))(v_i(t_k^-)-v_j(t_k^-))^{\mathrm{T}}$$

由式（3.23）和式（3.25）可以得到

$$V(t_k^+)\leqslant V(t_k^-)-\frac{\theta}{N}V(t_k^-)=\left(1-\frac{\theta}{N}\right)V(t_k^-) \tag{3.26}$$

由式（3.25）和式（3.26），借助数学归纳法，能够得到

$$V(t)\leqslant \mathrm{e}^{\gamma(t-t_{k-1})}\prod_{j=1}^{k-1}\left(1-\frac{\theta}{N}\right)\mathrm{e}^{\gamma(t_j-t_{j-1})}V(t_0),\ t\in[t_{k-1},t_k),\ k\in\mathbb{N}^+,\ k\geqslant 2 \tag{3.27}$$

由定理 3.1 中的条件（2）和条件（4），能够得到

$$V(t)\leqslant \mathrm{e}^{\gamma\beta_2}\mu^{k-1}V(t_k^-),\ t\in[t_{k-1},t_k),\ k\in\mathbb{N}^+,\ k\geqslant 2 \tag{3.28}$$

因此，当 $t\to 0$ 时，$V(t)\to 0$。在脉冲控制策略的影响下，多智能体系统能够达到二阶一致的状态。证毕。

注 3.2　通过定理 3.1 中的条件（3）可以得到，系统中的位移脉冲控制常数和速度脉冲控制常数是不相同的，这一点也更加切合具体的实际应用情况。

注 **3.3**　通过定理 3.1 中的条件（4）可以得到，如果 N 非常大，那么 $t_k - t_{k-1}$ 的值必须很小。这一点也正是本章研究的基于图论和随机矩阵的脉冲控制策略的缺陷。

注 **3.4**　通过定理 3.1 的证明过程可以得到，在本章的脉冲控制策略作用下，所有多智能体节点最终会达到二阶一致，且其最终达到稳定状态的坐标点为

$$\begin{cases} \overline{x}(t) = \dfrac{1}{N}\sum_{i=1}^{N} x_i(t) \\ \overline{v}(t) = \dfrac{1}{N}\sum_{i=1}^{N} v_i(t) \end{cases}$$

3.3.2　具有切换拓扑的多智能体系统的一致性

定理 3.2　考虑多智能体系统，并且假设 3.1 和假设 3.2 成立。如果存在离散时刻 t_k 和脉冲常数 b_k、c_k 使得条件成立：

（1）存在两个常数 β_1 和 β_2 使得 $0 < \beta_1 \leqslant t_k - t_{k-1} \leqslant \beta_2 \leqslant +\infty$，$k \in \mathbb{N}^+$；

（2）存在常数 $b_k > 0$，$c_k > 0$，$\omega_k > 0$，$\eta_k > 0$，$\theta = \min\{\omega_k^2, \eta_k^2\}$，使得矩阵 $P_{t_k^+} = I_N - b_k L_{\sigma(t)}$ 和 $Q_{t_k^+} = I_N - c_k L_{\sigma(t)}$ 为非负矩阵，它们的对角线元素均为正数，并且 $P_{t_k^+}$ 的每一个元素都不小于 ω_k，$Q_{t_k^-}$ 的每一个元素都不小于 η_k；

（3）存在常数 μ 使得 $\left(1 - \dfrac{\theta}{N}\right) e^{\gamma(t_k - t_{k-1})} \leqslant \mu < 1$，$k \in \mathbb{N}^+$。

那么在脉冲控制协议下，多智能体系统（3.3）能够达到二阶一致的状态，也就是说，脉冲控制协议在系统（3.3）中是可行的。

证明　定理 3.2 的证明过程与定理 3.1 的证明过程类似，因此此处不再赘述。

3.4　例子与数值仿真

为了验证本章理论的正确性与有效性，本节给出具体的数值例子如下。

例 3.1　假设一个由 4 个智能体构成的系统 S，其动力学行为描述如下：

$$\begin{cases} \dot{x}_i(t) = \dot{v}_i(t) \\ \dot{v}_i(t) = f(v_i(t), t) + u_i(t) \\ u_i(t - t_k) = \sum_{k=1}^{+\infty} h(t - t_k) b_k \sum_{j \in N_i} a_{ij}(x_j(t) - x_i(t)) \\ \qquad\qquad + \sum_{k=1}^{+\infty} h(t - t_k) c_k \sum_{j \in N_i} a_{ij}(v_j(t) - v_i(t)) \\ k \in \mathbb{N}^+, \ i = 1, 2, 3, 4 \end{cases} \tag{3.29}$$

其中，$x_i(t) = (x_i^1(t), x_i^2(t), x_3^2(t))^\mathrm{T}$ 和 $v_i(t) = (v_i^1(t), v_i^2(t), v_i^3(t))^\mathrm{T}$ 表示智能体 i 的位移变量和速度变量，其初始值均从 $[0,1]$ 中随机产生：

$$x(t) = \begin{bmatrix} 0.9058 & 0.9134 & 0.0975 \\ 0.5469 & 0.9649 & 0.9706 \\ 0.4854 & 0.1419 & 0.9157 \\ 0.7577 & 0.3922 & 0.1712 \end{bmatrix}, \quad v(t) = \begin{bmatrix} 0.7577 & 0.3922 & 0.1712 \\ 0.0318 & 0.0462 & 0.8235 \\ 0.3171 & 0.0344 & 0.3816 \\ 0.7952 & 0.4898 & 0.6463 \end{bmatrix}$$

定义式（3.29）中的非线性函数为 Chua 电路[22]，具体描述如下：

$$f(v_i, t) = \begin{bmatrix} \nu(-v_{i1} + v_{i2} - l(v_{i1})) \\ v_{i1} - v_{i2} + v_{i3} \\ -\vartheta v_{i2} \end{bmatrix} \tag{3.30}$$

其中，$l(v_{i1}) = bv_{i1} + ((a-b)/2)(|v_{i1} + 1| - |v_{i1} - 1|)$ 是一个分段线性函数。为了使得理论更具有说服力，采用最常见的 Chua 电路的双涡卷混沌吸引子参数，即 $\nu = 10$，$\vartheta = 15$，$a = -1.2700$，$b = -0.6800$。

定义多智能体的网络拓扑结构 ζ_i（$i = 1,2,3$），如图 3.1 所示，其拉普拉斯矩阵分别表示如下：

$$L_1 = \begin{bmatrix} 1 & -1 & 0 & 0 \\ 0 & 1 & -1 & 0 \\ 0 & 0 & 1 & -1 \\ -1 & 0 & 0 & 1 \end{bmatrix}, \quad L_2 = \begin{bmatrix} 2 & -1 & -1 & 0 \\ 0 & 1 & -1 & 0 \\ -1 & 0 & 2 & -1 \\ -1 & 0 & 0 & 1 \end{bmatrix}, \quad L_3 = \begin{bmatrix} 2 & -1 & -1 & 0 \\ 0 & 2 & -1 & -1 \\ -1 & 0 & 2 & -1 \\ -1 & -1 & 0 & 2 \end{bmatrix}$$

定义系统拓扑切换函数为 $\sigma(t) = (k \bmod 3) + 1$，$\sigma : [t_0, +\infty) \rightarrow \{1,2,3\}$，$t \in [t_{k-1}, t_k)$。

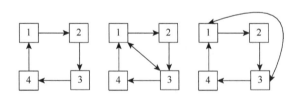

图 3.1　系统 S 的拓扑结构图 ζ_i ($i = 1,2,3$)

由理论推导可以看出，速度参数和位移参数的脉冲控制常量是不同的，本章例子中位移参数和速度参数分别取为 $b_k = 0.25$，$c_k = 0.15$，$k \in \mathbb{N}^+$，如图 3.2 所示。脉冲间隔是相等的，即 $\Delta t_k = t_k - t_{k-1} = \iota = 0.00003$。由此，通过计算可以发现常数 γ 满足定理 3.1 中的条件（4）$\left(1 - \dfrac{\theta}{N}\right)e^{\gamma(t_k - t_{k-1})} \leqslant \left(1 - \dfrac{\theta}{N}\right)e^{\gamma \iota} < 1$。也就是说，系统（3.29）在脉冲控制策略的作用下能够达到一致。数值仿真结果如图 3.3～图 3.8 所示。仿真结果也表明本章所研究的脉冲控制协议对于带有网络拓扑切换的多智能体系统的二阶一致是有效的。

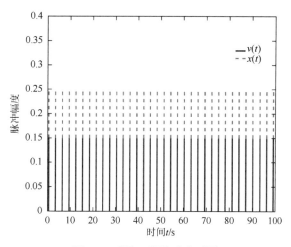

图 3.2　系统 S 的脉冲序列图

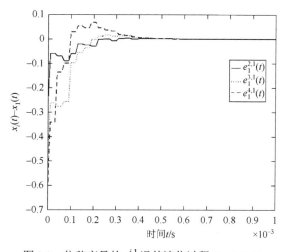

图 3.3　位移变量的 $e_1^{i,1}$ 误差演化过程 $(i = 2,3,4)$

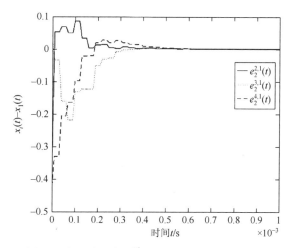

图 3.4　位移变量的 $e_2^{i,1}$ 误差演化过程 $(i = 2,3,4)$

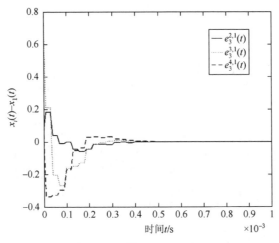

图 3.5　位移变量的 $e_3^{i,1}$ 误差演化过程 $(i=2,3,4)$

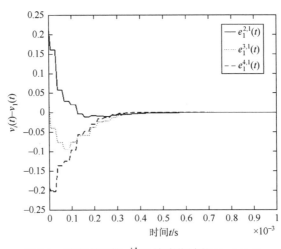

图 3.6　速度变量的 $e_1^{i,1}$ 误差演化过程 $(i=2,3,4)$

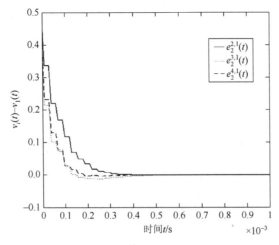

图 3.7　速度变量的 $e_2^{i,1}$ 误差演化过程 $(i=2,3,4)$

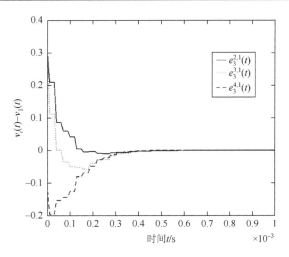

图 3.8　速度变量的 $e_3^{i,1}$ 误差演化过程 $(i=2,3,4)$

3.5　本章小结

本章研究了脉冲控制策略下带有网络拓扑切换的多智能体系统的二阶一致性问题,其中,每个多智能体都由一个相同的非线性振荡器模拟。本章研究的是系统的二阶一致性问题,因此对应的速度状态脉冲控制参数和位移状态的脉冲控制参数是不同的。同时,本章也重点研究了网络拓扑切换对二阶一致性问题的影响。以上两点使得本章的研究内容更加切合实际,即具有较好的普适性。数值仿真有效证明了理论的有效性。第 4 章将对带有随机扰动的多智能体系统的一致性问题进行研究。

参 考 文 献

[1]　Yu W,Chen G,Cao M. Some necessary and sufficient conditions for second-order consensus in multi-agent dynamical systems[J]. Automatica,2010,46(6):1089-1095.

[2]　Du H,He Y,Cheng Y. Finite-time synchronization of a class of second-order nonlinear multi-agent systems using output feedback control[J]. IEEE Transactions on Circuits & Systems I:Regular Papers,2014,61(6):1778-1788.

[3]　Li C,Yu W,Huang T. Impulsive synchronization schemes of stochastic complex networks with switching topology:Average time approach[J]. Neural Networks,2014,54(6):85-94.

[4]　Yu W,Zheng W X,Chen G,et al. Second-order consensus in multi-agent dynamical systems with sampled position data[J]. Automatica,2011,47(7):1496-1503.

[5]　Jiang F C,Wang L. Consensus seeking of high-order dynamic multi-agent systems with fixed and switching topologies[J]. International Journal of Control,2010,83(2):404-420.

[6]　Hu H,Yu L,Chen G,et al. Second-order consensus of multi-agent systems with unknown but bounded disturbance[J]. International Journal of Control Automation & Systems,2013,11(2):258-267.

[7]　Olfati-Saber R,Fax A,Murray R M. Consensus and cooperation in networked multi-agent systems[J]. Proceedings of the IEEE,2007,95(1):215-233.

[8]　Yu J,Wang L. Group consensus of multi-agent systems with undirected communication graphs[C]. Asian Control Conference,2009:105-110.

[9]　Cao L,Zheng Y,Zhou Q. A necessary and sufficient condition for consensus of continuous-time agents over undirected

time-varying networks[J]. IEEE Transactions on Automatic Control，2011，56（56）：1915-1920.

[10]　Zhou F，Wu Y X. Consensus tracking algorithms with directed network[J]. Acta Automatica Sinica，2013，41（1）：180-185.

[11]　Noorbakhsh S M，Ghaisari J. Event-based consensus in directed network topologies with linear dynamic agents[C]. International Conference on Event-based Control，Communication，and Signal Processing，2015：1-8.

[12]　Yang W，Wang Y，Wang X. Fast consensus of directed network via optimal pinning control[C]. The 32nd Control Conference，2013：1235- 1240.

[13]　Jia Q，Tang W K S. Consensus of nonlinear agents in directed network with switching topology and communication delay[J]. IEEE Transactions on Circuits & Systems I：Regular Papers，2012，59（12）：3015-3023.

[14]　Wu Q J，Zhou J，Zhang H，et al. Distributed δ-consensus in directed delayed networks of multi-agent systems[J]. International Journal of Systems Science，2013，44（5）：1-10.

[15]　Li D，Liu Q，Wang X，et al. Quantized consensus for multi-agent networks with directed switching topologies[C]. Control Conference，2013：6785-6790.

[16]　Zuo Z，Yang W，Lin T，et al. Fixed-time consensus for multi-agent systems under directed and switching interaction topology[J]. Proceedings of the American Control Conference，2014：5133-5138.

[17]　Lei S，Han D，Nguang S K，et al. Mean square consensus of multi-agent systems with multiplicative noises and time delays under directed fixed topologies[J]. International Journal of Control Automation & Systems，2016，14（1）：69-77.

[18]　Ding L，Han Q L，Guo G. Network-based leader-following consensus for distributed multi-agent systems[J]. Automatica，2013，49（7）：2281-2286.

[19]　Guan Z H，Zhang H. Stabilization of complex network with hybrid impulsive and switching control[J]. Chaos Solitons & Fractals，2008，37（5）：1372-1382.

[20]　Xiao L，Boyd S，Kim S J. Distributed average consensus with least-mean-square deviation[J]. Journal of Parallel & Distributed Computing，2007，67（1）：33-46.

[21]　Nedic A，Olshevsky A，Ozdaglar A，et al. On distributed averaging algorithms and quantiza-tion effects[C]. IEEE Conference on Decision and Control，2008：4825-4830.

[22]　Chua L O. The genesis of Chua's circuit[J]. Archiv Elektronik Ubertragungstechnik，1992：46.

第4章　具有随机扰动的多智能体系统脉冲一致性

4.1　引　　言

在多智能体系统中，每个节点要通过与邻居节点进行信息交互来调整自己的状态。由于现实世界网络环境中的不确定因素的存在，在这个信息交流的过程中不可避免地会出现一些随机事件和随机干扰，如由于周围环境的不稳定造成的物理系统中的随机压力等。从应用层面分析，随机多智能体系统的应用环境可以从陆地延伸至水下甚至航空航天，几乎涵盖了人类可以涉及的各个领域。对于人类不能到达的特殊环境，随机多智能体系统尤其能体现其优势，具体体现在智能机器人群组之间的协同搜救、导航，水下和空间航行器的控制，无人机的编队控制等方面，随机多智能体系统的控制技术发挥了巨大的作用。从理论上来讲，随机系统的一致性研究是系统设计与控制最基础也是最根本的要求，系统内部参数（如随机时滞和随机拓扑切换）和外界随机扰动（如随机噪声）的不确定项均存在一定的概率促使系统进入不稳定的状态，因此对于随机系统的一致性研究显得格外重要。深入认识和探索随机多智能体系统的内在机制和动力学特征，掌握其内在规律，从而在此基础上加以控制，使得系统向有利的方向演化，无疑是一项具有重要科学意义和实际指导价值的研究[1]。

近年来，多智能体系统随机一致性问题已经吸引了越来越多学者的关注。2009 年，Huang 所在科研团队研究了一阶离散随机多智能体系统的一致性问题[2]；2010 年，该团队将该研究拓展到存在时变拓扑的网络环境背景下[3]。2009 年和 2010 年，Li 和 Zhang 在 Huang 的研究的基础上，分别分析了离散和连续随机多智能体系统的均分一致性，同时给出了确保系统达到一致的充要条件[4,5]。2011 年，Cheng 等将多智能体系统从一阶扩展到二阶，研究了在固定拓扑结构下系统达到一致的充要条件[6]。2013 年，Miao 等[7]进一步将系统从二阶扩展到多阶，指出如果领航者与每一个智能体之间能实现信息交互，即全局到达每一个智能体，那么系统就能达到一致。更多的关于随机多智能体系统的相关研究成果可参看文献[8]～[13]。基于以上讨论可以看出，在脉冲控制下随机多智能体系统一致性问题的相关研究还较少。由于随机干扰项的存在，如何通过脉冲控制器实现多智能体系统的一致性是比较困难的，其收敛性将更为复杂。

同时，在实际系统中，时滞通常是不可避免的。多智能体系统中通常包含两种时滞：第一种是内部时滞，普遍存在于自然界和工程系统中，如调控网络等；第二种也是最常出现的时滞就是传输时滞，其通常对系统的协同效果起负作用，即使系统整体趋势进一步恶化。因此，有必要综合考虑两种时滞同时存在对系统的影响。所以，本章将讨论修改为带有随机扰动和时滞的多智能体系统脉冲控制一致性问题。

4.2 预 备 知 识

本章考虑一个由 $N(N \geq 1)$ 个跟随者和一个领航者组成的非线性多智能体系统，每个智能体有独立且不相关的动力学行为。此系统中，每一个智能体的状态行为信息可以用一个 n 维向量表示。$G = (V, \varepsilon, A)$ 表示该系统的通信拓扑加权有向图。可以定义第 i 个跟随者智能体的动力学行为如下：

$$dx_i = (-Cx_i(t) + (A + \Delta A)f(x_i(t)) + (B + \Delta B)f(x_i(t - \tau(t))) + u_i)dt \\ + h(x_i(t), x_i(t - \tau(t)))dw(t) \tag{4.1}$$

在系统（4.1）中，$x_i(t) = [x_{i1}(t), x_{i2}(t), \cdots, x_{iN}(t)]$ 是每个智能体的状态向量；$C = \text{diag}\{c_1, c_2, \cdots, c_N\}$ 是对角矩阵，并且 $c_i > 0, i = 1, 2, \cdots, N$；连续非线性向量函数 $f(x_i(t)) = [f_1(x_{i1}(t)), f_2(x_{i2}(t)), \cdots, f_N(x_{iN}(t))]$ 代表每个多智能体之间相互交互的行为；传输时滞 τ 有界且满足条件 $0 \leq \tau(t) < \tau$；$A \in \mathbb{R}^{n \times n}$ 和 $B \in \mathbb{R}^{n \times n}$ 分别是连接权重矩阵和带有时滞的连接权重矩阵；$u_i \in \mathbb{R}^n$ 就是需要设计的控制器。

在系统（4.1）中，有下面的等式成立：

$$\Delta A = MF(t)H_1, \quad \Delta B = MF(t)H_2 \tag{4.2}$$

其中，实数矩阵 ΔA、ΔB 表示与 M、F 有关的范数有界参数不确定项。这两个参数代表了前面定义实常数矩阵的维度，并且刻画了 $F(t)$ 中的不确定参数是如何影响普通矩阵 A 的。根据参数不确定性的性质，可以得到带有时滞的矩阵 $F(t)$ 满足下面的条件：

$$F^{\mathrm{T}}(t)F(t) \leq I \tag{4.3}$$

作为一个约定俗成的规则，矩阵 ΔA、ΔB 表示不确定项偶然发生的现象。$w(t) = [w_1(t), \cdots, w_n(t)]^{\mathrm{T}}$ 表示定义在完全概率空间上 $(\Omega, F, \{F_t\}_{t \geq 0}, P)$ 的 n 维维纳过程或者布朗运动，$\{F_t\}_{t \geq 0}$ 满足常规条件，即 $\{F_t\}_{t \geq 0}$ 是右连续的，且 F_0 包含所有的非空集合。简单地说，可以表示为

$$E\{w(t)\} = 0, \quad E\{|w(t)|^2\} = 0 \tag{4.4}$$

本章认为随机变量 ΔA、ΔB 和 $w(t)$ 是互相独立的。

注 4.1 模型（4.1）也可以看成一个结合几个常见模型的带有时滞的混沌神经网络。尤其值得注意的是，如果激活函数 $f_i(x): R \to \mathbb{R}$ 是 S 型的，那么模型（4.1）描述的就是带有时滞的 Hopfield 混沌神经网络。类似地，如果激活函数 $f_i(x) = \frac{1}{2}(|x + 1| - |x - 1|)$，那么模型（4.1）描述的就是带有时滞的细胞神经网络。

注 4.2 通常来说，随机变量 ΔA、ΔB 和 $w(t)$ 分别用来表示非线性项随机出现的现象和不确定项随机出现的现象。类似的描述也可见文献[14]～[16]，文献[14]和[15]研究的是复杂网络的同步问题，文献[16]研究了多智能体系统的一致性问题。但是将脉冲控制引入带有随机项的多智能体系统中的课题还没有人研究过。

对于非线性函数 $f_i(x) \in \mathbb{R}^n$，给出以下假设。

假设 4.1　$f_i(x): R \to \mathbb{R}$ 是有界的且 $f(0) = 0$，并且满足 Lipschitz 条件，即对于任意 $x, y \in \mathbb{R}^n$，都存在正常数 ρ_i 使得如下不等式成立：

$$\|f_i(x) - f_i(y)\| \leqslant \rho_i \|x - y\| \tag{4.5}$$

注 4.3　假设 4.1 保证了带有时滞的多智能体系统（4.1）始终存在平衡点而且模型的解是存在的。

假设 4.2　假设在矩阵内满足迹内积标准的条件下，噪声强度函数是一致的 Lipschitz 连续函数，即

$$\mathrm{trace}[h(s_1, l_1) - h(s_2, l_2)^{\mathrm{T}} h(s_1, l_1) - h(s_2, l_2)] \leqslant \|U_1(s_1 - s_2)\|^2 + \|V_1(l_1 - l_2)\|^2 \tag{4.6}$$

其中，U、V 是已知的常数矩阵。

标记为 0 的领航者的动力学行为表示如下：

$$\begin{aligned} \mathrm{d}x_0 &= (-Cx_0(t) + (A + \Delta A)f(x_0(t)) + (A + \Delta A)f(x_0(t))) \\ &\quad + h(x_0(t), x_0(t - \tau(t)))\mathrm{d}w(t) \end{aligned} \tag{4.7}$$

其中，$x_0(t) \in \mathbb{R}$ 表示状态向量，$\Delta A = MF(t)H_1$，$\Delta B = MF(t)H_2$ 与 ΔA、ΔB 类似。领航者通常可以认为是指令发出者，生成所需的目标轨迹。$g_i \geqslant 0$ 是从控制节点到第 $i(i \in [1, 2, \cdots, N])$ 个节点的通信权重。当且仅当 $g_i > 0$ 时，控制节点才能和节点 i 进行通信，$G = \mathrm{diag}\{g_i\} \in \mathbb{R}^{N \times N}$。

在信息传输过程中，控制器 u_i 经常被意外的脉冲打断，这种情况在实际情况中很常见。因此，在脉冲控制下，系统（4.1）可以表示如下：

$$\begin{cases} \mathrm{d}x_i = (-Cx_i(t) + (A + \Delta A)f(x_i(t)) + (B + \Delta B)f(x_i(t - \tau(t))) + u_i)\mathrm{d}t \\ \qquad + h(x_i(t), x_i(t - \tau(t)))\mathrm{d}w(t), & t \neq t_k, k \in \mathbb{N} \\ \Delta x_i(t) = x_i(t^+) - x_i(t^-) = x_i(t^+) - x_i(t) = E_k u_i(t), & t = t_k, k \in \mathbb{N} \end{cases} \tag{4.8}$$

其中，时间序列 $\{t_1, t_2, \cdots\}$ 由一系列严格递增的脉冲时刻组成，且满足条件 $\lim\limits_{k \to \infty} t_k = +\infty$，$x(t_k) = x(t_k^+) = \lim\limits_{k \to t_k^+} x(t)$，$x(t_k^-) = \lim\limits_{k \to t_k^-} x(t)$；$E_k$ 是脉冲增益矩阵。

定义跟随者多智能体（4.8）的初始状态如下：

$$x_i(t) = \psi_i(t), \quad -r \leqslant t \leqslant 0 \tag{4.9}$$

其中，$\psi_i(t) \in \mathrm{PC}([-r, 0], R)$。

定义误差为 $e_i(t) = x_i(t) - x_0(t)$，那么可以得到误差系统如下：

$$\begin{cases} \mathrm{d}e_i = (-Ce_i(t) + (A + \Delta \bar{A})g(e_i(t)) + (B + \Delta \bar{B})g(e_i(t - \tau(t))) + u_i \\ \qquad + (\Delta \bar{A} - A)f(x_i(t)) + (\Delta \bar{B} - B)f(x_i(t - \tau(t))))\mathrm{d}t \\ \qquad + h(e_i(t), e_i(t - \tau(t)))\mathrm{d}w(t), \quad t \neq t_k, k \in \mathbb{N} \\ \Delta e_i(t) = e_i(t^+) - e_i(t^-) = E_k u_i(t), \quad t = t_k, k \in \mathbb{N} \end{cases} \tag{4.10}$$

其中，$g(e_i(t - \tau(t))) = f(x_i(t - \tau(t))) - f(x_0(t - \tau(t)))$，$g(e_i(t)) = f(x_i(t)) - f(x_0(t))$。

系统（4.10）可以改写为

$$
\begin{cases}
\mathrm{d}e = (-(I_N \otimes C)e(t) + (I_N \otimes (A + \Delta\bar{A}))g(e(t)) \\
\quad + (I_N \otimes (B + \Delta\bar{B}))g(e(t - \tau(t))) + u_i \\
\quad + (I_N \otimes (\Delta\bar{A} - A))f(x(t)) + (I_N \otimes (\Delta\bar{B} - B))f(x(t - \tau(t)))\mathrm{d}t \\
\quad + h(e_i(t), e_i(t - \tau(t)))\mathrm{d}w(t), & t \neq t_k, k \in \mathbb{N} \\
\Delta e(t) = e(t^+) - e(t^-) = (I_N \otimes E_k)u_i(t), & t = t_k, k \in \mathbb{N}
\end{cases} \tag{4.11}
$$

其中，$x(t) = [x_1(t), \cdots, x_N(t)]$，$e(t) = [e_1(t), \cdots, e_N(t)]$，$e(t - \tau(t)) = [e_1(t - \tau(t)), \cdots, e_N(t - \tau(t))]$，$g(e(t)) = [g(e_1(t)), \cdots, g(e_N(t))]^{\mathrm{T}}$，$g(e(t - \tau(t))) = [g(e_1(t - \tau(t))), \cdots, \ g(e_N(t - \tau(t)))]^{\mathrm{T}}$。

利用假设 4.1，可以得到

$$
\|g(e(t))\| = \sum_{i=1}^{n} g^2(e_i(t)) \leqslant \sum_{i=1}^{n} \rho_i^2 e_i^2(t) \leqslant \rho^2 \|e(t)\|^2 \tag{4.12}
$$

$$
\|g(e(t - \tau(t)))\| \leqslant \rho^2 \|e(t - \tau(t))\|^2 \tag{4.13}
$$

为了使系统（4.11）达到一致，采取了同时考虑当前信息和带有传输时滞的信息的分布式追踪控制机制，具体如下：

$$
\begin{aligned}
u_i(t) = d_1 K &\left(\sum_{j \in N_i} a_{ij}(t)(x_j(t) - x_i(t)) - g_i(x_0(t) - x_i(t)) \right) \\
+ d_1 M &\left(\sum_{j \in N_i} a_{ij}(t)(x_j(t - \tau(t)) - x_i(t - \tau(t))) \right. \\
&\left. - g_i(x_0(t - \tau(t)) - x_i(t - \tau(t))) \right)
\end{aligned} \tag{4.14}
$$

或者写成矩阵形式如下：

$$
U(t) = -d_1((L(t) + G(t)) \otimes K)e(t) - d_2((L(t) + G(t)) \otimes M)e(t - \tau(t)) \tag{4.15}
$$

其中，$d_1 > 0$、$d_2 > 0$ 为耦合强度；$K = K^{\mathrm{T}} \in \mathbb{R}^{n \times n}$、$M = M^{\mathrm{T}} \in \mathbb{R}^{n \times n}$ 为需要采用的反馈增益矩阵；$A(t) = [a_{ij}(t)] \in \mathbb{R}^{n \times n}$ 为 t 时刻图 $G(t)$ 的邻接矩阵，$G(t)$ 为 t 时刻 N 个节点之间的通信拓扑图；$U(t) = [u_1(t), \cdots, u_N(t)]$。

因此，系统（4.14）可以改写为

$$
\begin{cases}
\mathrm{d}e = (-(I_N \otimes C)e(t) + (I_N \otimes (A + \Delta\bar{A}))g(e(t)) \\
\quad + (I_N \otimes (B + \Delta\bar{B}))g(e(t - \tau(t)))\mathrm{d}t \\
\quad + (I_N \otimes (\Delta\bar{A} - A))f(x(t)) + (I_N \otimes (\Delta\bar{B} - B))f(x(t - \tau(t))) \\
\quad + h(e(t), e(t - \tau(t)))\mathrm{d}w(t), & t \neq t_k, k \in \mathbb{N} \\
\Delta e(t) = (I_N \otimes E_k)(-d_1((L(t) + G(t)) \otimes K)e(t) \\
\quad - d_2((L(t) + G(t)) \otimes M)e(t - \tau(t))), & t = t_k, k \in \mathbb{N}
\end{cases} \tag{4.16}
$$

定义 4.1 如果对于多智能体系统（4.8），初始值为 $x_i(t) = \psi_i(t)$，$-r \leqslant t \leqslant 0$，能够满足如下等式：

$$\lim_{t \to \infty} E\left(\|e(t)\|\right) = \lim_{t \to \infty} E\left(\|x_i(t) - x_0(t)\|\right) = 0 \tag{4.17}$$

那么系统（4.8）就能够达到一致。

引理 4.1[17]　对于任意实数矩阵 W_1、W_2、$Q = Q^{\mathrm{T}}$ 和标量 $a > 0$，存在

$$W_1^{\mathrm{T}} W_2 + W_2^{\mathrm{T}} W_1 \leqslant a W_1^{\mathrm{T}} Q W_1 + a^{-1} W_2^{\mathrm{T}} Q^{-1} W_2 \tag{4.18}$$

引理 4.2[18]　假设存在正常数 s_1、s_2 和正连续函数 $V(t)$，使得式（4.19）成立：

$$s_1 \|e(t)\|^2 \leqslant V(t, e(t)) \leqslant s_2 \|e(t)\|^2, \quad t \geqslant t_0 - \tau \tag{4.19}$$

当 $t \leqslant t_0$，对于常数 $0 < \kappa_2 < \kappa_1$，有

$$D^+ E(V(t, e(t))) \leqslant -\kappa_1 E(V(t, e(t))) + \kappa_2 E(\bar{V}(t)) \tag{4.20}$$

其中，$E(\bar{V}(t_0))\mathrm{e}^{-v(t-t_0)} \doteq \sup_{x \in [t-\tau, t]} E(V(x, e(x)))$，那么

$$E(V(x, e(x))) \leqslant E(\bar{V}(t_0))\mathrm{e}^{-v(t-t_0)} \tag{4.21}$$

其中，$v = \kappa_2 - \kappa_1 \mathrm{e}^{v\tau}$ 是等式 $e(x) = \iota(x)$ 的唯一解，对于 $x \in [t_0 - \tau, t_0]$，$e(x) = \iota(x)$。

4.3　问题描述与分析

定理 4.1　考虑多智能体系统（4.8），并且假设 4.1 和假设 4.2 成立。存在常数 λ_1、λ_2、m_k、n_k、η 使得下面条件成立，其中 $\Phi = \lambda_{\max}\left(2\rho + \rho^2 \varepsilon_2 + N^{\mathrm{T}} N\right)$，$\Gamma = \lambda_{\max}\left(2C + 2\rho A + \rho^2 \varepsilon_1 + \varpi \varepsilon_1^{-1} \tilde{M} \tilde{M}^{\mathrm{T}} + \varpi \varepsilon_2^{-1} \tilde{M} \tilde{M}^{\mathrm{T}} + 2\rho\chi\left(\|\tilde{M}\|\|\tilde{H}_1\| + \|M\|\|H_1\|\right) + 2\rho\chi \cdot \left(\|\tilde{M}\|\|\tilde{H}\| + \|M\|\|H\|\right) + MM^{\mathrm{T}}\right)$。

（1）

$$\begin{bmatrix} -\lambda_1 I_{Nn} & (Z(t) \otimes E_k K) + I_{Nn} \\ * & -P^{-1} \end{bmatrix} < 0 \tag{4.22}$$

$$\begin{bmatrix} -\lambda_2 I_{Nn} & (Z(t) \otimes E_k M) + I_{Nn} \\ * & -P^{-1} \end{bmatrix} < 0 \tag{4.23}$$

（2）

$$m_k = \frac{\lambda_1(d_1^2 + \kappa_k)}{\lambda_{\min}(P)}, \quad n_k = \frac{\lambda_2(d_2^2 + \kappa_k^{-1})}{\lambda_{\min}(P)} \tag{4.24}$$

其中，$\max(\mathrm{e}^{\gamma\tau}, m_z + n_z \mathrm{e}^{\gamma\tau}) \leqslant \eta \leqslant \mathrm{e}^{\gamma\tau_z}$。

（3）

$$\gamma \geqslant \frac{\ln\eta}{\tau_z} - \frac{\xi}{\tau} \tag{4.25}$$

那么在脉冲控制协议下，多智能体系统（4.8）能够达到一致的状态，也就是说，脉冲控制协议在系统（4.8）中是可行的。

证明　构建如下 Lyapunov 函数：

$$V(t) = e^{\mathrm{T}}(t) P e(t) \tag{4.26}$$

对于 $t \neq t_k$，$k \in \mathbb{N}$，依据伊藤公式[19]，计算沿着时间的导数 $V(t, e(t))$ 可以得到

$$
\begin{aligned}
\mathrm{d}V(t) = {} & 2e^{\mathrm{T}}(t)P(-(I_N \otimes C)e(t) + (I_N \otimes (A + \Delta\tilde{A}))g(e(t)) \\
& + (I_N \otimes (B + \Delta\tilde{B}))g(e(t - \tau(t))) \\
& + (I_N \otimes (\Delta\tilde{A} - A))f(x(t)) + (I_N \otimes (\Delta\tilde{B} - B))f(x(t - \tau(t))))\mathrm{d}t \\
& + 2e^{\mathrm{T}}(t)h(e(t), e(t - \tau(t)))\mathrm{d}w(t) \\
& + \mathrm{trace}(h^{\mathrm{T}}(e(t), e(t - \tau(t)))h(e(t), e(t - \tau(t))))\mathrm{d}(t)
\end{aligned}
\tag{4.27}
$$

根据引理 4.1，可以得到

$$
\begin{aligned}
e^{\mathrm{T}}(t)P\Delta\bar{A}g(e(t)) &= e^{\mathrm{T}}(t)P\tilde{M}\tilde{F}(t)\tilde{H}_1 g(e(t)) \\
&= \varepsilon_1 g^{\mathrm{T}}(e(t))g(e(t)) + \varepsilon_1^{-1}e^{\mathrm{T}}(t)P\tilde{M}\tilde{F}(t)\tilde{H}_1\tilde{H}_1\tilde{F}^{\mathrm{T}}(t)\tilde{M}^{\mathrm{T}}P^{\mathrm{T}}e(t) \\
&= \varepsilon_1 g^{\mathrm{T}}(e(t))g(e(t)) + \varpi\varepsilon_1^{-1}e^{\mathrm{T}}(t)P\tilde{M}\tilde{M}^{\mathrm{T}}P^{\mathrm{T}}e(t)
\end{aligned}
\tag{4.28}
$$

$$
\begin{aligned}
& e^{\mathrm{T}}(t)P\Delta\bar{B}g(e(t - \tau(t))) \\
&= e^{\mathrm{T}}(t)P\tilde{M}\tilde{F}(t)\tilde{H}_2 g(e(t)) \\
&= \varepsilon_2 g^{\mathrm{T}}(e(t - \tau(t)))g(e(t - \tau(t))) + \varepsilon_2^{-1}e^{\mathrm{T}}(t)P\tilde{M}\tilde{F}(t)\tilde{H}_2\tilde{H}_2\tilde{F}^{\mathrm{T}}(t)\tilde{M}^{\mathrm{T}}P^{\mathrm{T}}e(t) \\
&= \varepsilon_2 g^{\mathrm{T}}(e(t - \tau(t)))g(e(t - \tau(t))) + \varpi\varepsilon_2^{-1}e^{\mathrm{T}}(t)P\tilde{M}\tilde{M}^{\mathrm{T}}P^{\mathrm{T}}e(t)
\end{aligned}
\tag{4.29}
$$

$$
e^{\mathrm{T}}(t)P(\Delta\bar{A} - \Delta A)f(x(t)) = 2\rho P\chi\left(\|\tilde{M}\|\|\bar{H}_1\| + \|M\|\|H_1\|\right)\|e(t)\|
\tag{4.30}
$$

$$
e^{\mathrm{T}}(t)P(\Delta B - \Delta B)f(x(t - \tau(t))) = 2\rho P\chi\left(\|\tilde{M}\|\|\bar{H}_2\| + \|M\|\|H_2\|\right)\|e(t)\|
\tag{4.31}
$$

根据假设 4.2，能够得到下面的不等式：

$$
\begin{aligned}
& \mathrm{trace}[h^{\mathrm{T}}(e(t), e(t - \tau(t)))h(e(t), e(t - \tau(t)))] \\
& \leqslant e^{\mathrm{T}}(t)M^{\mathrm{T}}Me(t) + e^{\mathrm{T}}(t - \tau(t))N^{\mathrm{T}}Ne(t - \tau(t))
\end{aligned}
\tag{4.32}
$$

将式（4.28）～式（4.32）代入式（4.27），可以得到

$$
\begin{aligned}
\mathrm{d}V(t) = {} & (2e^{\mathrm{T}}(t)PCe(t) + 2e^{\mathrm{T}}(t)PAg(e(t)) \\
& + \varepsilon_1 g^{\mathrm{T}}(e(t))g(e(t)) + \varpi\varepsilon_1^{-1}e^{\mathrm{T}}(t)P\tilde{M}\tilde{M}^{\mathrm{T}}P^{\mathrm{T}}e(t) \\
& + \varepsilon_2 g^{\mathrm{T}}(e(t - \tau(t)))g(e(t - \tau(t))) + \varpi\varepsilon_2^{-1}e^{\mathrm{T}}(t)P\tilde{M}\tilde{M}^{\mathrm{T}}P^{\mathrm{T}}e(t) \\
& + 2\rho P\chi\left(\|\tilde{M}\|\|\bar{H}_1\| + \|M\|\|H_1\|\right)\|e(t)\| + 2\rho P\chi\left(\|\tilde{M}\|\|\bar{H}_2\| + \|M\|\|H_2\|\right)\|e(t)\| \\
& + e^{\mathrm{T}}(t)M^{\mathrm{T}}Me(t) + e^{\mathrm{T}}(t - \tau(t))N^{\mathrm{T}}Ne(t - \tau(t))s) \otimes I_N \\
& + 2e^{\mathrm{T}}(t)h(e(t), e(t - \tau(t)))\mathrm{d}w(t) \\
\leqslant {} & (\Gamma e^{\mathrm{T}}(t)Pe(t) + \Phi e^{\mathrm{T}}(t)PBe(t - \tau(t))) + 2e^{\mathrm{T}}(t)h(e(t), e(t - \tau(t)))\mathrm{d}w(t)
\end{aligned}
\tag{4.33}
$$

对于 $t \neq t_k$，$k \in \mathbb{N}$，将式（4.33）的两边同时取期望可以得到

$$
\frac{\mathrm{d}E(V(t))}{\mathrm{d}t} = \Gamma V(t) + \Phi V(t - \tau(t)), \quad t \neq t_k, k \in \mathbb{N}
\tag{4.34}
$$

由引理 4.2 和式（4.34），可以得到存在常数 γ 使得对于 $t \in [t_{k-1}, t_k) \in [\tau_0, \tau_1)$ 有以下不等式成立：

$$
E(V(t)) \leqslant E(\tilde{V}(t_{k-1}))e^{\gamma(t_k - t_{k-1})}
\tag{4.35}
$$

其中，$\tilde{V}(t_{k-1})$ 与引理 4.2 中的 $\tilde{V}(t_0)$ 定义类似。

当 $t = t_k$ 时，有式（4.36）成立：

$$e(t_k^+) = -d_1((I_N \otimes E_k)(Z(t) \otimes K) + I_{Nn})e(t_k) - d_2(I_N \otimes E_k)(Z(t) \otimes M)e(t_k - \tau(t))$$
$$= -d_1((Z(t) \otimes E_k K) + I_{Nn})e(t_k) - d_2(Z(t) \otimes E_k M)e(t_k - \tau(t)) \tag{4.36}$$

因此，可以得到

$$V(e(t_k^+)) = e^T(t_k^+)Pe(t_k^+)$$
$$= (-d_1((Z(t) \otimes E_k K) + I_{Nn})e(t_k) - d_2(Z(t) \otimes E_k M)e(t_k - \tau(t)))^T P$$
$$\cdot (-d_1((Z(t) \otimes E_k K) + I_{Nn})e(t_k) - d_2(Z(t) \otimes E_k M)e(t_k - \tau(t)))$$
$$= d_1^2 e^T(t_k)((Z(t) \otimes E_k K) + I_{Nn})^T P((Z(t) \otimes E_k K) + I_{Nn})e(t_k)$$
$$+ d_2^2 e^T(t_k - \tau(t))(Z(t) \otimes E_k M)^T P(Z(t) \otimes E_k M)e(t_k - \tau(t))$$
$$+ 2d_1 d_2 e^T(t_k)((Z(t) \otimes E_k K) + I_{Nn})^T P(Z(t) \otimes E_k M)e(t_k - \tau(t)) \tag{4.37}$$

根据引理 4.1，可以得到

$$V(e(t_k^+)) \leqslant (d_1^2 + \kappa_k)e^T(t_k)((Z(t) \otimes E_k K) + I_{Nn})^T P((Z(t) \otimes E_k K) + I_{Nn})e(t_k)$$
$$+ (d_1^2 + \kappa_k^{-1})e^T(t_k - \tau(t))(Z(t) \otimes E_k M)^T P(Z(t) \otimes E_k M)e(t_k - \tau(t)) \tag{4.38}$$

显然可以看出不等式（4.22）和（4.23）等同于下面的两个公式：

$$((Z(t) \otimes E_k K) + I_{Nn})^T P((Z(t) \otimes E_k K) + I_{Nn}) \leqslant \lambda_1 I_{Nn} \tag{4.39}$$
$$(Z(t) \otimes E_k M)^T P(Z(t) \otimes E_k M) \leqslant \lambda_2 I_{Nn} \tag{4.40}$$

因此，式（4.38）可以改写为

$$V(e(t_k^+)) \leqslant \lambda_1(d_1^2 + \kappa_k)e^T(t_k)e(t_k) + \lambda_2(d_1^2 + \kappa_k^{-1})e^T(t_k - \tau(t))e(t_k - \tau(t))$$
$$\leqslant \frac{\lambda_1(d_1^2 + \kappa_k)}{\lambda_{\min}(P)}V(e(t_k)) + \frac{\lambda_2(d_2^2 + \kappa_k)}{\lambda_{\min}(P)}V(e(t_k - \tau(t)))$$
$$= m_k V(e(t_k)) + n_k V(e(t_k - \tau(t))) \tag{4.41}$$

对式（4.41）两边同时取期望，可以得到

$$E(V(e(t_k^+))) \leqslant m_k E(V(e(t_k))) + n_k E(V(e(t_k - \tau(t)))) \tag{4.42}$$

下面通过数学归纳法验证对于 $t \in [t_{k-1}, t_k) \in [\tau_0, \tau_1)$，下面不等式成立：

$$E(V(e(t))) \leqslant \eta^{k-1} E(\tilde{V}(\tau_0))e^{-\gamma(t-t_0)} \tag{4.43}$$

当 $k = 1, 2, \cdots, N, t \in (t_0, t_1]$ 时，根据式（4.35），可以得到

$$E(V(e(t))) \leqslant E(\tilde{V}(\tau_0))e^{-\gamma(t-t_0)} = \eta^0 E(\tilde{V}(\tau_0))e^{-\gamma(t-t_0)} \tag{4.44}$$

那么，当 $k = 1$ 时，不等式（4.43）成立。下面假设当 $k = z$、$z \in \mathbb{N}$、$z \geqslant 2$ 时，不等式成立，那么可以验证，当 $k = z+1$ 时，不等式（4.43）依然成立。

通过定理 4.1 中的条件（2）以及式（4.34）和式（4.44），可以得到

$$E(V(e(t_z^+))) \leqslant m_z E(V(e(t_z))) + n_k E(V(e(t_z - \tau(t))))$$
$$\leqslant m_z \eta^{z-1} E(\tilde{V}(t_0))e^{-\gamma(t_z - t_0)} + n_z \eta^{z-1} E(\tilde{V}(t_0))e^{-\gamma(t_z - \tau - t_0)}$$
$$\leqslant \eta^{z-1}(m_z + n_z e^{\gamma\tau})e^{-\gamma(t_z - t_0)}$$
$$\leqslant \eta^z E(\tilde{V}(t_0))e^{-\gamma(t_z - t_0)} \tag{4.45}$$

那么，对于 $k = z+1$，根据式（4.24）、式（4.25）和式（4.45），可以得到

$$E(V(t)) \leqslant E(\tilde{V}(t_z))e^{-\gamma(t-t_z)} = \sup_{s \in [t_z-\tau, T_z]} E(V(e(s)))e^{-\gamma(t-t_z)}$$

$$= \max\left\{\sup_{s \in [t_z-\tau, T_z]} E(V(e(s))), E(V(e(t_z^+)))\right\}e^{-\gamma(t-t_z)}$$

$$\leqslant \{\eta^{z-1}E(\tilde{V}(t_0))e^{-\gamma(t_z-\tau-t_0)}, \eta^z E(\tilde{V}(t_0))e^{-\gamma(t_z-t_0)}\}e^{-\gamma(t-t_z)} \quad (4.46)$$

$$\leqslant \{\eta^{z-1}e^{-\gamma\tau}, \eta^z\}E(\tilde{V}(t_0))e^{-\gamma(t_z-t_0)}e^{-\gamma(t-t_z)}$$

$$\leqslant \eta^z E(\tilde{V}(t_0))e^{-\gamma(t-t_0)}$$

因此，通过数学归纳法，可以证明式（4.43）是成立的。

由于 $\tau_z = \inf(t_k - t_{k-1})$，那么 $k-1 \leqslant t_{k-1} - \dfrac{t_0}{\tau_m}$，进一步可以表明

$$\eta^{k-1} = e^{\frac{\ln \eta}{\tau_z}(t_{k-1}-t_0)} \quad (4.47)$$

对于 $t \in [t_{k-1}, t_k) \in [\tau_0, \tau_1)$，根据式（4.43）和式（4.47），可以得到

$$E(V(t)) \leqslant \eta^{k-1}E(\tilde{V}(t_0))e^{-\gamma(t-t_0)} \leqslant E(\tilde{V}(t_0))e^{-\left(\gamma - \frac{I\ln \eta}{\tau_z}\right)(t-t_0)} \quad (4.48)$$

对式（4.47）进行递归分析可以得到，对于 $t \in (t_{k-1}, t_k]$，存在

$$E(V(t)) \leqslant E(\tilde{V}(t_{\phi-1}))e^{-\left(\gamma - \frac{\ln \eta}{\tau_z}\right)(t-\tau_{\phi-1})} \quad (4.49)$$

由于 $e(\tau_1^+) = e(\tau_1)$，结合式（4.49），可得

$$E(V(\tau_1^+)) \leqslant \varepsilon E(V(\tau_1)) \quad (4.50)$$

其中，$\varepsilon \leqslant e^{-\tau\left(\gamma - \frac{\ln \eta}{\tau_z}\right)}$。

对式（4.50）进行递归分析，可以得到

$$E(V(\tau_\phi^+)) \leqslant \varepsilon E(V(\tau_\phi)) \quad (4.51)$$

下面应用数学归纳法验证对于 $t \in [\tau_{\phi-1}, \tau_\phi)$，下面不等式成立：

$$E(V(t)) \leqslant \varepsilon^{\phi-1}E(\tilde{V}(t_0))e^{-\left(\gamma - \frac{\ln \eta}{\tau_z}\right)(t-\tau_0)} \quad (4.52)$$

当 $\phi = 1, t \in (\tau_0, \tau_1]$ 时，根据式（4.49），可以得到

$$E(V(t)) \leqslant E(\tilde{V}(t_0))e^{-\left(\gamma - \frac{\ln \eta}{\tau_z}\right)(t-t_0)} = \varepsilon^0 E(\tilde{V}(t_0))e^{-\left(\gamma - \frac{\ln \eta}{\tau_z}\right)(t-t_0)} \quad (4.53)$$

那么，当 $\phi = 1$ 时，不等式（4.52）成立。下面假设当 $\phi \leqslant j$、$j \in \mathbb{N}$、$j \geqslant 2$ 时，不等式成立，那么验证当 $\phi = j+1$ 时，不等式（4.43）依然成立。

根据式（4.51）和式（4.52），可以得到

$$E(V(\tau_j^+)) \geqslant \varepsilon E(V(\tau_j)) = \varepsilon^j E(\tilde{V}(t_0))e^{-\left(\gamma - \frac{\ln \eta}{\tau_z}\right)(\tau_j-t_0)} \quad (4.54)$$

因此，对于 $\phi = j+1$，根据式（4.49）和式（4.54）可得

$$
\begin{aligned}
E(V(t)) &\leqslant E(\tilde{V}(t_j))\mathrm{e}^{-\left(\gamma-\frac{\ln\eta}{\tau_z}\right)(t-\tau_j)} = \sup_{s\in[\tau_j-\tau,\tau_j]} E(V(s))\mathrm{e}^{-\left(\gamma-\frac{\ln\eta}{\tau_z}\right)(t-\tau_j)} \\
&\leqslant \max\left\{\sup_{s\in[\tau_j-\tau,\tau_j)} E(V(s)), E(\tilde{V}(\tau_j))\right\}\mathrm{e}^{-\left(\gamma-\frac{\ln\eta}{\tau_z}\right)(t-\tau_j)} \\
&\leqslant \max\left\{\varepsilon^{j-1}E(\tilde{V}(t_0))\mathrm{e}^{-\left(\gamma-\frac{\ln\eta}{\tau_z}\right)(\tau_j-\tau-t_0)}, \varepsilon^{j}E(V(s))\mathrm{e}^{-\left(\gamma-\frac{\ln\eta}{\tau_z}\right)(\tau_j-t_0)}\right\}\mathrm{e}^{-\left(\gamma-\frac{\ln\eta}{\tau_z}\right)(t-\tau_j)} \\
&\leqslant \max\left\{\mathrm{e}^{-\tau\left(\gamma-\frac{\ln\eta}{\tau_z}\right)},\varepsilon\right\}\varepsilon^{j-1}E(\tilde{V}(t_0))\mathrm{e}^{-\left(\gamma-\frac{\ln\eta}{\tau_z}\right)(t-t_0)} \\
&= \varepsilon^{j}E(\tilde{V}(t_0))\mathrm{e}^{-\left(\gamma-\frac{\ln\eta}{\tau_z}\right)(t-t_0)}
\end{aligned}
\tag{4.55}
$$

因此，由数学归纳法，可以证明对于一切 $t\in[\tau_{j-1},\tau_j)$，式（4.52）是成立的。

对于一切 $t\in[\tau_{j-1},\tau_j)$ 都有 $t-t_0 \geqslant (j-1)\underline{\tau}$，那么式（4.55）可以进一步推导如下：

$$
\begin{aligned}
E(V(t)) &\leqslant \varepsilon^{j-1}E(\tilde{V}(t_0))\mathrm{e}^{-\left(\gamma-\frac{\ln\eta}{\tau_z}\right)(t-t_0)} = \mathrm{e}^{(j-1)\ln\varepsilon}E(\tilde{V}(t_0))\mathrm{e}^{-\left(\gamma-\frac{\ln\eta}{\tau_z}\right)(t-t_0)} \\
&\leqslant \mathrm{e}^{\frac{\varepsilon}{\underline{\tau}}(t-t_0)}E(\tilde{V}(t_0))\mathrm{e}^{-\left(\gamma-\frac{\ln\eta}{\tau_z}\right)(t-t_0)} = E(\tilde{V}(t_0))\mathrm{e}^{-\left(\gamma-\frac{\ln\eta}{\tau_z}-\frac{\varepsilon}{\underline{\tau}}\right)(t-t_0)} \\
&= \sup_{s\in[t_0-\tau,t_0]} E\left(\|\varphi(s)\|^2\right)\mathrm{e}^{-\left(\gamma-\frac{\ln\eta}{\tau_z}-\frac{\varepsilon}{\underline{\tau}}\right)(t-t_0)}
\end{aligned}
\tag{4.56}
$$

考虑到定理 4.1 中的条件（3），可以得到 $\gamma-\dfrac{\ln\eta}{\tau_z}-\dfrac{\varepsilon}{\underline{\tau}} \leqslant 0$ 成立。因此，可以得到，对于任意 $t\in[\tau_{j-1},\tau_j)$，误差都能以指数均方收敛到 0。

令 $\varepsilon\to 0$，由式（4.22）可以得到 $E(V(t))\leqslant v(t)\leqslant \sigma\mathrm{e}^{-\lambda t}$，$t\geqslant 0$。根据定义 4.2，可以得到带有随机项和脉冲控制的多智能体系统（4.16）能够达到均方一致。

注 4.4　通过采用 Lyapunov 函数方法，可以得到在脉冲控制下带有随机项的多智能体系统达到一致的条件。也就是说，多智能体系统在脉冲控制器的作用下能有效地收敛到预期的轨迹。这里的结果也证明了脉冲控制策略的有效性与可靠性。

注 4.5　总体上来说，对于多智能体系统，通常存在两种形式的时滞：第一种是内部时滞，普遍存在于自然界和工程系统中，如调控网络等；第二种也是最常出现的时滞就是传输时滞，其通常对系统的协同效果起负作用，即使系统整体趋势进一步恶化。因此，有必要综合考虑两种时滞同时存在对系统的影响。该课题已经在定理 4.1 中进行了讨论，下面考虑只有内部时滞和不考虑时滞的情况，分别如推论 4.1 和推论 4.2 所示。

不考虑系统传输时滞的多智能体系统如下：

$$
\begin{cases}
\mathrm{d}e = (-(I_N \otimes C)e(t) + (I_N \otimes (A + \Delta \bar{A}))g(e(t)))\mathrm{d}t \\
\quad + (I_N \otimes (\Delta \bar{A} - A))f(x(t)) + h(e(t), e(t - \tau(t)))\mathrm{d}w(t), \ t \neq t_k, k \in \mathbb{N} \\
\Delta e(t) = (I_N \otimes E_k)(-d_1((L(t) + G(t)) \otimes K)e(t) \\
\quad - d_2((L(t) + G(t)) \otimes M)e(t - \tau(t))), \qquad\qquad t = t_k, k \in \mathbb{N}
\end{cases}
\tag{4.57}
$$

推论 4.1 考虑多智能体系统（4.57），并且假设 4.1 和假设 4.2 成立。存在常数 λ_1、λ_2、m_k、n_k、η 使得下面条件成立，其中，$\Gamma = \lambda_{\max}(2C + 2\rho A + \rho^2 \varepsilon_1 + \varpi \varepsilon_1^{-1} \tilde{M}\tilde{M}^{\mathrm{T}} + MM^{\mathrm{T}})$。

（1）

$$
\begin{bmatrix}
-\lambda_1 I_{Nn} & (Z(t) \otimes E_k K) + I_{Nn} \\
* & -P^{-1}
\end{bmatrix} < 0
\tag{4.58}
$$

$$
\begin{bmatrix}
-\lambda_2 I_{Nn} & (Z(t) \otimes E_k M) + I_{Nn} \\
* & -P^{-1}
\end{bmatrix} < 0
\tag{4.59}
$$

（2）

$$
m_k = \frac{\lambda_1(d_1^2 + \kappa_k)}{\lambda_{\min}(P)}, \quad n_k = \frac{\lambda_2(d_2^2 + \kappa_k^{-1})}{\lambda_{\min}(P)}
\tag{4.60}
$$

其中，$\max(\mathrm{e}^{\gamma \tau}, m_z + n_z \mathrm{e}^{\gamma \tau}) \leqslant \eta \leqslant \mathrm{e}^{\gamma \tau_z}$。

（3）

$$
\gamma \geqslant \frac{\ln \eta}{\tau_z} - \frac{\xi}{\tau}
\tag{4.61}
$$

那么在脉冲控制协议下，多智能体系统（4.57）能够达到一致状态，也就是说，脉冲控制协议在系统中是可行的。

证明 构建如下 Lyapunov 函数：

$$
V(t) = e^{\mathrm{T}}(t)Pe(t)
\tag{4.62}
$$

对于 $t \neq t_k$，$k \in \mathbb{N}$，依据伊藤公式，计算沿着时间的导数 $V(t, e(t))$ 可以得到

$$
\begin{aligned}
\mathrm{d}V(t) &= 2e^{\mathrm{T}}(t)P(-(I_N \otimes C)e(t) + (I_N \otimes (A + \Delta \tilde{A}))g(e(t)) \\
&\quad + (I_N \otimes (\Delta \tilde{A} - A))f(x(t)))\mathrm{d}t \\
&\quad + 2e^{\mathrm{T}}(t)h(e(t), e(t - \tau(t)))\mathrm{d}w(t) \\
&\quad + \mathrm{trace}(h^{\mathrm{T}}(e(t), e(t - \tau(t)))h(e(t), e(t - \tau(t))))\mathrm{d}(t)
\end{aligned}
\tag{4.63}
$$

将式（4.28）、式（4.30）、式（4.32）代入式（4.63）可得

$$
\mathrm{d}V(t) \leqslant \Gamma e^{\mathrm{T}}(t)Pe(t) + 2e^{\mathrm{T}}(t)h(e(t), e(t - \tau(t)))\mathrm{d}w(t)
\tag{4.64}
$$

对于 $t \neq t_k$，$k \in \mathbb{N}$，将式（4.64）的两边同时取期望可以得到

$$
\frac{\mathrm{d}E(V(t))}{\mathrm{d}t} = \Gamma V(t) + \Phi V(t - \tau(t)), \ t \neq t_k, k \in \mathbb{N}
\tag{4.65}
$$

由引理 4.2 和式（4.65），可以得到存在常数 γ 使得对于 $t \in [t_{k-1}, t_k)$ 有以下不等式成立：

$$
E(V(t)) \leqslant E(\tilde{V}(t_{k-1}))\mathrm{e}^{-\Gamma(t - t_{k-1})}
\tag{4.66}
$$

其中，$\tilde{V}(t_{k-1})$ 与引理 4.2 中 $\tilde{V}(t_0)$ 的定义类似。

接下来的证明过程与式（4.36）～式（4.66）类似，此处不再赘述。由此，可以得到系统（4.57）在脉冲控制下能够达到一致。

不考虑系统传输时滞的多智能体系统如下：

$$
\begin{cases}
\mathrm{d}e = (-(I_N \otimes C)e(t) + (I_N \otimes (A + \Delta\bar{A}))g(e(t)))\mathrm{d}t \\
\quad + (I_N \otimes (\Delta\bar{A} - A))f(x(t)) + h(e(t), e(t - \tau(t)))\mathrm{d}w(t), \quad t \neq t_k, k \in \mathbb{N} \\
\Delta e(t) = (I_N \otimes E_k)(-d_1((L(t) + G(t)) \otimes K)e(t)), \qquad\qquad t = t_k, k \in \mathbb{N}
\end{cases}
\tag{4.67}
$$

推论 4.2　考虑多智能体系统（4.67），并且假设 4.1 和假设 4.2 成立。存在常数 λ_1、λ_2、m_k、n_k、η 使得下面条件成立，其中，$\Gamma = \lambda_{\max}(2C + 2\rho A + \rho^2 \varepsilon_1 + \varpi\varepsilon_1^{-1}\tilde{M}\tilde{M}^{\mathrm{T}} + MM^{\mathrm{T}})$。

（1）
$$
\begin{bmatrix}
-\lambda_1 I_{Nn} & (Z(t) \otimes E_k K) + I_{Nn} \\
* & -P^{-1}
\end{bmatrix} < 0
\tag{4.68}
$$

（2）
$$
m_k = \frac{\lambda_1(d_1^2 + \kappa_k)}{\lambda_{\min}(P)}
\tag{4.69}
$$

那么在脉冲控制协议下，多智能体系统（4.67）能够达到一致状态，也就是说，脉冲控制协议在系统中是可行的。

证明　由式（4.66）可以得到，对于 $t \in [t_{k-1}, t_k)$，有 $E(V(t)) \leqslant E(\tilde{V}(t_{k-1}))\mathrm{e}^{-\Gamma(t-t_{k-1})}$ 成立。与定理 4.1 的证明过程类似，并且由式（4.36）～式（4.43）可以得到，对于 $t = t_k$，有 $E(V(e(t_k^+))) \leqslant m_k E(V(e(t_k)))$。由推论 4.2 中的条件（2），并采用数学归纳法可以得到，当 $t \to +\infty$ 时，$E(V(t)) \leqslant 0$。证毕。

4.4　例子与数值仿真

为了验证本章理论的正确性与有效性，本节给出具体的数值例子如下。

例 4.1　假设一个由 5 个智能体构成的系统 S，由 1 个领航者节点和 4 个跟随者节点构成，其动力学行为分别如式（4.70）和式（4.71）所示：

$$
\begin{aligned}
\mathrm{d}x_0 &= (-Cx_0(t) + (A + \Delta A)f(x_0(t)) + (B + \Delta B)f(x_0(t - \tau(t))))\mathrm{d}t \\
&\quad + h(x_i(t), x_i(t - \tau(t)))\mathrm{d}w(t)
\end{aligned}
\tag{4.70}
$$

$$
\begin{aligned}
\mathrm{d}x_i &= (-Cx_i(t) + (A + \Delta A)f(x_i(t)) + (B + \Delta B)f(x_i(t - \tau(t))) + u_i)\mathrm{d}t \\
&\quad + h(x_i(t), x_i(t - \tau(t)))\mathrm{d}w(t)
\end{aligned}
\tag{4.71}
$$

其中，$x_0(t) = (x_0^1(t), x_0^2(t))^{\mathrm{T}}$ 表示领航者的状态变量，$x_i(t) = (x_i^1(t), x_i^2(t))^{\mathrm{T}}$ 表示智能体 i 的状态变量，其初始值均从 $[-1, 1]$ 中随机产生如下：

$$
x_0(t) = (0.1741 \quad 0.8994), \quad x(t) = \begin{bmatrix}
-0.0984 & -0.7092 \\
-0.4067 & 0.5979 \\
-0.0580 & 0.6152 \\
0.0990 & 0.3289
\end{bmatrix}
$$

系统的拉普拉斯矩阵和牵引矩阵分别为

$$
L = \begin{bmatrix}
1 & 0 & 0 & -1 \\
-1 & 1 & 0 & 0 \\
0 & -1 & 1 & 0 \\
0 & 0 & -1 & 1
\end{bmatrix}, \quad G = \begin{bmatrix}
1 & 0 & 0 & 0 \\
0 & 1 & 0 & 0 \\
0 & 0 & 1 & 0 \\
0 & 0 & 0 & 1
\end{bmatrix}
$$

为了运算方便,牵引增益 g_i 和连接权重都设为 1。其他参数设定为 $C = \mathrm{diag}(1,1)$, $f(x_i(t)) = \dfrac{|x_i(t)+1| - |x_i(t)-1|}{2}$, $\tau(t) = \tau = 1$ 。反馈矩阵为

$$A = \begin{bmatrix} 1+\dfrac{\pi}{4} & 20 \\[2mm] 0.1 & 1+\dfrac{\pi}{4} \end{bmatrix}, \quad B = \begin{bmatrix} \dfrac{-1.3\sqrt{2}\pi}{4} & 0.1 \\[2mm] 0.1 & \dfrac{-1.3\sqrt{2}\pi}{4} \end{bmatrix}$$

参数 $K = 1.5I_2$, $M = 0.3I_2$ 。时滞 $\tau(t) = 1$,脉冲间隔 $t_k - t_{k-1} = 5$ 。随机项 $h(\bullet) = W_1 x_i(t) + W_2 x_i(t-\tau(t))$, $W_1 = W_2 = 0.005I_2$ 。

实验分析:根据定理 4.1 中的条件(1),通过计算,可以得到 $\lambda_1 = 1.0374$, $\lambda_2 = 2.6157$,即满足定理的条件要求。式(4.70)和式(4.71)的轨迹图如图 4.1 和图 4.2 所示,误差如图 4.3 和图 4.4 所示。由图中可以得到,系统将稳定在 7.1 和 0.38 附近。图 4.5 表示无脉

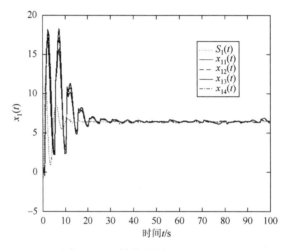

图 4.1　x_{i1} 的轨迹图 $(i = 1, 2, 3, 4)$

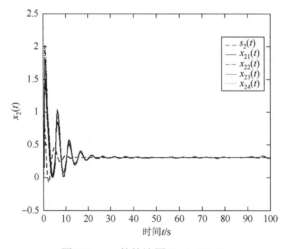

图 4.2　x_{i2} 的轨迹图 $(i = 1, 2, 3, 4)$

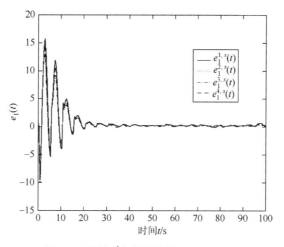

图 4.3　误差 $e_1^{i,s}$ 的轨迹图 $(i=1,2,3,4)$

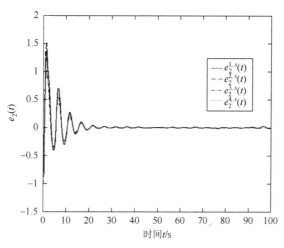

图 4.4　误差 $e_2^{i,s}$ 的轨迹图 $(i=1,2,3,4)$

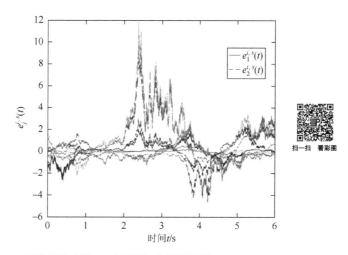

图 4.5　无脉冲控制情况下系统相应的轨迹图 $(i=1,2,3,4;j=1,2)$

冲控制情况下系统相应的轨迹图。通过对比实验可以发现，本章所研究的脉冲控制策略对于带有随机扰动的多智能体系统的一致问题是有效的。

4.5 本 章 小 结

本章研究了脉冲控制策略下带有随机扰动和时滞的多智能体系统的一致性问题。通常来说，随机变量 ΔA、ΔB 和 $w(t)$ 分别用来表示非线性项随机出现的现象和不确定项随机出现的现象。随机扰动不仅在自然界中随处可见，在人工智能系统中更是不可避免地出现，因此本章所研究的针对带有随机扰动的多智能体系统的脉冲控制协议在实际应用中具有较大的研究价值。此外，本章还综合考虑了两种时滞对多智能体系统的影响。总体上来说，对于多智能体系统，通常存在两种形式的时滞：第一种是内部时滞，普遍存在于自然界和工程系统中，如调控网络等；第二种也是最常出现的时滞就是传输时滞，其通常对系统的协同效果起负作用，即使系统整体趋势进一步恶化。因此，有必要综合考虑两种时滞同时存在对系统的影响。最后，数值仿真实例验证了本章理论的正确性。

参 考 文 献

[1] 明平松，刘建昌. 随机多智能体系统一致稳定性分析[J]. 控制与决策，2016，（3）：385-393.

[2] Huang M，Manton J H. Coordination and consensus of networked agents with noisy measurements：Stochastic algorithms and asymptotic behavior[J]. SIAM Journal on Control & Optimization，2009，48（1）：134-161.

[3] Huang M，Manton J H. Stochastic consensus seeking with noisy and directed inter-agent communication：Fixed and randomly varying topologies[J]. IEEE Transactions on Automatic Control，2010，55（1）：235-241.

[4] Li T，Zhang J F. Mean square average-consensus under measurement noises and fixed topologies：Necessary and sufficient conditions[J]. Automatica，2009，45（8）：1929-1936.

[5] Li T，Zhang J F. Consensus conditions of multi-agent systems with time-varying topologies and stochastic communication noises[J]. IEEE Transactions on Automatic Control，2010，55（9）：2043-2057.

[6] Cheng L，Hou Z G，Tan M，et al. Necessary and sufficient conditions for consensus of double-integrator multi-agent systems with measurement noises[J]. IEEE Transactions on Automatic Control，2011，56（8）：1958-1963.

[7] Miao G，Xu S，Zou Y. Consentability for high-order multi-agent systems under noise environment and time delays[J]. Journal of the Franklin Institute，2013，350（2）：244-257.

[8] Liu J，Zhang H，Liu X，et al. Distributed stochastic consensus of multi-agent systems with noisy and delayed measurements[J]. IET Control Theory & Applications，2013，7（10）：1359-1369.

[9] Ion M，John B. Convergence results for the linear consensus problem under Markovian random graphs[J]. SIAM Journal on Control & Optimization，2009，51（2）：1574-1591.

[10] Zhang Q，Zhang J F. Distributed parameter estimation over unreliable networks with markovian switching topologies[J]. IEEE Transactions on Automatic Control，2012，57（10）：2545-2560.

[11] Zhang Y，Tian Y P. Consentability and protocol design of multi-agent systems with stochastic switching topology[J]. Automatica，2009，45（5）：1195-1201.

[12] Zhao H，Xu S，Yuan D. Consensus of data-sampled multi-agent systems with Markovian switching topologies[J]. Asian Journal of Control，2012，14（14）：1366-1373.

[13] Vengertsev D，Kim H，Seo J H，et al. Consensus of output-coupled high-order linear multi-agent systems under deterministic and Markovian switching networks[J]. International Journal of Systems Science，2013，46（10）：1790-1799.

[14]　Wang Z，Wang Y，Liu Y. Global synchronization for discrete-time stochastic complex networks with randomly occurred nonlinearities and mixed time delays[J]. IEEE Transactions on Neural Networks，2010，21（1）：11-25.

[15]　Wang Y，Wang Z，Liang J. Global synchronization for delayed complex networks with randomly occurring nonlinearities and multiple stochastic disturbances[J]. Journal of Physics：A Mathematical & Theoretical，2009，42（42）：1243-1247.

[16]　Hu M，Guo L，Hu A，et al. Leader-following consensus of linear multi-agent systems with randomly occurring nonlinearities and uncertainties and stochastic disturbances[J]. Neurocomputing，2015，149（PB）：884-890.

[17]　Cao J，Li H X，Ho D W C. Synchronization criteria of Lur'e systems with time-delay feedback control[J]. Chaos Solitons & Fractals，2005，23（4）：1285-1298.

[18]　Zong G，Yang D，Hou L，et al. Robust finite-time H_∞，control for Markovian jump systems with partially known transition probabilities[J]. Journal of the Franklin Institute，2013，350（6）：1562-1578.

[19]　Friedman A. Stochastic Differential Equations and Applications[M]. Cambridge：Academic Press，1975.

第5章 多智能体系统双阶脉冲一致性

5.1 引　　言

多智能体系统由大量动态多智能体个体连接构成，其中每一个多智能体都拥有相对独立的动力学系统。通常，需要系统中所有智能体能够统一收敛到某些特定的状态。在这样的需求下，领航者节点成为系统中一个不可或缺的部分，即通过采取牵引控制的机制来促使整个系统按照人们的需求进行演化。领航者或领航者节点（leader node）就是系统中带有特殊性质的智能体，其特征表现为该节点的演化是相对独立的，不仅难以被其他节点干扰，而且剩下的节点均依据领航者节点的运动轨迹演化，将其看成终极目标，最后所有节点的状态都和领航者节点一致。通常，学者将此类课题归结为领航者跟随一致性问题。牵引控制是一种可以根据需求对网络进行一致性处理的网络管控解决方案，凭借其在实际应用中优良的能耗利用率引起了学者的重视，所以在牵引控制的研究和发展领域涌现出大量优秀的成果[1-6]。

在实际系统中，不可避免地会存在参数扰动，特别是在某些涉及混沌保密通信的相关多智能体系统的应用中，参数的不确定性将会对系统的一致性产生极大的干扰。最近几年，具有参数不确定性的多智能体系统的一致性问题引起了学者的关注[7-10]，但是在大部分研究的模型中，领航者节点和跟随者节点的参数不确定是相同的，这一点与实际情况存在差异。在实际系统中，领航者节点和跟随者节点的结构通常有差异，且参数不确定也是时变的。因此，具有不同时变参数不确定性的多智能体系统的一致性研究具有更广泛的实际意义。

基于领航者节点和跟随者节点的结构异构性，加之不同时变参数不确定性的存在，系统想达到完全一致是不容易的。所以，本章提出一种条件相对宽泛的一致性问题，即"具有误差的一致"。通过选择合适的脉冲控制增益和脉冲间隔，使领航者节点和跟随者节点之间的误差稳定在一个较小的控制范围内。类似的探索曾在文献[11]中有过涉猎，但该论文中针对的是神经网络的同步问题，而本章所要研究的是多智能体系统中的一致性问题。

5.2 预 备 知 识

本章考虑一个由 $N(N \geqslant 1)$ 个跟随者和一个领航者组成的非线性多智能体系统，每个智能体有独立且不相关的动力学行为。此系统中，每一个智能体的状态行为信息可以用一个 n 维向量表示，$G = (V, \varepsilon, A)$ 表示该系统的通信拓扑加权有向图。定义第 i 个跟随者智能体的动力学行为如下：

$$dx_i = (-Cx_i(t) + (A + \Delta A)f(x_i(t)) + (B + \Delta B)f(x_i(t - \tau(t))) + u_i)dt$$
$$+ h(x_i(t), x_i(t - \tau(t)))dw(t) \tag{5.1}$$

在系统（5.1）中，$x_i(t) = [x_{i1}(t), x_{i2}(t), \cdots, x_{iN}(t)]$ 是每一个智能体的状态向量；$C = \mathrm{diag}\{c_1, c_2, \cdots, c_N\}$ 是对角矩阵，并且 $c_i > 0$，$i = 1, 2, \cdots, N$；连续非线性向量函数 $f(x_i(t)) = [f_1(x_{i1}(t)), f_2(x_{i2}(t)), \cdots, f_N(x_{iN}(t))]$ 代表每个多智能体之间的交互行为；传输时滞 τ 有界且满足条件 $0 \leqslant \tau(t) < \tau$；$A \in \mathbb{R}^{n \times n}$ 和 $B \in \mathbb{R}^{n \times n}$ 分别是连接权重矩阵和带有时滞的连接权重矩阵；$u_i \in \mathbb{R}^n$ 就是需要设计的控制器。

在系统（5.1）中，有下面的等式成立：

$$\Delta A = MF(t)H_1, \quad \Delta B = MF(t)H_2 \tag{5.2}$$

其中，实数矩阵 ΔA、ΔB 为与 M、F 有关的范数有界参数不确定项。这两个参数代表了前面定义的实常数矩阵的维度，并且刻画了 $F(t)$ 中的不确定参数是如何影响普通矩阵 A 的。根据参数不确定性的性质，可以得到带有时滞的矩阵 $F(t)$ 满足下面的条件：

$$F^{\mathrm{T}}(t)F(t) \leqslant I \tag{5.3}$$

作为一个约定俗成的规则，矩阵 ΔA、ΔB 表示不确定项偶然发生的现象。$w_i(t) = [w_1(t), \cdots, w_n(t)]^{\mathrm{T}}$ 表示定义在完全概率空间上 $(\Omega, F, \{F_t\}_{t \geqslant 0}, P)$ 的 n 维维纳过程或者布朗运动，$\{F_t\}_{t \geqslant 0}$ 满足常规条件，即 $\{F_t\}_{t \geqslant 0}$ 是右连续的，且 F_0 包含所有的非空集合。简单地说，可以表示为

$$E(w(t)) = 0, \quad E(|w(t)|^2) = 0 \tag{5.4}$$

在本章的研究中，认为随机变量 ΔA、ΔB 和 $w(t)$ 是相互独立的。

注 5.1　模型（5.1）也可以看成一个结合几个常见模型的带有时滞的混沌神经网络。尤其值得注意的是，如果激活函数 $f_i(x): R \to \mathbb{R}$ 是 S 型的，那么模型（5.1）描述的就是带有时滞的 Hopfield 混沌神经网络。类似地，如果激活函数 $f_i(x) = \frac{1}{2}(|x + 1| - |x - 1|)$，那么模型（5.1）描述的就是带有时滞的细胞神经网络。

对于非线性函数 $f_i(x) \in \mathbb{R}^n$，可以给出以下假设。

假设 5.1　$f_i(x): R \to \mathbb{R}$ 是有界的且 $f(0) = 0$，并且满足 Lipschitz 条件，即对于任意 $x, y \in \mathbb{R}^n$，都存在正常数 ρ_i 使得如下不等式成立：

$$\| f_i(x) - f_i(y) \| \leqslant \rho_i \| x - y \| \tag{5.5}$$

注 5.2　假设 5.1 保证了带有时滞的多智能体系统（5.1）始终存在平衡点而且模型的解是存在的。

假设 5.2　假设在矩阵内满足迹内积标准的条件下，噪声强度函数是一致的 Lipschitz 连续函数，即

$$\mathrm{trace}(h(s_1, l_1) - h(s_2, l_2))^{\mathrm{T}} h(s_1, l_1) - h(s_2, l_2)) \leqslant \| U_1(s_1 - s_2) \|^2 + \| V_1(l_1 - l_2) \|^2 \tag{5.6}$$

其中，U_1、V_1 是已知的常数矩阵。

标记为 0 的领航者的动力学行为如下：

$$dx_0 = (-Cx_0(t) + (A + \Delta A)f(x_0(t)) + (A + \Delta A)f(x_0(t)))$$
$$+ h(x_0(t), x_0(t - \tau(t)))dw(t) \tag{5.7}$$

其中，$x_0(t) \in \mathbb{R}$ 表示状态向量，$\Delta \tilde{A} = \tilde{M}\tilde{F}(t)\tilde{H}_1$，$\Delta \tilde{B} = \tilde{M}\tilde{F}(t)\tilde{H}_2$ 与 ΔA、ΔB 类似。领航者通常被认为是指令的发出者，生成所需的目标轨迹。$g_i \geq 0$ 是从控制节点到第 $i(i \in [1, 2, \cdots, N])$ 个节点的通信权重。当且仅当 $g_i > 0$ 时，控制节点才能和节点 i 进行通信。$G = \text{diag}\{g_i\} \in \mathbb{R}^{N \times N}$。

在信息传输过程中，控制器 u_i 经常被意外的脉冲打断，这种情况在实际中很常见。因此，在脉冲控制下，系统（5.1）可以表示为

$$\begin{cases} dx_i = (-Cx_i(t) + (A + \Delta A)f(x_i(t)) + (B + \Delta B)f(x_i(t - \tau(t))) + u_i)dt \\ \qquad + h(x_i(t), x_i(t - \tau(t)))dw(t), \qquad\qquad t \neq t_k, k \in \mathbb{N} \\ \Delta x_i(t) = x_i(t^+) - x_i(t^-) = x_i(t^+) - x_i(t) = J_k u_i(t), \quad t = t_k, k \in \mathbb{N} \end{cases} \tag{5.8}$$

其中，时间序列 $\{t_1, t_2, \cdots\}$ 由一系列严格递增的脉冲时刻组成，且满足条件 $\lim\limits_{k \to \infty} t_k = +\infty$，$x(t_k) = x(t_k^+) = \lim\limits_{k \to t_k^+} x(t)$，$x(t_k^-) = \lim\limits_{k \to t_k^-} x(t)$；$J_k$ 是脉冲增益矩阵。

定义跟随者多智能体（5.8）的初始状态如下：

$$x_i(t) = \psi_i(t), \quad -r \leqslant t \leqslant 0 \tag{5.9}$$

其中，$\psi_i(t) \in \text{PC}([-r, 0], R)$。

定义误差为 $e_i(t) = x_i(t) - x_0(t)$，那么可以得到误差系统如下：

$$\begin{cases} de_i = (-Ce_i(t) + (A + \Delta\bar{A})g(e_i(t)) + (B + \Delta\bar{B})g(e_i(t - \tau(t))) + u_i \\ \qquad + (\Delta\bar{A} - A)f(x_i(t)) + (\Delta\bar{B} - B)f(x_i(t - \tau(t)))dt \\ \qquad + h(e_i(t), e_i(t - \tau(t)))dw(t), \quad t \neq t_k, k \in \mathbb{N} \\ \Delta e_i(t) = e_i(t^+) - e_i(t^-) = J_k u_i(t), \quad t = t_k, k \in \mathbb{N} \end{cases} \tag{5.10}$$

其中，$g(e_i(t - \tau(t))) = f(x_i(t - \tau(t))) - f(x_0(t - \tau(t)))$，$g(e_i(t)) = f(x_i(t)) - f(x_0(t))$。

系统（5.10）可以改写为

$$\begin{cases} de = (-(I_N \otimes C)e(t) + (I_N \otimes (A + \Delta\bar{A}))g(e(t)) \\ \qquad + (I_N \otimes (B + \Delta\bar{B}))g(e(t - \tau(t))) + u_i \\ \qquad + (I_N \otimes (\Delta\bar{A} - A))f(x(t)) + (I_N \otimes (\Delta\bar{B} - B))f(x(t - \tau(t)))dt \\ \qquad + h(e_i(t), e_i(t - \tau(t)))dw(t), \qquad\qquad t \neq t_k, k \in \mathbb{N} \\ \Delta e(t) = e(t^+) - e(t^-) = (I_N \otimes J_k)u_i(t), \quad t = t_k, k \in \mathbb{N} \end{cases} \tag{5.11}$$

其中，$x(t) = [x_1(t), \cdots, x_N(t)]$，$e(t) = [e_1(t), \cdots, e_N(t)]$，$e(t - \tau(t)) = [e_1(t - \tau(t)), \cdots, e_N(t - \tau(t))]$，$g(e(t)) = [g(e_1(t)), \cdots, g(e_N(t))]^{\text{T}}$，$g(e(t - \tau(t))) = [g(e_1(t - \tau(t))), \cdots, g(e_N(t - \tau(t)))]^{\text{T}}$。

由假设 5.1，可以得到

$$\| g(e(t)) \| = \sum_{i=1}^{n} g^2(e_i(t)) \leqslant \sum_{i=1}^{n} \rho_i^2 e_i^2(t) \leqslant \rho^2 \| e(t) \|^2 \tag{5.12}$$

$$\| g(e(t - \tau(t))) \| \leqslant \rho^2 \| e(t - \tau(t)) \|^2 \tag{5.13}$$

为了实现使得系统（5.11）达到一致这个目的，采取考虑当前信息的分布式追踪控制机制，具体如下：

$$u_i(t) = d_1 K \left(\sum_{j \in N_i} a_{ij}(t)(x_j(t) - x_i(t)) - g_i(x_0(t) - x_i(t)) \right) \qquad (5.14)$$

或者写成矩阵形式如下:

$$U(t) = -d_1((L(t) + G(t)) \otimes K)e(t) \qquad (5.15)$$

其中,$d_1 > 0$、$d_2 > 0$ 为耦合强度。$K = K^T \in \mathbb{R}^{n \times n}$ 为需要采用的反馈增益矩阵。$A(t) = [a_{ij}(t)] \in \mathbb{N}^{n \times n}$ 为 t 时刻图 $G(t)$ 的邻接矩阵,$G(t)$ 为 t 时刻 N 个节点之间的通信拓扑图。

为了简化系统,系统(5.11)可以改写为

$$\begin{cases} \mathrm{d}e = (-(I_N \otimes C)e(t) + (I_N \otimes (A + \Delta\overline{A}))g(e(t)) \\ \qquad + (I_N \otimes (B + \Delta\overline{B}))g(e(t - \tau(t))) \\ \qquad + (I_N \otimes (\Delta\overline{A} - A))f(x(t)) + (I_N \otimes (\Delta\overline{B} - B))f(x(t - \tau(t))))\mathrm{d}t \\ \qquad + h(e(t), e(t - \tau(t)))\mathrm{d}w(t), \qquad t \neq t_k, k \in \mathbb{N} \\ \Delta e(t) = (I_N \otimes J_k)(-d_1((L(t) + G(t)) \otimes K)e(t)), \quad t = t_k, k \in \mathbb{N} \end{cases} \qquad (5.16)$$

从多智能体系统(5.16)的动力学方程不难发现,误差系统的平衡点很难保持在原点附近。换句话说,要想使得领航者和跟随者之间达到完全的一致是一件很困难的事情。因此,采用下面的带有误差系数 ϑ_1 的系统一致性的定义 5.1。与传统的完全一致的定义相比,本章引入的误差系数 ϑ_1 使得定义 5.1 的严苛程度稍许减弱,但与实际情况更加契合。

定义 5.1 如果对于多智能体系统(5.8),初始值为 $x_i(t) = \psi_i(t)$,$-r \leq t \leq 0$,存在误差系数 ϑ_1 和时间系数 T_1 使得对于一切 $t \leq T_1$ 能够满足如下等式:

$$\lim_{t \to \infty} E(\|e(t)\|) = \lim_{t \to \infty} E(\|x_i(t) - x_0(t)\|) \leq \vartheta_1 \qquad (5.17)$$

那么,系统(5.8)在误差系数 ϑ_1 的条件下能够达到一致。

本章的方法是通过控制脉冲间隔 $\sigma_k = t_k - t_{k-1}$ 和脉冲强度使多智能体系统达到一致,即

$$J_k = jI, \quad \sigma_k = \eta \qquad (5.18)$$

本章引入一种新的脉冲控制策略来完成对系统的控制,称为双重脉冲控制策略,如图 5.1 所示。从图中可以看出,当系统误差开始满足条件 $\|e(t)\| > \vartheta_1$ 时,系统的误差函数将进入区域 R_1。然而,理论上来说,当系统误差 $e(t)$ 进入区域 R_1 以后,本章所设计的脉冲控制器(5.14)将不再起作用。在由两个任意连续的脉冲时刻组成的脉冲间隔 ς 之间,误差 $e(t)$ 很有可能会逃离区域 R_1。为了克服这个缺点,避免此类情况的发生,使误差 $e(t)$ 一直保持在区域 R_1 内,引入了第二个区域系数 $R_2 = e \in R_n : \|e(t)\| \leq \vartheta_2$。如图 5.1 所示,在脉冲控制增益系数 d_1 的影响下,如果误差 $e(t)$ 最开始 $\|e(t)\| > \vartheta_1$,那么可以将脉冲间隔设置为 η_1,目的就是使误差 $e(t)$ 进入区域 R_1。在误差 $e(t)$ 进入区域 R_1 之后,如果将两个任意连续的脉冲时刻组成的脉冲间隔设置为 η_2,那么误差 $e(t)$ 有可能逃离区域 R_2。如果能保证在选择合适 ϖ、η_1、η_2 的情况下,误差 $\|e(t)\|$ 的最大值不大于 ς_1,那么我们的目标就达到了。以上脉冲控制机制称为双重脉冲控制,可以简单地表示如下:

$$J_k = jI, \quad \sigma_k = \begin{cases} \eta_1, & \|e(t)\| > \vartheta_1 \\ \eta_2, & \|e(t)\| < \vartheta_1 \end{cases} \qquad (5.19)$$

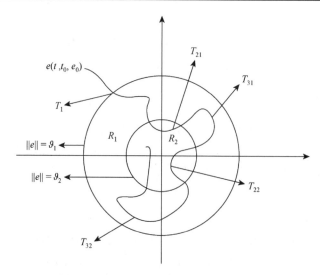

图 5.1 双重脉冲的控制示意图 (j, η_1, η_2)

为了实现本章的控制机制，引入以下引理。

引理 5.1 对于任意矩阵 W_1、W、$Q^T = Q$、常数 $a > 0$，有

$$W_1^T W_2 + W_2^T W_1 \leqslant a W_1^T Q W_1 + a^{-1} W_2^T Q^{-1} W_2 \qquad (5.20)$$

引理 5.2[12] 定义 $0 \leqslant \tau(t) \leqslant \bar{\tau}$，对于每一对固定的 $(t, u, \bar{u}_1, \cdots, \bar{u}_{i-1}, \bar{u}_{i+1}, \cdots, \bar{u}_m)$ 函数 $f(t, u, \bar{u}_1, \cdots, \bar{u}_m): R^+ \times \underbrace{R \times \cdots \times R}_{m+1} \to \mathbb{R}$ 在 $\bar{u}_1$ 上是不减的，$I_k(u): R \to \mathbb{R}$ 在 u 上也是不减的。假设 $u(t)$、$v(t)$ 满足：

$$\begin{cases} D^+ u(t) \leqslant F(t, u(t), u(t - \tau), \cdots, u(t - \tau_m)), & t \geqslant 0 \\ u(t_k) \leqslant I_k(u(t_k^-)), & k \in \mathbb{N} \end{cases} \qquad (5.21)$$

和

$$\begin{cases} D^+ v(t) \leqslant F(t, v(t), v(t - \tau), \cdots, v(t - \tau_m)), & t \geqslant 0 \\ v(t_k) \leqslant I_k(v(t_k^-)), & k \in \mathbb{N} \end{cases} \qquad (5.22)$$

其中，上右 Dini 导数 $D^+ y(t) = \lim\limits_{h \to 0^+} \dfrac{y(t+h) - y(t)}{h}$，$h \to 0^+$ 表示 h 从右侧接近 0。那么对于 $-\tau \leqslant t \leqslant 0$，$u(t) \leqslant v(t)$。

5.3 问题描述与分析

定理 5.1 考虑多智能体系统 (5.16)，并且假设 5.1 和假设 5.2 成立。存在常数 λ_1、m_k、n_k、η_1、η_2 使得下面条件成立，其中 $\Phi = \lambda_{\max}(2\rho + \rho^2 \varepsilon_2 + N^T N)$，$\Gamma = \lambda_{\max}(2C + 2\rho A + \rho^2 \varepsilon_1 + \varpi \varepsilon_1^{-1} \tilde{M} \tilde{M}^T + \varpi \varepsilon_2^{-1} \tilde{M} \tilde{M}^T + 2\rho \chi (\| \tilde{M} \| \| \tilde{H}_1 \| + \| M \| \| H_1 \|) + 2\rho \chi (\| \tilde{M} \| \| \tilde{H} \| + \| M \| \| H \|) + M M^T)$，$m_k = \dfrac{\lambda_1(d_1^2 + \kappa_k)}{\lambda_{\min}(P)}$。

$$P_m < \overline{p}I \tag{5.23}$$

$$\begin{bmatrix} -\lambda_1 I_{Nn} & (Z(t) \otimes J_k K) + I_{Nn} \\ * & -P^{-1} \end{bmatrix} < 0 \tag{5.24}$$

$$0 < \left| m_k = \frac{\lambda_1(d_1^2 + \kappa_k)}{\overline{p}} \right| < 1 \tag{5.25}$$

$$\frac{2\ln|m_k|}{\eta_m} + v_m + \frac{\overline{v_m}}{m_k^2} < 0 \tag{5.26}$$

$$\alpha e^{\beta \eta_2} \leqslant \vartheta_1 \tag{5.27}$$

那么在脉冲控制协议下，多智能体系统（5.16）能够达到一致状态，也就是说，脉冲控制协议在系统（5.16）中是可行的。更进一步，可以得到系统的收敛率是式（5.28）的一个特殊解：

$$2\ell_m - h_m + l_m e^{2\ell_m \tau} = 0, \quad m = 1,2 \tag{5.28}$$

其中，$h_m = -\dfrac{2\ln|m_k|}{\eta_m} - v_m$，$l_m = \dfrac{\overline{v_m}}{m_k^2}$。

证明 构建 Lyapunov 函数如下：

$$V(t) = e^{\mathrm{T}}(t)Pe(t) \tag{5.29}$$

对于 $t \neq t_k$，$k \in \mathbb{N}$，依据伊藤公式，计算沿着时间的导数 $V(t,e(t))$ 可以得到

$$\begin{aligned}
\mathrm{d}V(t) = {} & 2e^{\mathrm{T}}(t)P[-(I_N \otimes C)e(t) + (I_N \otimes (A + \Delta\tilde{A}))g(e(t)) \\
& + (I_N \otimes (B + \Delta\tilde{B}))g(e(t - \tau(t))) \\
& + (I_N \otimes (\Delta\tilde{A} - A))f(x(t)) + (I_N \otimes (\Delta\tilde{B} - B))f(x(t - \tau(t)))]\mathrm{d}t \\
& + 2e^{\mathrm{T}}(t)h(e(t), e(t - \tau(t)))\mathrm{d}w(t) \\
& + \mathrm{trace}[h^{\mathrm{T}}(e(t), e(t - \tau(t)))h(e(t), e(t - \tau(t)))]\mathrm{d}(t)
\end{aligned} \tag{5.30}$$

为了使得误差 $e(t)$ 进入区域 R_1，$\|e(t)\| \leqslant \vartheta_1$，那么只需要考虑 $\|e(t)\| > \vartheta_1$ 的情况，也就是说，$\|e(t)\| \leqslant \vartheta_1^{-1}\|e(t)\|^2 = \vartheta_1^{-1}e^{\mathrm{T}}(t)e(t)$。

由引理 5.1 可以得到

$$\begin{aligned}
e^{\mathrm{T}}(t)P\Delta\tilde{A}g(e(t)) & = e^{\mathrm{T}}(t)P\tilde{M}\tilde{F}(t)\tilde{H}_1 g(e(t)) \\
& = \varepsilon_1 g^{\mathrm{T}}(e(t))g(e(t)) + \varepsilon_1^{-1}e^{\mathrm{T}}(t)P\tilde{M}\tilde{F}(t)\tilde{H}_1\tilde{H}_1\tilde{F}^{\mathrm{T}}(t)\tilde{M}^{\mathrm{T}}P^{\mathrm{T}}e(t) \\
& = \varepsilon_1 g^{\mathrm{T}}(e(t))g(e(t)) + \varpi\varepsilon_1^{-1}e^{\mathrm{T}}(t)P\tilde{M}\tilde{M}^{\mathrm{T}}P^{\mathrm{T}}e(t)
\end{aligned} \tag{5.31}$$

$$\begin{aligned}
e^{\mathrm{T}}(t)P\Delta\tilde{B}g(e(t - \tau(t))) & = e^{\mathrm{T}}(t)P\tilde{M}\tilde{F}(t)\tilde{H}_2 g(e(t - \tau(t))) \\
& = \varepsilon_2 g^{\mathrm{T}}(e(t - \tau(t)))g(e(t - \tau(t))) \\
& \quad + \varepsilon_2^{-1}e^{\mathrm{T}}(t)P\tilde{M}\tilde{F}(t)\tilde{H}_2\tilde{H}_2\tilde{F}^{\mathrm{T}}(t)\tilde{M}^{\mathrm{T}}P^{\mathrm{T}}e(t) \\
& = \varepsilon_2 g^{\mathrm{T}}(e(t - \tau(t)))g(e(t - \tau(t))) \\
& \quad + \varpi\varepsilon_2^{-1}e^{\mathrm{T}}(t)P\tilde{M}\tilde{M}^{\mathrm{T}}P^{\mathrm{T}}e(t)
\end{aligned} \tag{5.32}$$

$$e^{\mathrm{T}}(t)P(\Delta\tilde{A} - A)f(x(t)) = 2\rho P\chi(\|\tilde{M}\|\|\tilde{H}_1\| + \|M\|\|H_1\|)\|e(t)\| \tag{5.33}$$

$$e^T(t)P(\Delta B - \Delta B)f(x(t - \tau(t))) = 2\rho P\chi(\| \tilde{M} \| \| \tilde{H}_2 \| + \| M \| \| H_2 \|)\| e(t) \| \quad (5.34)$$

由假设 5.2，可以得到下面的不等式

$$\text{trace}(h^T(e(t), e(t - \tau(t)))h(e(t), e(t - \tau(t)))) \quad (5.35)$$
$$\leqslant e^T(t)M^TMe(t) + e^T(t - \tau(t))N^TNe(t - \tau(t))$$

将式（5.31）～式（5.35）代入式（5.30），可以得到

$$\begin{aligned}
\mathrm{d}V(t) = &(2e^T(t)PCe(t) + 2e^T(t)PAg(e(t)) \\
&+ \varepsilon_1 g^T(e(t))g(e(t)) + \varpi\varepsilon_1^{-1}e^T(t)P\tilde{M}\tilde{M}^TP^Te(t) \\
&+ \varepsilon_2 g^T(e(t - \tau(t)))g(e(t - \tau(t))) + \varpi\varepsilon_2^{-1}e^T(t)P\tilde{M}\tilde{M}^TP^Te(t) \\
&+ 2\rho P\chi(\| \tilde{M} \| \| \tilde{H}_1 \| + \| M \| \| H_1 \|)\| e(t) \| \\
&+ 2\rho P\chi(\| \tilde{M} \| \| \tilde{H}_2 \| + \| M \| \| H_2 \|)\| e(t) \| \\
&+ e^T(t)M^TMe(t) + e^T(t - \tau(t))N^TNe(t - \tau(t))) \otimes I_N \\
&+ 2e^T(t)h(e(t), e(t - \tau(t)))\mathrm{d}w(t) \\
\leqslant &(\Gamma e^T(t)Pe(t) + \Phi e^T(t)PBe(t - \tau(t))) \otimes I_N \\
&+ 2e^T(t)h(e(t), e(t - \tau(t)))\mathrm{d}w(t)
\end{aligned} \quad (5.36)$$

对于 $t \neq t_k$，$k \in \mathbb{N}$，将式（5.36）的两边同时取期望可以得到

$$\frac{\mathrm{d}E(V(t))}{\mathrm{d}t} \leqslant TV(t) + \Phi V(t - \tau(t)), \quad t \neq t_k, k \in \mathbb{N} \quad (5.37)$$

当 $t = t_k$ 时，有

$$\begin{aligned}
e(t_k^+) &= -d_1((I_N \otimes J_k)(Z(t) \otimes K) + I_{Nn})e(t_k) \\
&= -d_1((Z(t) \otimes J_kK) + I_{Nn})e(t_k)
\end{aligned} \quad (5.38)$$

那么，可以得到

$$\begin{aligned}
V(e(t_k^+)) &= e^T(t_k^+)Pe(t_k^+) \\
&= -d_1^2 e^T(t_k)((Z(t) \otimes J_kK) + I_{Nn})^T P((Z(t) \otimes J_kK) + I_{Nn})e(t_k)
\end{aligned} \quad (5.39)$$

采用 Schur 补的概念，不等式（5.38）可以化简为

$$((Z(t) \otimes J_kK) + I_{Nn})^T P((Z(t) \otimes J_kK) + I_{Nn}) \leqslant \lambda_1 I_{Nn} \quad (5.40)$$

那么，式（5.39）可以进一步推演为

$$V(e(t_k^+)) = \lambda_1 d_1^2 e^T(t_k^+)e(t_k^+) \leqslant \frac{\lambda_1 d_1^2}{\underline{p}}V(e(t_k)) = m_kV(e(t_k)) \quad (5.41)$$

将式（5.41）的两侧同时取期望，可以得到

$$E(V(e(t_k^+))) = m_kE(V(e(t_k))) \quad (5.42)$$

对于任意 $\varepsilon > 0$，假设 $v(t)$ 是下面的带有时滞的脉冲系统的一个特殊解

$$\begin{cases}
\dot{v}(t) = \Gamma v(t) + \Phi v(t - \tau(t)) + \varepsilon, & t \neq t_k \\
v(t_k^+) = m_kv(t_k^-), & t = t_k, k \in \mathbb{N} \\
v(s) = E(\zeta_1 \| \varphi(s) - \phi(s) \|^2), & -\bar{\tau} \leqslant s \leqslant 0
\end{cases} \quad (5.43)$$

当 $-\overline{\tau} \leqslant s \leqslant 0$ 时，存在不等式 $V(s) = E(\zeta_1 \| \varphi(s) - \phi(s) \|^2)$ 成立，那么，由引理 5.2 可以得到

$$0 \leqslant V(s) \leqslant v(s), \quad \text{对于} \| e(t) \| > \vartheta_1, \quad t \leqslant 0 \tag{5.44}$$

由参数公式的变化，可以由式（5.43）得到

$$v(t) = W(t,0)v(0) + \int_0^t W(t,s)(\Phi v(s - \tau(s)) + \varepsilon)\mathrm{d}s \tag{5.45}$$

其中，$W(t,s)(t \geqslant 0, s \geqslant 0)$ 是线性系统的柯西矩阵：

$$\begin{cases} \dot{y} = \Gamma y(t) \\ y(t_k) = m_k y(t_k^-) \end{cases}, \quad t \neq t_k \tag{5.46}$$

根据柯西矩阵的估计，可以得到以下估计，其中，$m_k \in (0,1)$，$\phi_1 \leqslant t_k - t_{k-1}$。

$$W(t,s) = \mathrm{e}^{\Gamma(t-s)} \prod_{s < t_k < t} m_k \leqslant \mathrm{e}^{\left(-h_1 - \frac{2\ln|m_k|}{\eta_1}\right)(t-s)} m_k^{\frac{t-s}{\eta_1} - 1} = m_k^{-1} \mathrm{e}^{a_1(t-s)}, \quad 0 \leqslant s \leqslant t \tag{5.47}$$

假设 $\varsigma = m_k^{-1} \sup_{-\overline{\tau} \leqslant s \leqslant 0} v(s)$，那么由式（5.45）和式（5.47）可以得到

$$\begin{aligned} v(t) &= m_k^{-1} \mathrm{e}^{h_1 t} v(0) + \int_0^t m_k^{-1} \mathrm{e}^{h_1(t-s)} (\Phi v(s - \tau(s)) + \varepsilon)\mathrm{d}s \\ &= \varsigma \mathrm{e}^{-h_1 t} + \int_0^t \mathrm{e}^{h_1(t-s)} \left(l_1 v(s - \tau(s)) + \frac{\varepsilon}{m_k} \right)\mathrm{d}s, \quad t \geqslant 0 \end{aligned} \tag{5.48}$$

根据式（5.26），有如下结论：

$$v(t) \leqslant \frac{v(t)}{m_k} \mathrm{e}^{-2\pi_1 t} < \varsigma \mathrm{e}^{-2\pi_1 t} + \frac{\varepsilon}{m_k(h_1 - l_1)}, \quad -\overline{\tau} \leqslant t \leqslant 0 \tag{5.49}$$

接下来证明下面的不等式成立：

$$v(t) < \varsigma \mathrm{e}^{-2\pi_1 t} + \frac{\varepsilon}{m_k(h_1 - l_1)}, \quad t \leqslant 0 \tag{5.50}$$

如果式（5.50）不成立，通过式（5.49）的估计，可以得到存在 t^* 使得

$$v(t^*) \leqslant \varsigma \mathrm{e}^{-2\pi_1 t^*} + \frac{\varepsilon}{m_k(h_1 - l_1)} \tag{5.51}$$

$$v(t) < \varsigma \mathrm{e}^{-2\pi_1 t} + \frac{\varepsilon}{m_k(h_1 - l_1)}, \quad t \leqslant t^* \tag{5.52}$$

综合式（5.28）、式（5.49）和式（5.52），可以得到

$$\begin{aligned} v(t^*) &\leqslant \varsigma \mathrm{e}^{-h_1 t^*} + \int_0^{t^*} \mathrm{e}^{h_1(t^*-s)} \left(l_1 v(s - \tau(s)) + \frac{\varepsilon}{m_k} \right)\mathrm{d}s \\ &\leqslant \mathrm{e}^{-h_1 t^*} \left\{ \varsigma + \int_0^{t^*} \mathrm{e}^{h_1 s} \left(l_1 \varsigma \mathrm{e}^{-2\pi_1(s - \tau(s))} + \frac{l_1 \varepsilon}{m_k(h_1 - l_1)} + \frac{\varepsilon}{m_k} \right)\mathrm{d}s \right\} \end{aligned}$$

$$\leqslant \mathrm{e}^{-h_1 t^*} \left\{ \varsigma + l_1 \varsigma \mathrm{e}^{-2\pi_1 \overline{\tau}(s-\tau(s))} \int_0^{t^*} \mathrm{e}^{(h_1 - 2\pi_1)s} \mathrm{d}s + \frac{l_1 \varepsilon}{m_k(h_1 - l_1)} \int_0^{t^*} \mathrm{e}^{h_1 s} \right\} \tag{5.53}$$

$$= \varsigma \mathrm{e}^{-2\pi_1 t^*} + \frac{\varepsilon}{m_k(h_1 - l_1)} + \frac{\varepsilon \mathrm{e}^{-h_1 t^*}}{m_k(h_1 - l_1)}$$

$$< \varsigma \mathrm{e}^{-2\pi_1 t^*} + \frac{\varepsilon}{m_k(h_1 - l_1)}$$

以上结论与式（5.51）相悖，证明不等式（5.50）是成立的。

下面证明以下不等式成立：

$$v(t) \leqslant \varsigma \mathrm{e}^{-2\pi_1 t} \tag{5.54}$$

为了简化证明过程，定义 $\delta(t) = v(t) - \varsigma \mathrm{e}^{-2\pi_1 t^*}$，$h_0 = \dfrac{\varepsilon}{m_k(h_1 - l_1)}$，那么式（5.50）可以改写为

$$\delta(t) < h_0, \quad t \geqslant 0 \tag{5.55}$$

同理，式（5.54）可以改写为

$$\delta(t) < 0, \quad t \geqslant 0 \tag{5.56}$$

如果式（5.56）不成立，那么应该存在 $\delta(\overline{t}) = h_1 > 0$，其中 h_1 是一个特定的正常数。由于 $m_k \in (0,1)$，$h_1 - l_1 > 0$，对于任意 $\varepsilon > 0$，常数 h_0 应该是任意正常数。令 $h_0 < h_1$，那么有 $\delta(\overline{t}) = h_1 > h_0$ 成立。然而，该推论与式（5.55）相悖，因此式（5.56）成立，即式（5.54）成立。

综合式（5.44）和式（5.54），容易得到

$$V(t) \leqslant v(t) \leqslant \varsigma \mathrm{e}^{-2\pi_1 t}, \quad \| e(t) > \vartheta_1 \|, \quad t \leqslant 0 \tag{5.57}$$

即

$$\| e(t) \| \leqslant \Psi_1 \mathrm{e}^{-2\pi_1 t} \sup_{-\overline{\tau} \leqslant s \leqslant 0} (\| \varphi(s) \|), \quad \| e(t) > \vartheta_1 \|, \quad t \leqslant 0 \tag{5.58}$$

其中，$\Psi_1 = \dfrac{1}{|m_k|} \sqrt{\dfrac{\overline{p}_1}{\lambda_{\min}(P_1)}}$，$\varsigma = m_k^{-2} \sup\limits_{-\overline{\tau} \leqslant s \leqslant 0} \{v(s)\} \leqslant m_k^{-2} \overline{p}_1 \sup\limits_{-\overline{\tau} \leqslant s \leqslant 0} \{\| \varphi(s) \|\}$。

由式（5.58）可以看出，如果误差以 $\| e(t) \| > \vartheta_1$ 的状态开始，那么误差 $e(t)$ 将进入区域 R_1，且收敛率是 ℓ_1。同理，可以推断如果误差以 $\vartheta_2 < \| e(t) \| < \vartheta_1$ 的状态开始，那么误差 $e(t)$ 将进入区域 R_2，且收敛率是 ℓ_2。

为了达到误差函数 $e(t)$ 进入区域 R_1 后就不会逃离区域 R_2 这个目的，应该定义对应合适的控制脉冲增益 j 和脉冲间隔 η。接下来，验证定理中的充分条件能够保证即使误差函数 $e(t)$ 逃离区域 R_2，其最大值依然会停留在区域 R_1 内。

首先，在误差函数 $e(t)$ 进入区域 R_1 的过程中，定义如下三个特殊时刻（图 5.1）。

（1）T_1 时刻满足当 $t \leqslant T_1$ 时，$\| e(t) \| < \vartheta_1$；

（2）T_{2z} 为误差函数 $e(t)$ 第 z 次逃离区域 R_2 的前一个脉冲时刻，且满足 $\| e(T_{2z}) \| < \vartheta_2$，$z \in \mathbb{N}$；

（3）T_{3z} 表示误差函数 $e(t)$ 第 z 次逃离区域 R_2 的下一个脉冲时刻，且满足 $\vartheta_2 < \|e(T_{2z})\| < \vartheta_1$，$z \in \mathbb{N}$。

显然，可以得到 $T_{3z} - T_{2z} = \eta_2$，同时，假设 $T_{21} - T_1 = \bar{\tau}$，$T_{2z} - T_{2z} = \bar{\tau}$，$z \in \mathbb{N}$。

将系统（5.10）的第一个动力学方程从 T_{2z} 到 t 积分，$t \in [T_{2z}, T_{3z})$，可得

$$
\begin{aligned}
e(t) = e(T_{2z}) - \int_{T_{2z}}^{t} & (-(I_N \otimes C)e(s) + (I_N \otimes (A + \tilde{A}))g(e(s)) \\
& + (I_N \otimes (B + \tilde{B}))g(e(s - \tau(s))) \\
& + (I_N \otimes (\Delta \tilde{A} - A))f(x(s)) + (I_N \otimes (\Delta \tilde{B} - B))f(x(s - \tau(s))))\mathrm{d}t \\
& + \int_{T_{2z}}^{t} h(e(s), e(s - \tau(s)))\mathrm{d}w(s)
\end{aligned}
$$
（5.59）

两边同时取期望可得

$$
\begin{aligned}
E(e(t)) = E\bigg(e(T_{2z}) - \int_{T_{2z}}^{t} & (-(I_N \otimes C)e(s) + (I_N \otimes (A + \Delta \tilde{A}))g(e(s)) \\
& + (I_N \otimes (B + \Delta \tilde{B}))g(e(s - \tau(s))) \\
& + (I_N \otimes (\Delta \tilde{A} - A))f(x(s)) + (I_N \otimes (\Delta \tilde{B} - B))f(x(s - \tau(s))))\mathrm{d}s \bigg)
\end{aligned}
$$
（5.60）

两边同时取范数，可得

$$
\begin{aligned}
E(\|e(t)\|) = \vartheta_2 - E(-\|e(s)\| + \rho \|(\Delta \tilde{A} + A)\| \|e(s)\| + \rho \|(\Delta \tilde{B} + B)\| \|e(s - \tau(s))\| \\
+ \rho \|(\Delta \tilde{A} - A)\| + \rho \chi \|(\Delta \tilde{B} - B)\|)\mathrm{d}s)
\end{aligned}
$$
（5.61）

对于 $t \in [T_1, T_{3z})$，可以很容易得到 $\|e(t)\| < \vartheta_1$。因此，根据 $T_1 = T_{21} - \bar{\tau}$，对于 $s \in [T_{2z}, T_{3z})$，存在 $\|e(s - \tau(s))\| < \vartheta_1$ 成立，那么式（5.61）可以进一步推导如下：

$$
\begin{aligned}
E(\|e(t)\|) \leqslant E\bigg(\int_{T_{2z}}^{t} & (-\|e(s)\| + \rho(\|A\| + \|\tilde{M}\| \|H_1\|)\|e(s)\| + \rho \vartheta_1(\|B\| + \|\tilde{M}\| \|H_2\|) \\
& + \rho \chi(\|\tilde{M}\| \|H_1\| + \|M\| \|H_1\|) + \rho \chi(\|\tilde{M}\| \|H_2\| + \|M\| \|H_2\|))\mathrm{d}s \bigg) + \vartheta_2
\end{aligned}
$$
（5.62）

$$
\leqslant \alpha + \beta E\bigg(\int_{T_{2z}}^{t} \|e(s)\|\mathrm{d}s \bigg)
$$

根据 Grownewell-Bellman 不等式，由式（5.27）和式（5.62），可以得到

$$
\|e(t)\| \leqslant \alpha \mathrm{e}^{\beta(t - T_{2z})} \leqslant \beta \mathrm{e}^{\beta(T_{3z} - T_{2z})} \leqslant \beta \mathrm{e}^{\beta \eta_2} \leqslant \vartheta_1
$$
（5.63）

对于 $s \in [T_{3z}, T_{3z+1})$，从证明过程的上半部分可以看出，误差函数 $e(t)$ 将会再次进入区域 R_2。因此，显然，以上描述的二阶脉冲控制机制能够保证在 $t \geqslant T_1$ 的情况下，$\|e(t)\| < \vartheta_1$。也就是说，很容易推断如果误差 $e(t)$ 以 $\|e(t)\| > \vartheta_1$ 的情况出现，那么误差函数 $e(t)$ 将收敛到区域 R_1，即跟随者系统将与领航者在误差范围 ϑ_1 内达到一致的状态。证毕。定理 5.1

中的脉冲控制策略采用的是固定脉冲增益和可变的脉冲间隔时间。同理，可以给出二阶脉冲控制机制的另一个版本，即带有固定脉冲间隔时间和可变的脉冲控制增益，如下所示：

$$\sigma_k = \eta I, \quad J_k = \begin{cases} j_1, & \|e(t)\| > \vartheta_1 \\ j_2, & \|e(t)\| \leqslant \vartheta_1 \end{cases} \tag{5.64}$$

定理 5.2 考虑多智能体系统，并且假设 5.1 和假设 5.2 成立，存在常数 λ_1、m_k、n_k、η_1、η_2 使得下面条件成立，其中 $\Phi = \lambda_{\max}(2\rho + \rho^2 \varepsilon_2 + N^{\mathrm{T}} N)$，$\Gamma = \lambda_{\max}(2C + 2\rho A + \rho^2 \varepsilon_1 + \varpi \varepsilon_1^{-1} \tilde{M} \tilde{M}^{\mathrm{T}} + \varpi \varepsilon_2^{-1} \tilde{M} \tilde{M}^{\mathrm{T}} + 2\rho \chi (\|\tilde{M}\| \|\tilde{H}_1\| + \|M\| \|H_1\|) + 2\rho \chi (\|\tilde{M}\| \|\tilde{H}\| + \|M\| \|H\|) + MM^{\mathrm{T}})$，$m_k = \dfrac{\lambda_1 (d_1^2 + \kappa_k)}{\lambda_{\min}(P)}$。

$$P_m < \overline{p} I \tag{5.65}$$

$$\begin{bmatrix} -\lambda_1 I_{Nn} & (Z(t) \otimes J_k K) + I_{Nn} \\ * & -P^{-1} \end{bmatrix} < 0 \tag{5.66}$$

$$0 < \left| m_k = \frac{\lambda_1 (d_1^2 + \kappa_k)}{\overline{p}} \right| < 1 \tag{5.67}$$

$$\frac{2\ln|m_k|}{\eta} + v_m + \frac{v_m^-}{m_k^2} < 0 \tag{5.68}$$

$$\alpha \mathrm{e}^{\beta \eta} \leqslant \vartheta_1 \tag{5.69}$$

那么在脉冲控制协议下，多智能体系统（5.16）能够达到一致状态，也就是说，脉冲控制协议在系统（5.16）中是可行的。更进一步，可以得到系统的收敛率是式（5.70）的一个特殊解。

$$2\ell_m - h_m + l_m \mathrm{e}^{2\ell_m \tau} = 0, \quad m = 1, 2 \tag{5.70}$$

其中，$h_m = -\dfrac{2\ln|m_k|}{\eta} - v_m$，$l_m = \dfrac{v_m}{m_k^2}$。

5.4　例子与数值仿真

为了验证本章理论的正确性与有效性，本节给出具体的数值例子如下。

例 5.1 假设一个由 5 个智能体构成的系统 S，由 1 个领航者节点和 4 个跟随者节点构成，其动力学行为分别如式（4.70）和式（4.71）所示：

$$\begin{aligned} \mathrm{d}x_0 = &(-Cx_0(t) + (A + \Delta A) f(x_0(t)) + (B + \Delta B) f(x_0(t - \tau(t)))) \mathrm{d}t \\ &+ h(x_i(t), x_i(t - \tau(t))) \mathrm{d}w(t) \end{aligned} \tag{5.71}$$

$$\begin{aligned} \mathrm{d}x_i = &(-Cx_i(t) + (A + \Delta A) f(x_i(t)) + (B + \Delta B) f(x_i(t - \tau(t)) + u_i)) \mathrm{d}t \\ &+ h(x_i(t), x_i(t - \tau(t))) \mathrm{d}w(t) \end{aligned} \tag{5.72}$$

其中，$x_0(t) = (x_0^1(t), x_0^2(t))^{\mathrm{T}}$ 表示领航者的状态变量；$x_i(t) = (x_i^1(t), x_i^2(t))^{\mathrm{T}}$ 表示智能体 i 的状态变量，其初始值均从 $[-1, 1]$ 中随机产生，如下所示：

$$x_0(t) = (0.3922 \quad 0.0318), \quad x(t) = \begin{bmatrix} 0.9058 & 0.9134 \\ 0.9649 & 0.9706 \\ -0.9157 & 0.0357 \\ 0.7577 & 0.0318 \end{bmatrix}$$

多智能体系统 G 的通信拓扑如图 5.1 所示，系统拉普拉斯矩阵和牵引矩阵分别为

$$L = \begin{bmatrix} 1 & 0 & 0 & -1 \\ -1 & 1 & 0 & 0 \\ 0 & -1 & 1 & 0 \\ 0 & 0 & -1 & 1 \end{bmatrix}, \quad G = \begin{bmatrix} 1 & 0 & 0 & 0 \\ 0 & 1 & 0 & 0 \\ 0 & 0 & 1 & 0 \\ 0 & 0 & 0 & 1 \end{bmatrix}$$

为了运算方便，牵引增益 g_i 和连接权重都设为 1。其他参数设定为 $C = \mathrm{diag}(1,1)$，$f\,|\,x_i(t)\,|=$ $\dfrac{|\,x_i(t)+1\,|-|\,x_i(t)-1\,|}{2}$，$\tau(t) = \tau = 1$。反馈矩阵为

$$A = \begin{bmatrix} 2+\dfrac{\pi}{4} & 10 \\[2mm] 0.5 & 2+\dfrac{\pi}{4} \end{bmatrix}, \quad B = \begin{bmatrix} \dfrac{-1.3\sqrt{3}\pi}{4} & 0.2 \\[3mm] 0.2 & \dfrac{-1.3\sqrt{3}\pi}{4} \end{bmatrix}$$

时滞 $\tau(t) = 1$，脉冲间隔 $t_k - t_{k-1} = 5$。随机项 $h(\cdot) = W_1 x_i(t) + W_2 x_i(t - \tau(t))$，$W_1 = W_2 = 0.005 I_2$。
　　参数不确定性的取值如下：

$$\Delta A(t) = -\tilde{A}(t) = 0.06 \begin{bmatrix} \sin t & 0 \\ 0 & \sin t \end{bmatrix}, \quad \Delta B(t) = -\tilde{B}(t) = 0.06 \begin{bmatrix} \cos t & 0 \\ 0 & \cos t \end{bmatrix}$$

$$F_1(t) = -\tilde{F}_1(t) = \begin{bmatrix} \sin t & 0 \\ 0 & \sin t \end{bmatrix}, \quad F_2(t) = -\tilde{F}_2(t) = \begin{bmatrix} \cos t & 0 \\ 0 & \cos t \end{bmatrix}$$

$$M = \tilde{M} = H_1 = \tilde{H}_1 = \sqrt{6} I$$

　　由假设 5.1 可以得到 $\rho = 1$，其他参数设置为 $j = 0.6$，$\vartheta_1 = 0.055$，$\vartheta_2 = 0.023$，$K = 1.5 I_2$，$M = 0.3 I_2$。由定理 5.1 中的条件和图 5.1 的二阶脉冲控制理论，可以得到系统（5.8）的稳定性区域的估计如下：

$$0 < \eta_1 \leqslant \frac{2 \ln |m_k|}{v_1 + \dfrac{v_1}{m_k^2}}$$

类似地，可以得到 $0 < \eta_1 \leqslant 1.452$。
　　从式（5.26）可以得到在 $\eta = 1$ 的情况下系统的收敛率为 $\ell_m = 0.1349$。经过脉冲控制后的系统的轨迹图如图 5.2～图 5.5 所示。其中图 5.2 和图 5.3 是系统的轨迹图，图 5.4 和图 5.5 是系统的误差轨迹图。图 5.6 是系统脉冲间隔时间，由此可以看出，在前 4 个脉冲时刻里，系统的误差范围属于区域 R_1，随后系统误差进入区域 R_2，脉冲间隔时间也随之调整，之后系统误差一直位于区域 R_2 直至最终达到一致的状态。

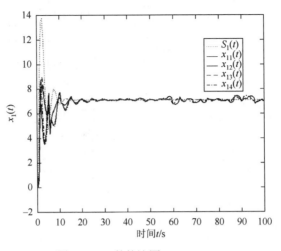

图 5.2　x_{1i} 的轨迹图 $(i=1,2,3,4)$

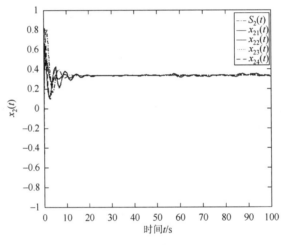

图 5.3　x_{2i} 的轨迹图 $(i=1,2,3,4)$

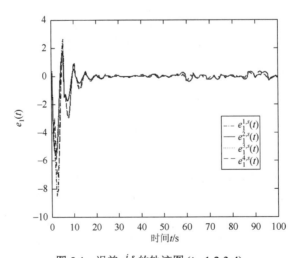

图 5.4　误差 $e_1^{i,s}$ 的轨迹图 $(i=1,2,3,4)$

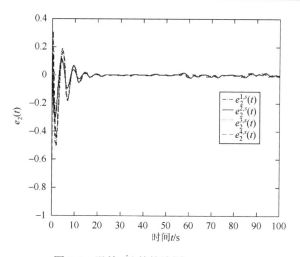

图 5.5　误差 $e_2^{i,s}$ 的轨迹图 $(i=1,2,3,4)$

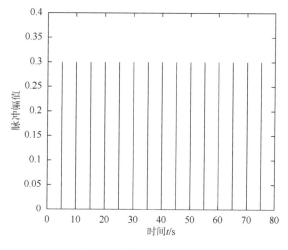

图 5.6　系统脉冲间隔时间

5.5　本　章　小　结

　　本章研究了带有系统参数不确定性的多智能体系统的一致性问题。在不确定项参数的干扰下,多智能体系统很难实现完全一致,因此本章研究了一类条件相对宽泛的一致性问题,即"具有误差的一致"。从具体实现来讲,通过分段脉冲控制策略,选择合适的脉冲控制增益和脉冲间隔,使得领航者节点和跟随者节点之间的误差稳定在一个相对较小的控制范围内,完成了既定目标。最后通过仿真实验验证了本章理论的正确性。

参　考　文　献

[1]　Wen G, Huang J, Peng Z, et al. On pinning group consensus for heterogeneous multi-agent system with input saturation[J]. Neurocomputing, 2016, 207 (26): 623-629.

[2]　Liao X, Ji L. On pinning group consensus for dynamical multi-agent networks with general connected topology[J].

Neurocomputing，2014，135（8）：262-267.

[3] Ji L H，Liao X F，Chen X，et al. Pinning consensus analysis of multi-agent networks with arbitrary topology[J]. Chinese Physics B，2013，22（9）：183-189.

[4] Li H. Leader-following consensus of nonlinear multi-agent systems with mixed delays and uncertain parameters via adaptive pinning intermittent control[J]. Nonlinear Analysis Hybrid Systems，2016，22：202-214.

[5] Liu B，Lu W，Chen T. Pinning consensus in networks of multiagents via a single impulsive controller[J]. IEEE Transactions on Neural Networks & Learning Systems，2013，24（7）：1141-1149.

[6] Qiang S，Fang L，Cao J，et al. M-matrix strategies for pinning-controlled leader-following consensus in multiagent systems with nonlinear dynamics[J]. IEEE Transactions on Cybernetics，2013，43（6）：1688-1697.

[7] Qin J，Ma Q，Zheng W X，et al. H_∞ group consensus for clusters of agents with model uncertainty and external disturbance[C]. IEEE Conference on Decision and Control，2015：1-9.

[8] Hosseini B，Sojoodi M. Output feedback controller design for multi-agent systems with dynamic heterogeneity in the presence of parameter uncertainty and exogenous disturbances[J]. Journal of Intelligent Procedures in Electrical Technology，2014，5（19）：17-32.

[9] Zhao Y，Duan Z S，Wen G H，et al. Fully distributed tracking control for non-identical multi-agent systems with matching uncertainty[J]. International Journal of Adaptive Control & Signal Processing，2014，29（8）：1024-1037.

[10] Liu L，Meng Y，Zou D，et al. Adaptive consensus control of multi-agent systems with large uncertainty and time delays[J]. Journal of Robotics Networking & Artificial Life，2014，1（2）：125-129.

[11] Zhang H，Ma T，Huang G B，et al. Robust global exponential synchronization of uncertain chaotic delayed neural networks via dual-stage impulsive control[J]. IEEE Transactions on Systems Man & Cybernetics Part B：Cybernetics A Publication of the IEEE Systems Man & Cybernetics Society，2010，40（3）：831-844.

[12] Zong G，Yang D，Hou L，et al. Robust finite-time H_∞ control for Markovian jump systems with partially known transition probabilities[J]. Journal of the Franklin Institute，2013，350（6）：1562-1578.

第6章　一阶时滞多智能体系统分组一致性

6.1　引　　言

在一致性控制协议的作用下，多智能体系统中的智能体通过自身的适应、通信、协调等能力，调节自身的行为状态，最终目的是所有智能体可以一直保持收敛的状态。然而，外界环境、通信链路以及设备功能的改变会导致多智能体系统最终出现多种收敛状态。此外，当多个存在差异性的目标任务分配给多智能体系统协调完成时，也会出现多样的收敛状态，这些就是分组一致性现象。同时，当多智能体系统中智能体数目不断增多以及连接方式的复杂性不断增大时，导致一致性控制算法的复杂度也会不断扩大。所以，分析和设计特定有效的分组一致控制协议来控制网络中智能体的行为，让智能体收敛到多个不同的状态就显得尤为必要。合适的分组一致性控制算法可以保证智能体在各种外界环境因素影响下快速而且稳定地实现收敛。在分组一致性控制策略的作用下，多智能体系统按分组渐近实现一致。从整体上看，在包含多个子网的多智能体系统中，不同子网的收敛状态会存在差异；从部分上看，一个子网内的智能体的一致性状态要保持相同。目前，多智能体系统分组一致性的相关成果已应用于诸多行业，如编队控制研究[1-4]、检测与诊断[5-7]以及分布式传感器网络故障检测[8-10]等。

近年来，针对多智能体系统分组一致性协同控制相关课题的探索已取得了一定的研究成果。在文献[11]和[12]中，Yu 等针对拓扑结构为无向图、强连通平衡图的多智能体系统，基于矩阵理论，研究了一阶连续系统分组一致性问题，并在此基础上基于双树转换的方法，将切换系统转化为降维系统。文献[13]和[14]探讨了通信时滞对切换拓扑结构下多智能体系统的分组一致性课题。同文献[11]~[14]的研究成果不同，文献[15]针对拓扑为连通二分图的多智能体系统，从个体之间竞争关系的角度提出了一种新颖的控制算法，分别从有无时滞两个角度探讨了一阶系统的分组一致性问题，并得出一阶系统分组收敛时所能容忍的最大时滞上限。纪良浩等[16]探讨了两种固定拓扑结构的一阶多智能体系统在系统时滞影响下的分组一致性课题，同时分析得出比文献[5]更精确的一阶系统实现分组一致时所能接受的最大时滞上限。针对无向非连续的信息交换拓扑结构，Hu 等[17]提出了一种新颖的控制算法，探讨了无线网络系统的分组一致性，同时得出系统实现分组一致的充要条件。基于强连通平衡图，Wang 等[18]讨论了相同通信时滞影响下，多智能体系统的分组一致性。杜英雪等[19]在文献[15]的基础上，进一步讨论了时滞对多智能体系统的加权分组一致性影响，并分析出系统收敛时所能接受的最大时滞上限。针对存在扩散耦合的连通拓扑结构，文献[20]提出了不同的机制可能会影响群集的行为状态。基于上述假设，本书作者研究了三个不同机制对分组一致性的影响，并提出了在时滞或耦合作用的影响下，实现分组一致性的充要条件。基于矩阵半张量积理论，Wang 等[21]将最大稳定集合和图着色理论应用到分组一致性的探索，最终提出一系列新的理论成果和算法。与以往人工分组方式不同的是，Yi 等[22]通过构建有向图的拉普拉斯矩阵理论，研究了线性耦合多智能体系统的分组一致性问题，并揭示了系统拉普拉斯矩阵特征值为零的个数等于多智能体系统分组数的代数关系。针对固定以及切换的有向拓扑结构，Tan 等[23]将更宽泛的假设条件和相关的理论知识应用到多智能体系统分组一致性的研究中，并提出证明系统分组一致性的方法。由于事件驱动在能源消耗和通信约束方面具有较大的优势，Ma 等[24]将事件驱动控制应用到多智能体系统的分组一致性问题，从而减少了系统内存。同时，选取合适的节点进行牵制控制可以减少网络资源的消耗，文献[25]～[28]分别从不同角度探讨了牵制分组一致性课题。带领航者系统的一致性实现，需要每个个体的行为状态最终与领航者状态渐近达到一致，因此拓扑结构图中需要存在以领航者为根节点的有向生成树，[29]～[31]等文献分别从不同角度研究了二阶领航者系统的一致性问题。

由于通信链路、设备差异、信道带宽、设备物理特性等方面的影响，通信网络必然产生通信时滞与输入时滞。前者一般是指数据信息在通信链路上传输时受传输速度、距离、带宽等因素的影响所产生的时滞，后者是指节点自身处理数据时受计算时间、反应速度以及信号转化等因素的影响所产生的时滞。在实际应用中，通信时滞与输入时滞是客观存在且互不相同的。因此，研究多时滞对一阶多智能体系统的分组一致性的影响更具有现实意义。然而，在目前已有的时滞影响下多智能体系统的分组一致性的相关研究主要存在以下两点不足：例如，文献[11]～[14]只考虑了通信时滞，或只考虑了通信时滞与输入时滞相同的特殊情形对系统分组一致性的影响；文献[11]、[12]、[15]～[19]中分组一致性的主要研究对象是特殊拓扑结构的多智能体系统。

6.2 预 备 知 识

本节主要介绍多智能体系统分组一致控制协议所涉及的基本概念和相关引理。

定义 6.1[32]　对于图 $G=(V,E,A)$，顶点集 V 可以分割为两个不存在交集的子集 $\{V_1,V_2\}$，且满足每条边 (v_i,v_j) 所关联的两个顶点 v_i、v_j 分别属于 V_1、V_2，即 $v_i \in V_1$，$v_j \in V_2$，则称图 G 为二分图。

定义 6.2　如果图 G 中存在从节点 v_i 到节点 v_j 的一条路径，则称 v_j 到 v_i 是可达的，否则为不可达。当某一节点到图中任意其他节点都存在路径时，称该节点为全局可达点。

考虑如下一阶连续多智能体系统（6.1）：

$$\dot{x}_i(t)=u_i(t), \quad i=1,2,\cdots,N \tag{6.1}$$

其中，$x_i(t) \in \mathbb{R}$ 与 $u_i(t) \in \mathbb{R}$ 分别表示第 i 个智能体的状态与控制输入，$\mathbb{R}$ 为实数集。

定义 6.3　假设包含 $n+m(n,m>1)$ 个智能体的一阶连续系统（6.1），当且仅当智能体状态满足以下两点时：

（1）$\lim\limits_{t \to \infty} \| x_i(t)-x_j(t) \|=0, \forall i,j \in L_1$；

（2）$\lim\limits_{t \to \infty} \| x_i(t)-x_j(t) \|=0, \forall i,j \in L_2$。

称系统（6.1）能渐近实现分组一致。其中，$L_1=\{1,2,\cdots,m\}$，$L_2=\{m+1,m+2,\cdots,m+n\}$。

引理 6.1[15]　若图 $G=(V,E,A)$ 的拓扑结构为连通二分图,则矩阵 $D+A$ 的秩 $\mathrm{rank}(D+A)$ 为 $n-1$。其中 D、A 分别表示该图的节点度矩阵和邻接矩阵。

引理 6.2[33]　如果图 $G=(V,E,A)$ 中包含一个全局可达点,则该图的拉普拉斯矩阵存在单一特征值 0。

引理 6.3[34]　$\forall \gamma \in [0,1)$,当 $\omega \in \mathbb{R}$ 时,凸包 $\gamma \mathrm{Co}(0 \bigcup \{E_i(\mathrm{j}\omega),i=1,2,\cdots,N\})$ 不包含 $(-1,\mathrm{j}0)$ 点,其中 $E_i(\mathrm{j}\omega)=\dfrac{\pi}{2T}\times\dfrac{\mathrm{e}^{-\mathrm{j}\omega T}}{\mathrm{j}\omega}$,$T$ 为系统时滞,$\mathbb{R}$ 为实数集。

引理 6.4[35]　对于任意 $\omega \in \mathbb{R}$,凸包 $\gamma \mathrm{Co}(0 \bigcup \{E_i(\mathrm{j}\omega),i=1,2,\cdots,N\})$ 包含圆盘的集合 $\bigcup G_i$,$i=1,2,\cdots,N$。

6.3　问题描述与分析

本节针对两种不同固定拓扑结构的一阶连续多智能体系统,研究多时滞对这两个一阶连续系统分组一致性的影响。

6.3.1　拓扑结构为连通二分图的时滞网络的分组一致性

针对拓扑结构为连通二分图的一阶连续多智能体系统,文献[5]设计了一种存在竞争机制的控制算法(6.2),并基于连通二分图的基本特性,分析出系统实现收敛的初始条件。同时,还讨论了在控制协议(6.3)的作用下,系统实现渐近分组一致时所能接受的最大时滞上限。

$$u_i(t)=-\sum_{v_j\in N_i}a_{ij}(x_j(t)+x_i(t)),\quad i=1,2,\cdots,N \tag{6.2}$$

$$u_i(t)=-\sum_{v_j\in N_i}a_{ij}(x_j(t-\tau)+x_i(t-\tau)),\quad i=1,2,\cdots,N \tag{6.3}$$

其中,τ 为系统时滞且为定值,N 为系统中智能体的个数。

基于控制协议(6.3),文献[15]、[16]和[19]均只讨论了通信时滞与输入时滞相同的特殊情形,且文献[15]中并没有给出在时滞影响下,系统实现渐近分组一致时所需满足的条件。一般情况下,网络中不同节点间的通信时滞以及输入时滞是客观存在且互不相同的,所以讨论此种情形下系统的分组一致性问题更加具有普遍意义。受相关研究工作的启发,接下来基于频域控制理论的方法,本节分析并给出系统(6.1)在控制协议(6.3)的作用下实现渐近分组收敛一致的条件判据:

$$u_i(t)=-\sum_{v_j\in N_i}a_{ij}(x_j(t-T_{ij})+x_i(t-T_i)),\quad i=1,2,\cdots,N \tag{6.4}$$

其中,$x_j(t-T_{ij})$ 代表第 j 个节点在 $t-T_{ij}$ 时刻的位置状态;$x_i(t-T_i)$ 代表第 i 个节点在 $t-T_i$ 时刻的位置状态,且存在一条节点 v_j 指向节点 v_i 的通路;T_i 和 T_{ij} 分别为节点 v_i 自身的输入时滞以及与其邻居节点 v_j 间的通信时滞。

多智能体系统(6.1)在式(6.4)的作用下,其动力学方程为

$$\dot{x}_i(t) = -\sum_{v_j \in N_i} a_{ij}(x_j(t - T_{ij}) + x_i(t - T_i)), \quad i = 1, 2, \cdots, N \tag{6.5}$$

定理 6.1　对于包含 n 个智能体的一阶多智能体系统（6.5），假设其拓扑结构为连通二分图，$\forall i = 1, 2, \cdots, n$，如果满足 $\max\{d_i T_i\} < \pi/4$，则系统（6.5）能渐近实现分组一致，其中 $d_i = \sum_{v_j \in N_i} a_{ij}$，$N_i$ 为第 i 个智能体的邻居集合。

证明　对系统（6.5）作拉普拉斯变换，可以得出

$$sX_i(s) - X_i(0) = -\sum_{v_j \in N_i} a_{ij}(X_j(s)\mathrm{e}^{-sT_i} + X_i(s)\mathrm{e}^{-sT_{ij}}) \tag{6.6}$$

其中，$X_i(s)$ 为 $x_i(t)$ 的拉普拉斯变换形式，经整理可知该系统的特征方程为

$$\det(sI + D\mathrm{e}^{-sT_i} + A\mathrm{e}^{-sT_{ij}}) = 0 \tag{6.7}$$

其中，I 为 n 阶单位矩阵；D 和 A 分别是一阶系统（6.5）拓扑结构图中的节点度矩阵和邻接矩阵。为了便于论述，令 $F(s) = \det(sI + D\mathrm{e}^{-sT_i} + A\mathrm{e}^{-sT_{ij}})$。由稳定性理论可知，讨论系统（6.5）的渐近分组一致性等同于讨论 $F(s)$ 为零的特征值在复平面有无负实部或 $s = 0$ 是否为 $F(s)$ 的唯一零点。因此，从上述两种不同角度分别进行探讨：

（1）当 $s = 0$ 时，$F(s) = \det(D + A)$，系统（6.1）的拓扑结构为连通二分图，基于引理 6.1 可知，$s = 0$ 为 $F(s)$ 的唯一零点。

（2）当 $s \neq 0$ 时，设 $P(s) = \dfrac{F(s)}{s}$ 和 $G(s) = \dfrac{D\mathrm{e}^{-sT_i} + A\mathrm{e}^{-sT_{ij}}}{s}$，经整理可得 $P(s) = \det(I + G(s))$。所以，若 $P(s)$ 的零点均具有负实部，则一阶连续系统（6.1）就能渐近达到分组一致。

基于广义的奈奎斯特准则，设 $s = \mathrm{j}\omega$ 且 $\forall \omega \in \mathbb{R}$，当 $\lambda(G(\mathrm{j}\omega))$ 奈奎斯特曲线不包围复平面 $-1 + \mathrm{j}0$ 点时，一阶连续系统（6.5）所有的零点均具有负实部。

由盖尔圆盘定理可知，$G(\mathrm{j}\omega)$ 的特征值 $\lambda(G(\mathrm{j}\omega))$ 满足：

$$\lambda(G(\mathrm{j}\omega)) \in \bigcup G_i, \quad i = 1, 2, \cdots, n \tag{6.8}$$

$$G_i = \left\{ \zeta : \zeta \in \mathbb{C}, \left| \zeta - \sum_{v_j \in N_i} a_{ij} \frac{\mathrm{e}^{-\mathrm{j}\omega T_i}}{\mathrm{j}\omega} \right| \leqslant \left| \sum_{v_j \in N_i} a_{ij} \frac{\mathrm{e}^{-\mathrm{j}\omega T_i}}{\mathrm{j}\omega} \right| \right\} \tag{6.9}$$

其中，$\mathbb{C}$ 为复数集。

由不等式（6.9）可知，当 $\omega \in \mathbb{R}$ 且圆盘中心为 $G_{i0}(\mathrm{j}\omega) = \sum_{v_j \in N_i} a_{ij} \dfrac{\mathrm{e}^{-\mathrm{j}\omega T_i}}{\mathrm{j}\omega}$ 时，如果圆盘中心与复平面中心两点相连的直线与圆盘的边界圆周相交，设交点为 W_i，那么可以得知交点轨迹为 $W_i(\mathrm{j}\omega) = 2 \sum_{v_j \in N_i} a_{ij} \dfrac{\mathrm{e}^{-\mathrm{j}\omega T_i}}{\mathrm{j}\omega}$。令 $W_i(\mathrm{j}\omega) = \gamma_i \times E_i(\mathrm{j}\omega)$，根据引理 6.3 可知，当 $\gamma_i < 1$ 时，容易得到 $\sum_{v_j \in N_i} a_{ij} T_i < \dfrac{\pi}{4}$。

令 $\gamma = \max\{\gamma_i, i = 1, 2, \cdots, n\}$，显然当 $\gamma < 1$ 时，$\forall i = 1, 2, \cdots, n$，有以下等式成立：

$$\gamma \mathrm{Co}(0\bigcup\{E_i(\mathrm{j}\omega)\}) \supseteq \gamma_i(0\bigcup\{E_i(\mathrm{j}\omega)\}) = \mathrm{Co}(0\bigcup\{W_i(\mathrm{j}\omega)\}) \tag{6.10}$$

基于等式（6.9）和引理 6.3 可知 $(-1,\mathrm{j}0)\notin \gamma\mathrm{Co}(0\bigcup\{E_i(\mathrm{j}\omega), \ i=1,2,\cdots,n\})$，由此可推出 $(-1,\mathrm{j}0)\notin \mathrm{Co}(0\bigcup\{W_i(\mathrm{j}\omega), \ i=1,2,\cdots,n\})$。由引理 6.4 可知 $\mathrm{Co}(0\bigcup\{W_i(\mathrm{j}\omega)\}) \supseteq \bigcup G_i$，$i=1,2,\cdots,n$，所以 $(-1,\mathrm{j}0)\notin \bigcup G_i$，$i=1,2,\cdots,n$。故特征值 $\lambda(G(\mathrm{j}\omega))$ 的轨迹不包含 $(-1,\mathrm{j}0)$ 点。根据广义的奈奎斯特准则可知，$P(s)$ 的所有零点均具有负实部，即二阶系统（6.5）能渐近达到分组一致。证毕。

注 6.1　当 $T_i = T_{ij} = \tau$，即输入时滞与通信时滞相等时，式（6.2）与式（6.3）相同，所以前者是后者的一种特殊情况。因此，文献[15]、[16]和[19]的相关研究工作是本章的特例。如前所述，时滞是客观存在且互不相同的，因此协议（6.4）更具有一般性。

注 6.2　文献[15]分析并给出了一阶系统实现分组一致时所能允许的时滞上限，与定理 6.1 相比，文献[15]中给出的时滞上限较宽，6.4 节实验 1 仿真实验的结果对此进行了验证。同时，由定理 6.1 的结论可知，多智能体系统分组一致的实现受输入时滞与智能体间连接权重的控制，而不受通信时滞控制。

6.3.2　拓扑结构为存在全局可达节点的时滞网络的分组一致性

考虑包含 $n+m(n,m>1)$ 个智能体的多智能体系统，文献[11]～[14]基于如下入度平衡的假设条件（A1）与（A2），针对以下分组一致的控制算法（6.11）：

$$u_i(t) = \begin{cases} \displaystyle\sum_{V_j\in N_{1i}} a_{ij}(x_j(t)-x_i(t)) + \sum_{V_j\in N_{2i}} a_{ij}x_j(t), & \forall i\in L_1 \\[3mm] \displaystyle\sum_{V_j\in N_{2i}} a_{ij}(x_j(t)-x_i(t)) + \sum_{V_j\in N_{1i}} a_{ij}x_j(t), & \forall i\in L_2 \end{cases} \tag{6.11}$$

讨论了拓扑结构为无向图、强连通平衡图的多智能体系统在通信时滞影响下的平均分组一致性问题，分析并给出了相应的条件判据。其中 $\displaystyle\sum_{V_j\in N_{1i}} a_{ij}(x_j(t)-x_i(t))$ 表示从与节点 v_i 同组且与其相连的其他节点中所获得的相关信息，而 $\displaystyle\sum_{V_j\in N_{2i}} a_{ij}x_j(t)$ 表示从与节点 v_i 不同组且与其相连的其他节点中获得的相关信息。

入度平衡的假设条件（A1）与（A2）如下：

（A1）$\displaystyle\sum_{j=n+1}^{n+m} a_{ij} = 0, \forall i\in L_1$；

（A2）$\displaystyle\sum_{j=1}^{n} a_{ij} = 0, \forall i\in L_2$。

其中，有限下标集 L_1 和 L_2 分别是 $L_1=\{1,2,\cdots,n\}$，$L_2=\{n+1,n+2,\cdots,n+m\}$。

在控制算法（6.11）的基础上，纪良浩等[16]针对拓扑结构为无向图的多智能体系统讨论了时滞为固定值的影响下的分组一致性问题，其控制输入为

$$u_i(t) = \begin{cases} \displaystyle\sum_{V_j \in N_{1i}} a_{ij}(x_j(t-\tau) - x_i(t-\tau)) + \sum_{V_j \in N_{2i}} a_{ij}x_j(t-\tau), & \forall i \in L_1 \\ \displaystyle\sum_{V_j \in N_{2i}} a_{ij}(x_j(t-\tau) - x_i(t-\tau)) + \sum_{V_j \in N_{1i}} a_{ij}x_j(t-\tau), & \forall i \in L_2 \end{cases} \quad (6.12)$$

其中，$\tau \geqslant 0$ 为系统时滞。

在实际的通信系统中，由于设备差异、链路差异等，节点的输入时滞和通信时滞也会存在差异。受相关研究工作的启发，接下来讨论在多时滞影响下，拓扑结构包含全局可达节点的一阶连续多智能体系统的分组一致性课题。

受控制协议（6.11）和（6.12）启发，本节考虑如下存在不同通信时滞和输入时滞的分组一致控制算法：

$$u_i(t) = \begin{cases} \displaystyle\sum_{V_j \in N_{1i}} a_{ij}(x_j(t-T_{ij}) - x_i(t-T_i)) + \sum_{V_j \in N_{2i}} a_{ij}x_j(t-T_{ij}), & \forall i \in L_1 \\ \displaystyle\sum_{V_j \in N_{2i}} a_{ij}(x_j(t-T_{ij}) - x_i(t-T_i)) + \sum_{V_j \in N_{1i}} a_{ij}x_j(t-T_{ij}), & \forall i \in L_2 \end{cases} \quad (6.13)$$

其中，T_{ij} 为信息从节点 v_j 到节点 v_i 的通信时滞，T_i 为节点 v_i 自身的输入时滞。

系统（6.1）在控制输入（6.13）的作用下可以转化为

$$\dot{x}_i(t) = \begin{cases} \displaystyle\sum_{V_j \in N_{1i}} a_{ij}(x_j(t-T_{ij}) - x_i(t-T_i)) + \sum_{V_j \in N_{2i}} a_{ij}x_j(t-T_{ij}), & \forall i \in L_1 \\ \displaystyle\sum_{V_j \in N_{2i}} a_{ij}(x_j(t-T_{ij}) - x_i(t-T_i)) + \sum_{V_j \in N_{1i}} a_{ij}x_j(t-T_{ij}), & \forall i \in L_2 \end{cases} \quad (6.14)$$

其中，T_{ij}、T_i 分别为数据信息从 v_j 到 v_i 的传输过程产生的通信时滞以及处理自身数据产生的输入时滞。

定理 6.2 针对存在 $n + m(n, m > 1)$ 个智能体的一阶连续多智能体系统（6.14），基于入度平衡的假设条件（A1）与（A2），且拓扑中存在全局可达节点，如果输入时滞满足条件 $\max\{\tilde{d}_i T_i\} < \pi / 4 (i = 1, 2, \cdots, n+m)$，则一阶系统（6.14）能渐近实现分组一致。其中 $\tilde{d}_i = \displaystyle\sum_{k=1, k \neq i}^{m+n} a_{ik}$。

证明 为分析系统（6.14）的稳定性，对其进行拉普拉斯变换，可以得出

$$sX_i(s) - X_i(0) = \begin{cases} \displaystyle\sum_{V_j \in N_{1i}} a_{ij}(X_j(s)\mathrm{e}^{-sT_{ij}} - X_i(s)\mathrm{e}^{-sT_i}) + \sum_{V_j \in N_{2i}} a_{ij}X_j(s)\mathrm{e}^{-sT_{ij}}, & \forall i \in L_1 \\ \displaystyle\sum_{V_j \in N_{2i}} a_{ij}(X_j(s)\mathrm{e}^{-sT_{ij}} - X_i(s)\mathrm{e}^{-sT_i}) + \sum_{V_j \in N_{1i}} a_{ij}X_j(s)\mathrm{e}^{-sT_{ij}}, & \forall i \in L_2 \end{cases} \quad (6.15)$$

其中，$X_i(s)$ 为 $x_i(t)$ 的拉普拉斯变换形式，定义 $L(s) = (l_{ij}(s))$，其形式如式（6.16）所示：

$$L(s) = (l_{ij}(s)) = \begin{cases} -a_{ij}\mathrm{e}^{-sT_{ij}}, & j \neq i \\ \displaystyle\sum_{k=1, k \neq i}^{m+n} a_{ik}\mathrm{e}^{-sT_i}, & j = i \end{cases} \quad (6.16)$$

根据特征方程（6.17）在复平面根的分布情况可以判断系统（6.14）的稳定性，由等式（6.15）得出如下特征方程：

$$F(s) = \det(sI + L(s)) = 0 \tag{6.17}$$

其中，I 为单位矩阵。根据稳定性理论，接下来分两种情形进行讨论：

（1）当 $s = 0$ 时，$F(0) = \det(L(0))$，由于 G 中包含全局可达节点，由引理 6.2 可知，0 是拉普拉斯矩阵 L 的唯一特征值，可以得出 $\operatorname{rank}(L) = m + n - 1$，因此 $s = 0$ 为 $F(s)$ 的唯一零点。

（2）当 $s \neq 0$ 时，令 $P(s) = F(s) / s$，经整理可得 $P(s) = \det(I_n + G(s))$。显然讨论 $F(s)$ 的零点有无负实部相当于讨论 $P(s)$ 的零点是否均在复平面的左半部。所以，若 $P(s)$ 的零点均在复平面的左半部，则一阶连续系统（6.14）能够渐近达到分组一致。

令 $s = \mathrm{j}\omega$，则 $G(s) = G(\mathrm{j}\omega)$。根据广义奈奎斯特准则，对于 $\forall \omega \in \mathbb{R}$，若 $G(\mathrm{j}\omega)$ 特征值的奈奎斯特曲线不包含 $-1 + \mathrm{j}0$ 点，则零点均具有负实部。

设 $G(\mathrm{j}\omega)$ 的特征值为 $\lambda(G(\mathrm{j}\omega))$。由圆盘定理可知，$G(\mathrm{j}\omega)$ 特征值 $\lambda(G(\mathrm{j}\omega))$ 满足如下不等式：

$$\lambda(G(\mathrm{j}\omega)) \in \bigcup G_i, \quad i = 1, 2, \cdots, m + n \tag{6.18}$$

$$G_i = \left\{ \zeta : \zeta \in \mathbb{C}, \left| \zeta - \sum_{j \in N_i} a_{ij} \frac{\mathrm{e}^{-\mathrm{j}\omega T_i}}{\mathrm{j}\omega} \right| \leqslant \left| \sum_{j \in N_i} a_{ij} \frac{\mathrm{e}^{-\mathrm{j}\omega T_i}}{\mathrm{j}\omega} \right| \right\} \tag{6.19}$$

由式（6.19）可知，圆盘中心和复平面中心两点相连所构成的直线与圆盘边界圆周交点的轨迹用 $W_i(\mathrm{j}\omega) = 2\tilde{d}_i \dfrac{\mathrm{e}^{-\mathrm{j}\omega T_i}}{\mathrm{j}\omega}$ 表示，其中圆盘的中心为 $G_{i0}(\mathrm{j}\omega) = \tilde{d}_i \dfrac{\mathrm{e}^{-\mathrm{j}\omega T_i}}{\mathrm{j}\omega}$。假设 $W_i(\mathrm{j}\omega) = \gamma_i \times E_i(\mathrm{j}\omega)$，根据引理 6.3 可知，当 $\gamma_i < 1$ 时，容易得到 $\tilde{d}_i T_i < \pi/4$。

令 $\gamma = \max\{\gamma_i, i = 1, 2, \cdots, m + n\}$，显然当 $\gamma < 1$ 时，式（6.20）成立：

$$\gamma \mathrm{Co}(0 \bigcup \{E_i(\mathrm{j}\omega)\}) \supseteq \gamma_i(0 \bigcup \{E_i(\mathrm{j}\omega)\}) = \mathrm{Co}(0 \bigcup \{W_i(\mathrm{j}\omega)\}) \tag{6.20}$$

基于引理 6.3 和等式（6.19）可知：

$$(-1, \mathrm{j}0) \notin \gamma \mathrm{Co}(0 \bigcup \{E_i(\mathrm{j}\omega), i = 1, 2, \cdots, m + n\}) \tag{6.21}$$

所以，$(-1, \mathrm{j}0) \notin \mathrm{Co}(0 \bigcup \{W_i(\mathrm{j}\omega), i = 1, 2, \cdots, m + n\})$。由引理 6.4 可知，$\mathrm{Co}(0 \bigcup \{W_i(\mathrm{j}\omega)\}) \supseteq \bigcup G_i$，$i = 1, 2, \cdots, m + n$，即 $(-1, \mathrm{j}0) \notin \bigcup G_i$，$i = 1, 2, \cdots, m + n$。因此，特征值 $\lambda(G(\mathrm{j}\omega))$ 的轨迹不包含 $-1 + \mathrm{j}0$ 点。根据广义奈奎斯特准则可知，$P(s)$ 的所有零点均具有负实部，即一阶连续系统（6.14）最终能渐近实现分组一致。证毕。

注 6.3　当 $T_i = T_{ij} = \tau$ 时，式（6.13）与式（6.12）完全相同，且当 $T_i = T_{ij} = \tau = 0$ 时，式（6.11）与式（6.12）、式（6.13）也完全相同，所以式（6.11）和式（6.12）是式（6.13）的两种特殊情况。

注 6.4　由定理 6.2 可知，一阶连续系统分组一致的实现，与输入时滞以及节点之间的连接权重有关。当网络节点具有较大入度时，网络不能同时承受较大输入时滞。

6.4　例子与数值仿真

基于定理 6.1 和定理 6.2 中分组一致性的相关条件，本节设计具体的系统仿真实验，并验证理论分析所得结论的正确性与一阶连续系统分组一致性控制算法的有效性。

6.4.1　实验 1

基于定理 6.1，本节验证多智能体系统（6.5）的分组一致性问题。假设系统（6.5）的拓扑结构以及节点间的耦合强度具体如图 6.1 所示，易知其拓扑结构为连通二分图且节点 v_1、v_2 以及节点 v_3、v_4、v_5 分别属于两个不同的子网。随机选取各智能体的初始位置状态值为 $x(0) = [4,5,7,6,8]^T$。设定各节点自身的输入时滞分别为 $T_1 = 0.2\mathrm{s}$，$T_2 = 0.2\mathrm{s}$，$T_3 = T_4 = T_5 = 0.1\mathrm{s}$。容易验证各节点输入时滞均能满足定理 6.1 中 $\max\{d_i T_i\} < \pi / 4 (i = 1, 2, \cdots, N)$ 的条件。所以，根据定理 6.1 可知，一阶系统（6.5）可渐近实现分组一致。由于系统分组一致的实现与节点间的通信时滞无关，方便起见，实验只考虑了系统中各节点间通信时滞均相等的情形。同时，为了验证通信时滞对系统动态性能的影响，本节分四种情形即 $T_{ij} = 0.1\mathrm{s}, 0.2\mathrm{s}, 0.3\mathrm{s}, 0.4\mathrm{s}(i, j = 1, 2, 3, 4, 5)$ 对通信时滞进行仿真实验。一阶系统（6.5）中各节点的状态随时间的演化曲线如图 6.2 所示。从仿真实验的变化曲线可知，一阶

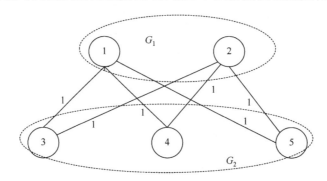

图 6.1　系统（6.5）的拓扑结构图

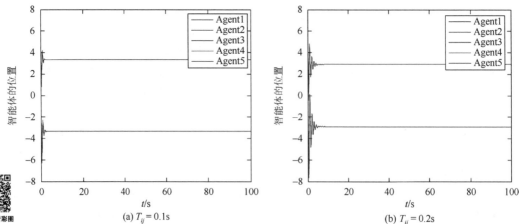

(a) $T_{ij} = 0.1\mathrm{s}$

(b) $T_{ij} = 0.2\mathrm{s}$

扫一扫　看彩图

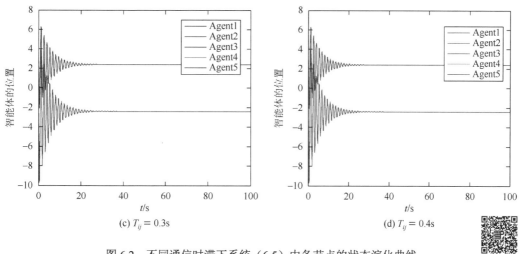

(c) $T_{ij} = 0.3s$　　　　　　　　　　　(d) $T_{ij} = 0.4s$

图 6.2　不同通信时滞下系统（6.5）中各节点的状态演化曲线

系统（6.5）最终可以实现分组一致。同时，通过对比不同通信时滞影响下的系统变化曲线可知，通信时滞只会干扰该系统的收敛速度，且通信时滞越小，该系统收敛得越快。

由图 6.1 可知，节点 v_1 以及节点 v_2 的度均为 3。基于定理 6.1 的条件，为保证系统（6.5）能够渐近实现分组一致，节点 v_1 以及节点 v_2 所能接受的输入时滞需满足 $T_i < \pi / 12 = 0.26s(i = 1, 2)$ 成立。在上述实验的基础上，接下来分以下三种情形分别进行实验，一阶系统（6.5）中各智能体的状态演化曲线分别如图 6.3 所示：

（1）重新设定节点 v_1 的输入时滞 $T_1 = 0.26s$，其他节点的输入时滞保持不变；

（2）重新设定节点 v_2 的输入时滞 $T_2 = 0.26s$，其他节点的输入时滞保持不变；

（3）重新设定节点 v_1 和 v_2 的输入时滞 $T_1 = T_2 = 0.26s$，其他节点的输入时滞保持不变。

从图 6.3 仿真实验的结果可以看出，虽然上述三种不同情形下所有智能体的状态演化曲线存在差异，但都可以验证系统（6.5）不能渐近实现分组一致。所以，该仿真实验的曲线变化进一步验证了定理 6.1 分析给出的代数条件判据的正确性与有效性。

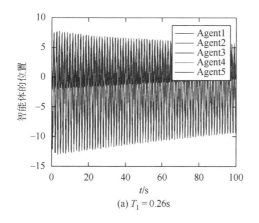

(a) $T_1 = 0.26s$

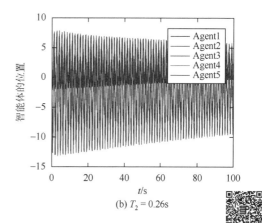

(b) $T_2 = 0.26s$

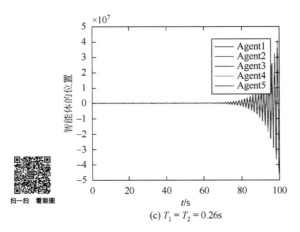

(c) $T_1 = T_2 = 0.26\text{s}$

图6.3 不同输入时滞影响下系统（6.5）中各节点的状态演化曲线

根据图6.1可得如下矩阵：

$$A = \begin{bmatrix} 0 & 0 & 1 & 1 & 1 \\ 0 & 0 & 1 & 1 & 1 \\ 1 & 1 & 0 & 0 & 0 \\ 1 & 1 & 0 & 0 & 0 \\ 1 & 1 & 0 & 0 & 0 \end{bmatrix}, \quad -(D+A) = \begin{bmatrix} -3 & 0 & -1 & -1 & -1 \\ 0 & -3 & -1 & -1 & -1 \\ -1 & -1 & -2 & 0 & 0 \\ -1 & -1 & 0 & -2 & 0 \\ -1 & -1 & 0 & 0 & -2 \end{bmatrix}$$

其特征值分别为0、-2、-2、-3、-5。根据文献[15]中分析给出的时滞上限条件$0 < \tau < \dfrac{-\pi}{2\lambda_m}$可知，输入时滞$\tau \in (0, 0.314)$，其中$\lambda_m = \max\{\lambda_i\}$，$i = 1, 2, \cdots, N$。从图6.3中的仿真实验结果可知，本章给出的时滞上限更加精确。

保持各智能体的初始状态和通信时滞保持不变，且各节点的输入时滞满足定理6.1中的条件，重新设置各节点之间的连接权重$a_{ij} = 0.1$和$a_{ij} = 1$。通过对比图6.4（a）和（b）的变化曲线可知，在其他变量保持相同的前提下，系统的收敛速度会随着节点间连接权重的减小而减慢。

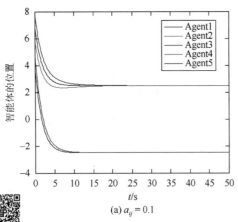
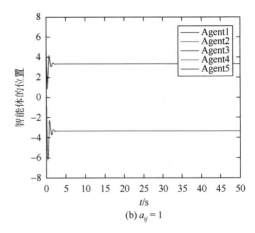

(a) $a_{ij} = 0.1$ (b) $a_{ij} = 1$

图6.4 不同连接权重情况下系统（6.5）中各节点的状态演化曲线

6.4.2　实验 2

假设系统（6.14）含有 5 个节点，其拓扑结构以及节点间的邻接权重具体如图 6.5 所示。其中，子网 G_1 包含节点 v_1、v_2 和 v_3，子网 G_2 包含节点 v_4 和 v_5。同时，系统的拓扑结构中存在全局可达节点且满足入度平衡的假设条件（A1）与（A2）。在 $[0,20]$ 区间随机选择各智能体的初始状态值为 $x(0)=[8.9,3.5,5.5,4.5,2.7]^{\mathrm{T}}$。由于系统分组收敛状态不受通信时滞的影响，为了化简实验，假定各节点间的通信时滞均为 0.3s，各节点自身输入时滞分别为 $T_1=0.2\mathrm{s}$、$T_2=0.1\mathrm{s}$、$T_3=0.15\mathrm{s}$、$T_4=0.06\mathrm{s}$ 和 $T_5=0.2\mathrm{s}$。容易验证各节点的输入时滞均满足定理 6.2 中 $\max\{\tilde{d}_i T_i\}<\pi/4(i=1,2,\cdots,m+n)$ 的条件。由定理 6.2 可知，一阶系统（6.14）可渐近实现分组一致。系统（6.14）中各节点的位置状态演化曲线分别如图 6.6（a）所示，可以

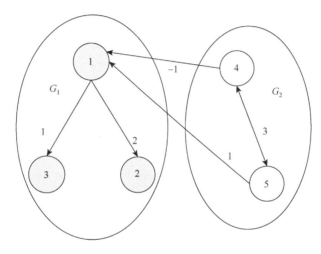

图 6.5　系统（6.14）的拓扑结构图

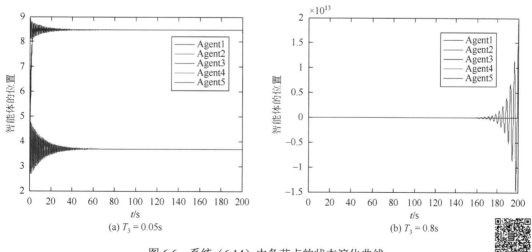

(a) $T_3=0.05\mathrm{s}$　　　　　　　　　　　　　(b) $T_3=0.8\mathrm{s}$

图 6.6　系统（6.14）中各节点的状态演化曲线

看出系统实现了渐近分组一致。对于节点 v_3 ，可知 $\tilde{d}_i = 1$ 。根据定理 6.2 中 $\max\{\tilde{d}_i T_i\} < \pi / 4$ $(i = 1, 2, \cdots, m + n)$ 的条件可知，其输入时滞 $T_3 < \pi / 4 \approx 0.8s$ 。如果设定 $T_3 = 0.8s$ ，显然定理 6.2 的条件不能满足。在通信时滞以及其他节点输入时滞不变的情况下，系统（6.14）中各智能体的状态演化曲线分别如图 6.6（b）所示。系统（6.14）最终呈现发散状态。由图 6.6 的实验结果可知，定理 6.2 中分析给出的代数条件判据是正确且有效的。

6.5　本章小结

本章从具有不同输入时滞和通信时滞的一阶连续系统的一致性问题出发，分别针对具有连通二分图和存在全局可达节点拓扑结构的一阶连续系统，讨论了其分组一致性问题。基于矩阵理论和频域控制理论，分析给出了一阶多智能体系统渐近实现分组一致的代数条件判据。研究发现一阶多智能体系统分组一致的实现与智能体自身的输入时滞以及网络中智能体间的连接权重相关，而与智能体之间的传输数据时所产生的通信时滞无关。通过系统仿真实验的对比分析可以得出，多智能体系统中节点间的通信时滞虽然不会影响整个系统的收敛性能，但可以影响网络的收敛速度。

参 考 文 献

[1] 夏红. 多智能体系统群一致性与编队控制研究[D]. 成都：电子科技大学，2014.

[2] 王银涛，闫伟. 多智能体信息一致性在机器人编队控制中的应用[J]. 火力与指挥控制，2010，35（10）：4-7.

[3] 范铭灿. 多智能体系统的一致性及编队控制研究[D]. 武汉：华中科技大学，2015.

[4] 阎振鑫，章卫国，刘小雄，等. 基于多任务的无人机编队控制研究[J]. 计算机测量与控制，2009，17（11）：2223-2225.

[5] 夏敬华，马云鹏. 多智能体集成控制、监控和诊断系统研究[J]. 机电一体化，2000，6（5）：20-23.

[6] 于志伟，苏宝库，曾鸣. 基于多智能体的监控与故障诊断技术及其应用[J]. 计算机工程，2006，32（13）：222-224.

[7] 张学强，牛智勇，杨永. 多智能体技术在电力设备在线监测中的应用[J]. 宁夏电力，2015，11（2）：14-18.

[8] 高建良，徐勇军，李晓维. 基于加权中值的分布式传感器网络故障检测[J]. 软件学报，2007，18（5）：1208-1217.

[9] 徐小龙，耿卫建，人庚，等. 分布式无线传感器网络故障检测算法综述[J]. 计算机应用研究，2012，29（12）：4420-4425.

[10] 杨小军. 无线传感器网络下分布式决策融合方法综述[J]. 计算机工程与应用，2012，48（11）：1-6.

[11] Yu J Y, Wang L. Group consensus of multi-agent systems with undirected communication graphs[C]. The 7th Asian Control Conference, Hong Kong, 2009：105-110.

[12] Yu J Y, Wang L. Group consensus of multi-agent systems with directed information exchange[J]. International Journal of Systems Science, 2012, 43（2）：334-348.

[13] Yu J Y, Wang L. Group consensus in multi-agent systems with switching topologies[C]. Joint 48th IEEE Conference on Decision and Control and 28th Chinese Control Conference, Shanghai, 2009：2652-2657.

[14] Yu J Y, Wang L. Group consensus in multi-agent systems with switching topologies and communication delays[J]. System and Control Letters, 2010, 59（6）：340-348.

[15] Wang Q, Wang Y Z, Yang R M. Design and anaylsis of group-consensus protocol for a class of multi-agent systems[J]. Control and Decision, 2013, 28（3）：369-373.

[16] 纪良浩，廖晓峰，刘群. 时延多智能体系统分组一致性分析[J]. 物理学报，2012，61（15）：1-7.

[17] Hu H X, Yu L, Zhang W A, et al. Group consensus in multi-agent systems with hybrid protocol[J]. Journal of the Franklin Institute, 2013, 350（3）：575-597.

[18] Wang M H, Uchida K. Cluster consensus of multi-agent system with communication delay[C]. The 13th International

Conference on Control，Automation and Systems，2013：108-112.

[19]　杜英雪，王玉振，王强. 多智能体时滞和无时滞网络的加权分组一致性分析[J]. 控制与决策，2015，30（11）：1993-1998.

[20]　Xia W G，Cao M. Clustering in diffusively coupled networks[J]. Automatica，2011，11（47）：2395-2405.

[21]　Wang Y Z，Zhang C H，Liu Z B. A matrix approach to graph maximum stable set and coloring problems with application to multi-agent systems[J]. Automatica，2012，7（48）：1227-1236.

[22]　Yi J W，Wang Y Y，Xiao J W. Reaching cluster consensus in multi-agent systems[C]. The 2nd International Conference on Intelligent Control and Information Processing，Harbin，2011：569-573.

[23]　Tan C，Liu G P，Duan G R. Group consensus of networked multi-agent systems with directed topology[C]. The 18th IFAC World Congress，Milano，2011：8878-8883.

[24]　Ma H W，Liu D，Wang D，et al. Centralized and decentralized event-triggered control for group consensus with fixed topology in continuous time[J]. Neurocomputing，2015，161（C）：267-276.

[25]　Liu X W，Chen T P. Cluster synchronization in directed networks via intermittent pinning control[J]. IEEE Transactions on Neural Networks，2011，22（7）：1009-1020.

[26]　Sun H S，Rong Z H，Michael Z. Decentralized adaptive pinning control for cluster synchronization of complex dynamical networks[J]. IEEE Transactions on Cybernetics，2013，43（1）：394-399.

[27]　Wu W，Zhou W J，Chen T P. Cluster synchronization of linearly coupled complex networks under pinning control[J]. IEEE Transactions on Circuits and Systems I：Regular Papers，2009，56（4）：829-839.

[28]　Liao X F，Ji L H. On pinning group consensus for dynamical multi-agent networks with general connected topology[J]. Neurocomputing，2014，135：262-267.

[29]　Song Q，Cao J D，Yu W W. Second-order leader-following consensus of nonlinear multi-agent systems via pinning control[J]. Systems & Control Letters，2010，59（9）：553-562.

[30]　Li H J，Xu L H，Xiao L B，et al. Second-order leader-following consensus of nonlinear multi-agent systems via adaptive pinning control[J]. Chinese Control and Decision Conference，2014，3（3）：25-52.

[31]　Zhou B，Liao X F. Leader-following second-order consensus in multi-agent systems with sampled data via pinning control[J]. Nonlinear Dynamics，2014，78（1）：555-569.

[32]　Godsil C，Royle G. Algebraic Graph Theory[M]. New York：Springer-Verlag，2001.

[33]　Ren W，Beard R. Consensus seeking in multiagent systems under dynamically changing interaction topologies[J]. IEEE Transactions on Automatic Control，2005，50（5）：655-661.

[34]　TianY P，Yang H Y. Stability of distributed congestion control with diverse communication delays[C]. The 5th World Congress on Intelligent Control and Automation，Hangzhou，2004：1438-1442.

[35]　杨洪勇，田生文，张嗣瀛. 具有领航者的时滞多智能体系统的一致性[J]. 电子学报，2011，39（4）：872-876.

第7章　二阶时滞多智能体系统分组一致性

7.1　引　　言

从理论分析和现实意义的角度来看，许多网络都有分组的结构，也就是说网络是由若干个子网构成的。分组一致的现象是网络中一类比较常见的现象，例如，社会网络中的人们会因不同的兴趣爱好或工作领域进行分组；蜂群和蚁群会因为工作内容差异分成不同的组等。目前，多智能体系统分组一致性的分析主要考虑两个关键因素：分组一致性的具体收敛状态和分组收敛的速度。其中，二阶多智能体系统的分组一致性的收敛状态主要是指所有智能体借助局部有限的信息传递，不断自主调整自身的位置和速度以达到某种稳定状态，而收敛速度可以作为分组一致性控制协议性能好坏的一个判断依据。在实际的通信系统中，一些外在的环境因素如不同时滞、噪声干扰、智能体计算能力差异性等会影响多智能体系统分组一致性的收敛状态和收敛速度。在多智能体系统中，时滞是普遍存在的，并且对多智能体系统的性能会产生很大的干扰。时滞出现的主要原因包括传感器处理信号、系统处理数据、智能体执行目标任务以及带宽限制通信速度等。因此，考虑时滞因素对多智能体系统分组一致性的影响更具有现实意义。

在现实生活中，个体动态性能比较复杂，考虑多种物理量的同时还需要考虑各物理量之间存在着某种关系，因此一般采用牛顿第二定律进行描述，例如，生物的群集、无人飞机的编队控制、蜂拥控制等问题的描述都需要用位置和速度两种变量进行描述。相比一阶时滞网络，二阶系统一致性需要考虑两个物理量，即速度和位置。二阶一致性控制协议主要通过调节智能体自身的加速度来调整自身的速度，从而间接地调整智能体的位置变量，最终使得二阶系统中所有智能体的速度和位置都实现收敛。因此，与一阶多智能体系统相比，研究二阶多智能体系统在多时滞影响下的分组一致性问题将会面对更大的困难与挑战。

近年来，关于二阶系统的分组一致性研究已经取得了初步的成果。Yu 等[1]研究了二阶多智能体系统实现分组一致性的充分必要条件，并分析出网络拓扑的拉普拉斯矩阵特征值在复平面的分布情况对多智能体系统的一致性起到关键性作用。基于牵制算法、LaSalle不变集原理和 Lyapunov 稳定性理论，Wen 等[2]探索了输入饱和对一阶以及二阶异质多智能体系统分组一致性的影响，分析并得出异质多智能体系统分组一致性的充分条件。针对固定无向拓扑结构，文献[3]研究了二阶多智能体系统的分组收敛速度，并得出其任意的分组收敛速度与系统的反馈增益有直接关系。Cui 等[4]主要研究了无向固定拓扑结构的二阶分组追踪问题，并基于子图满足入度平衡的假设条件，提出了新颖的控制协议。与上述文献不同，Zhao 等[5]讨论了固定拓扑结构和随机切换拓扑结构的二阶多智能体系统的分组收敛情况，并得出两种类型拓扑结构下系统最终达到收敛的充分必要条件。文献[4]利用矩阵论以及相关定理，给出了二阶系统一致性的充要条件，同时得出一致性的状态由智能体的行为和拉普拉斯算子矩阵的特征值决定的结论。Feng 等[6]基于固定有向拓扑图，分析并得出了二阶多智能体系统分组一致性的充要条件。针对有向的弱连通，Ma 等[7]将领航者和牵制控制方法应用到二阶非线性系统的分组一致性的证明过程，其中选取入度为零的智能体施加牵制策略。在文献[8]~[10]的基础上，Xie 等[11]分析了时滞对二阶多智能体系统分组一致性的影响问题，并利用 Lyapunov 第一定理以及 Hopf 分叉理论，分析得出系统实现分组一致的代数约束条件。在文献[12]~[14]的基础上，Gao 等[15]针对切换拓扑结构，研究了时变时滞对二阶多智能体系统分组一致性的影响，并基于零或非零入度的关系图以及非负矩阵之间的关系，分析得到了切换拓扑结构的二阶多智能体系统分组一致性的判断依据。在 Yu 等[16]研究的基础上，文献[17]基于更一般的固定有向和无向拓扑结构，探讨了具有虚拟领航者的二阶多智能体系统分组一致性的课题。

分组一致性的研究不仅可以揭示现实生活中生物群居现象的内在准则，还可以解决能源互联网、电网、互联网、经济网等方面的实际问题。目前关于时滞对分组一致性影响的理论成果尚未完善，还有很多问题亟待解决。基于分组一致性的控制协议或算法，本章进一步探讨多时滞对二阶连续系统分组一致性控制的相关研究。

7.2　预 备 知 识

定义 7.1　假设包含 $n+m$ 个智能体的二阶连续系统（7.1），当且仅当以下四个条件同时成立时：

$$\dot{x}_i(t) = v_i(t)$$
$$\dot{v}_i(t) = u_i(t), \quad i = 1, 2, \cdots, m+n \tag{7.1}$$

（1）$\lim\limits_{t \to \infty} \| x_i(t) - x_j(t) \| = 0, \quad \forall i, j \in L_1$；

（2）$\lim\limits_{t \to \infty} \| v_i(t) - v_j(t) \| = 0, \quad \forall i, j \in L_1$；

（3）$\lim\limits_{t \to \infty} \| x_i(t) - x_j(t) \| = 0, \quad \forall i, j \in L_2$；

（4）$\lim\limits_{t \to \infty} \| v_i(t) - v_j(t) \| = 0, \quad \forall i, j \in L_2$。

称二阶连续系统（7.1）能渐近实现分组一致。其中，有限下标集 L_1 和 L_2 分别为 $L_1 = \{1, 2, \cdots, n\}$，$L_2 = \{n+1, n+2, \cdots, n+m\}$。

注 7.1　入度平衡的假设条件如下：

（A1）$\sum\limits_{j=n+1}^{n+m} a_{ij} = 0, \forall i \notin L_1$；

（A2）$\sum\limits_{j=1}^{n} a_{ij} = 0, \forall i \notin L_2$。

其中，L_1 和 L_2 的含义同定义 7.1。

7.3　问题描述与分析

Ren 等[18]基于如下控制协议（7.2），讨论了在不同时滞影响下二阶多智能体系统的一致性问题。

$$u_i(t) = \alpha \sum_{V_j \in N_i} a_{ij}(x_j(t-T_{ij}) - x_i(t-T)) + \beta \sum_{V_j \in N_i} a_{ij}(v_j(t-T_{ij}) - v_i(t-T)) \qquad (7.2)$$

其中，T_{ij} 和 T 分别为从 v_j 到 v_i 传输信息时产生的通信时滞以及定值输入时滞，α 和 β 分别为该系统的耦合强度。

基于相关研究的理论成果，分析二阶多智能体系统在不同通信时滞与输入时滞影响下的分组一致性问题，考虑其控制输入算法如下：

$$u_i(t) = \begin{cases} \alpha \sum\limits_{V_j \in N_{1i}} a_{ij}(x_j(t-T_{ij}) - x_i(t-T_i)) + \beta \sum\limits_{V_j \in N_{1i}} a_{ij}(v_j(t-T_{ij}) - v_i(t-T_i)) \\ + \alpha \sum\limits_{V_j \in N_{2i}} a_{ij}x_j(t-T_{ij}) + \beta \sum\limits_{V_j \in N_{2i}} a_{ij}v_j(t-T_{ij}), \quad \forall i \in L_1 \\ \alpha \sum\limits_{V_j \in N_{2i}} a_{ij}(x_j(t-T_{ij}) - x_i(t-T_i)) + \beta \sum\limits_{V_j \in N_{2i}} a_{ij}(v_j(t-T_{ij}) - v_i(t-T_i)) \\ + \alpha \sum\limits_{V_j \in N_{1i}} a_{ij}x_j(t-T_{ij}) + \beta \sum\limits_{V_j \in N_{1i}} a_{ij}v_j(t-T_{ij}), \quad \forall i \in L_2 \end{cases} \qquad (7.3)$$

其中，各智能体需要满足 $\forall i,j \in \phi = \{(i,j):i \in L_1, j \in L_2\} \bigcup \{(i,j):j \in L_1, i \in L_2\}, a_{ij} \in \mathbb{R}$ 且 $\forall i, j \in L_1, a_{ij} \geqslant 0, \forall i, j \in L_2, a_{ij} \geqslant 0$。

二阶连续多智能体系统分组一致性协议如下：

$$\ddot{x}_i(t) = \begin{cases} \alpha \sum\limits_{V_j \in N_{1i}} a_{ij}(x_j(t-T_{ij}) - x_i(t-T_i)) + \beta \sum\limits_{V_j \in N_{1i}} a_{ij}(v_j(t-T_{ij}) - v_i(t-T_i)) \\ + \alpha \sum\limits_{V_j \in N_{2i}} a_{ij}x_j(t-T_{ij}) + \beta \sum\limits_{V_j \in N_{2i}} a_{ij}v_j(t-T_{ij}), \quad \forall i \in L_1 \\ \alpha \sum\limits_{V_j \in N_{2i}} a_{ij}(x_j(t-T_{ij}) - x_i(t-T_i)) + \beta \sum\limits_{V_j \in N_{2i}} a_{ij}(v_j(t-T_{ij}) - v_i(t-T_i)) \\ + \alpha \sum\limits_{V_j \in N_{1i}} a_{ij}x_j(t-T_{ij}) + \beta \sum\limits_{V_j \in N_{1i}} a_{ij}v_j(t-T_{ij}), \quad \forall i \in L_2 \end{cases} \qquad (7.4)$$

定理 7.1　考虑包含 $n+m(n,m>1)$ 个智能体的多智能体系统（7.4），基于入度平衡的假设条件（A1）与（A2），当网络拓扑结构中包含全局可达节点时，若满足 $\tilde{d}_i(\alpha \cos(\omega_{i0}T_i) + \beta\omega_{i0}\sin(\omega_{i0}T_i)) < \dfrac{1}{2}\omega_{i0}^2$ 成立，则称系统能渐近实现分组一致。其中 $\tilde{d}_i = \sum\limits_{k=1,k \neq i}^{m+n} a_{ik}$，$\omega_{i0}$ 表示圆盘中心 $G_{i0}(\mathrm{j}\omega) = \tilde{d}_i \dfrac{\mathrm{e}^{-\mathrm{j}\omega T_i}}{\mathrm{j}\omega}\dfrac{\alpha+\beta\mathrm{j}\omega}{\mathrm{j}\omega}$ 的奈奎斯特曲线与复平面负实轴的交点，同时 $\tan(\omega_{i0}T_i) = \dfrac{\beta}{\alpha}\omega_{i0}$。

证明　分析二阶连续系统（7.4）的稳定性，通过拉普拉斯变换得出：

$$s^2 X(s) - sX(0) = (-\alpha L(s) - \beta L(s)s)X(s) \qquad (7.5)$$

经等式（7.5）整理可得，系统（7.4）的特征方程为

$$\det(s^2 I + \alpha L(s) + \beta L(s)s) = 0 \qquad (7.6)$$

其中，I 为单位矩阵，$L(s)$ 为拉普拉斯矩阵且

$$L(s) = (l_{ij}(s)) = \begin{cases} -a_{ij}e^{-sT_{ij}}, & j \neq i \\ \sum\limits_{k=1,k\neq i}^{m+n} a_{ik}e^{-sT_i}, & j = i \end{cases}$$

为了便于论述，令 $F(s) = \det(s^2 I + \alpha L(s) + \beta L(s)s)$。接下来讨论 $F(s)$ 的零点是否具有负实部性或者 $s=0$ 是否为 $F(s)$ 的唯一零点。

（1）当 $s=0$ 时，$F(0) = \det(\alpha L)$，易知 $s=0$ 为 $F(s)$ 的唯一零点。

（2）当 $s \neq 0$ 时，令 $P(s) = \det(I + G(s))$，其中 $G(s) = \dfrac{\alpha L(s) + \beta L(s)s}{s^2}$。显然，关于 $F(s)$ 的零点的分析等同于 $P(s)$ 的零点分析。

定义 $s = j\omega$，由盖尔圆盘定理可知：

$$\lambda(G(j\omega)) \in \bigcup G_i, \quad i = 1, 2, \cdots, m+n \tag{7.7}$$

$$G_i = \left\{ \zeta : \zeta \in \mathbb{C} \left\| \zeta - \sum_{k=1,k\neq i}^{m+n} a_{ik} \frac{\alpha + \beta j\omega}{j\omega} \frac{e^{-j\omega T_i}}{j\omega} \right\| \leqslant \left| \sum_{k=1,k\neq i}^{m+n} a_{ik} \frac{\alpha + \beta j\omega}{j\omega} \frac{e^{-j\omega T_i}}{j\omega} \right| \right\} \tag{7.8}$$

其中，$\mathbb{C}$ 为复数域，$\lambda(G(j\omega))$ 表示 $G(j\omega)$ 的特征值。

由式（7.7）可知，对于点 $(-x, j0)$（其中 $x \geqslant 1$），若该点不在某个圆盘 G_i 中，则有

$$\left| -x - \tilde{d}_i \frac{\alpha + \beta j\omega}{j\omega} \frac{e^{-j\omega T_i}}{j\omega} \right| > \left| \tilde{d}_i \frac{\alpha + \beta j\omega}{j\omega} \frac{e^{-j\omega T_i}}{j\omega} \right| \tag{7.9}$$

由于 $x \geqslant 1$，将不等式（7.9）两侧进行平方，经整理可知 $\left| x + 2\tilde{d}_i \dfrac{\alpha + \beta j\omega}{j\omega} \dfrac{e^{-j\omega T_i}}{j\omega} \right| > 0$。已知欧拉公式为 $e^{j\theta} = \cos\theta + j\sin\theta$，其中 j 是虚数单位。因此，可以得出 $e^{-j\omega T_i} = \cos(\omega T_i) - j\sin(\omega T_i)$。运用欧拉公式对 $\tilde{d}_i \dfrac{\alpha + \beta j\omega}{j\omega} \dfrac{e^{-j\omega T_i}}{j\omega}$ 进行化简，经整理可得

$$x - \frac{2\tilde{d}_i}{\omega^2} (\alpha\cos(\omega T_i) + \beta\omega\sin(\omega T_i)) > 0 \tag{7.10}$$

当 $x \geqslant 1$ 时，$\dfrac{2\tilde{d}_i}{\omega^2}(\alpha\cos(\omega T_i) + \beta\omega\sin(\omega T_i)) < 0$ 成立。因为 $\omega^2 > 0$，左右两侧同时除以 $\omega^2 / 2$，可以得出：

$$\tilde{d}_i(\alpha\cos(\omega T_i) + \beta\omega\sin(\omega T_i)) < \frac{\omega^2}{2} \tag{7.11}$$

由不等式（7.11）可知，$G(s)$ 特征值的奈奎斯特曲线不包围复平面 $(-1, j0)$ 点，因此 $P(s)$ 的零点均具有负实部。根据不等式（7.8）可知，圆盘的中心为 $G_{i0}(j\omega) = \tilde{d}_i \dfrac{\alpha + \beta j\omega}{j\omega} \dfrac{e^{-j\omega T_i}}{j\omega}$。$\omega_0$ 为 $G_{i0}(j\omega)$ 的奈奎斯特曲线与复平面负实轴的交点，容易知道 $\tan(\omega_{i0} T_i) = \dfrac{\beta}{\alpha}\omega_{i0}$ 成立。证毕。

注 7.2　与一阶多智能体系统相似，二阶多智能体系统分组一致的实现不受系统中节

点间通信时滞的影响，但与系统的耦合强度、节点间的耦合强度以及节点自身的输入时滞有关。

7.4　例子与数值仿真

假设二阶系统（7.1）包含 5 个节点，其拓扑结构以及节点间的邻接权重如图 7.1 所示。随机产生各节点的位置状态值为 $x(0) = [100,150,250,200,300]^{\mathrm{T}}$，速度状态为 $v(0) = [4,8, 15,10,7]^{\mathrm{T}}$。同时设置节点间耦合强度分别为 $\alpha = 0.6$，$\beta = 0.3$，各节点输入时滞分别为 $T_1 = 0.04\mathrm{s}$、$T_2 = 0.02\mathrm{s}$、$T_3 = 0.01\mathrm{s}$、$T_4 = T_5 = 0.02\mathrm{s}$。不难验证各节点输入时滞均满足定理 7.1 中分组一致的条件 $\tilde{d}_i(\alpha\cos(\omega_{i0}T_i) + \beta\omega_{i0}\sin(\omega_{i0}T_i)) < \dfrac{1}{2}\omega_{i0}^2$。由于通信时滞不会影响二阶连续系统的分组收敛状态，为了化简实验，设定节点间的通信时滞 $T_{ij} = 0.02\mathrm{s}(i, j = 1,2,3,4,5)$。在控制输入即式（7.3）的作用下，系统（7.4）中各节点的位置与速度状态演化曲线分别如图 7.2 所示，显然，二阶连续系统（7.4）能渐近实现分组一致。

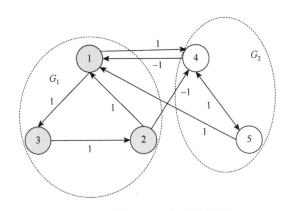

图 7.1　系统（7.1）拓扑结构图

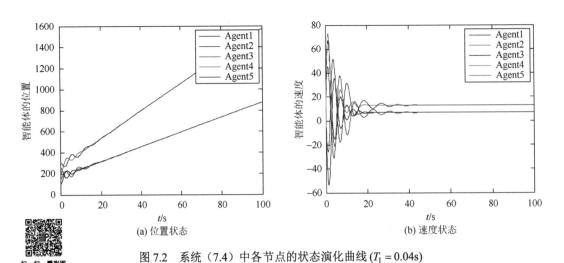

(a) 位置状态　　　　　　　　　　　(b) 速度状态

图 7.2　系统（7.4）中各节点的状态演化曲线 $(T_1 = 0.04\mathrm{s})$

重新设定节点 v_1 的输入时滞 $T_1 = 0.1\text{s}$，经验证节点 v_1 的输入时滞不能满足定理 7.1 中的条件。在其他参数不变的情形下，系统（7.4）中各节点的位置与速度状态的演化曲线分别如图 7.3 所示，可知系统（7.4）不能渐近实现分组一致。图 7.2 和图 7.3 的仿真实验结果验证了定理 7.1 的正确性与有效性。

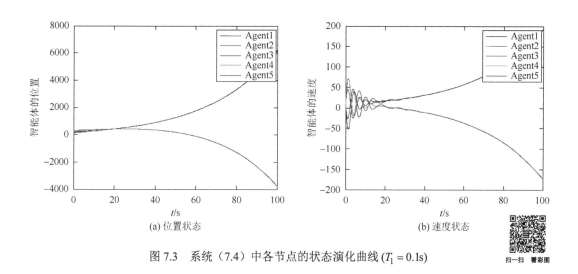

图 7.3　系统（7.4）中各节点的状态演化曲线 $(T_1 = 0.1\text{s})$

假设在各节点的位置状态、速度状态和耦合强度保持不变，且各节点的输入时滞满足定理 7.1 且保持不变的情况下，重新设置各节点的通信时滞。假设通信时滞为 $T_{ij} = 0.1\text{s}$ 和 $T_{ij} = 0.04\text{s}$，分别进行系统仿真实验。系统（7.4）中各节点的位置状态和速度状态随时间的演化曲线分别如图 7.4 所示。从仿真实验的结果可以看出，系统（7.4）可以渐近实现分组一致。通过对比不同通信时滞对系统分组一致性的影响可知，通信时滞不会干扰系统的最终收敛状态，但是系统的收敛速度随通信时滞的增加而减慢。

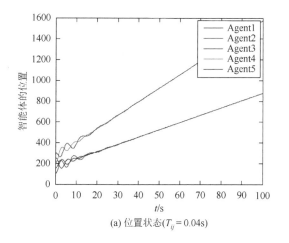
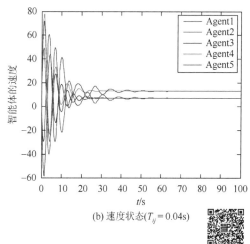

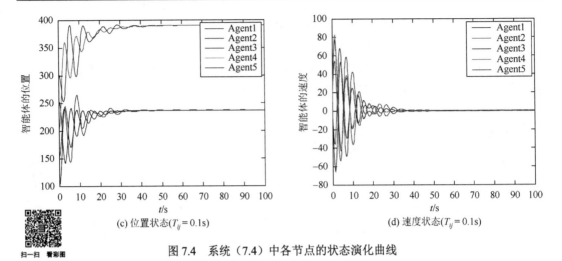

(c) 位置状态($T_{ij}=0.1\text{s}$)   (d) 速度状态($T_{ij}=0.1\text{s}$)

图7.4　系统（7.4）中各节点的状态演化曲线

7.5　本　章　小　结

依据代数图论和频域控制理论，本章探讨了二阶连续时间系统的分组一致性问题，并基于拉普拉斯矩阵的相关定理，得出二阶连续多智能体系统实现分组一致的代数约束条件。在实际环境中，多智能体系统的稳定性必然受时滞的干扰，因此本章重点研究了多时滞对二阶连续系统分组一致性的影响。研究发现，分组一致性的实现依赖于输入时滞、节点的连接权重和系统的耦合强度，而通信时滞不会控制系统的收敛状态。最后，仿真实验的结果进一步证明了本章所得结论的正确性以及二阶分组一致性控制协议的有效性。

参 考 文 献

[1]　Yu W W，Chen G R，Cao M. Some necessary and sufficient conditions for second-order consensus in multi-agent dynamical systems[J]. Automatica，2010，46（6）：1089-1095.

[2]　Wen G G，Huang J，Zhao X P. On pinning group consensus for heterogeneous multi-agent system with input saturation[J]. Neurocomputing，2016，207：623-629.

[3]　杨洪勇，田生文，张嗣瀛. 具有领航者的时滞多智能体系统的一致性[J]. 电子学报，2011，39（4）：872-876.

[4]　Cui Q，Xie D M，Jiang F C. Group consensus tracking control of second-order multi-agent systems with directed fixed topology[J]. Neurocomputing，2016，218（7）：286-295.

[5]　Zhao H Y，Park J，Zhang Y L. Couple-group consensus for secondary-order multi-agent systems with fixed and stochastic switching topologies[J]. Applied Mathematics and Computation，2014，77（4）：1297-1307.

[6]　Feng Y Z，Lu J W，Xuan S Y，et al. Couple group consensus for multi-agent networks of agents with discrete-time second-order dynamics[J]. Journal of the Franklin Institute，2013，350（10）：3277-3292.

[7]　Ma Q，Wang Z，Miao G Y. Second-order group consensus for multi-agent systems via pinning leader-following approach[J]. Journal of the Franklin Institute，2014，351（3）：1288-1300.

[8]　Yu J Y，Wang L. Group consensus in multi-agent systems with switching topologies and communication delays[J]. System and Control Letters，2010，59（6）：340-348.

[9]　纪良浩，廖晓峰，刘群. 时延多智能体系统分组一致性分析[J]. 物理学报，2012，61（15）：1-7.

[10]　杜英雪，王玉振，王强. 多智能体时滞和无时滞网络的加权分组一致性分析[J]. 控制与决策，2015，30（11）：1993-1998.

[11]　Xie D M，Liang T. Second-order group consensus for multi-agent systems with time delays[J]. Neurocomputing，2015，153：

133-139.

[12]　Yu J Y，Wang L. Group consensus of multi-agent systems with directed information exchange[J]. International Journal of Systems Science，2012，43（2）：334-348.

[13]　Zheng Y S，Wang L. A novel group consensus protocol for heterogeneous multi-agent systems[J]. International Journal of Control，2015，88（11）：2347-2353.

[14]　Shang Y L. Couple-group consensus of continuous-time multi-agent systems under Markovian switching topologies[J]. Journal of Franklin Institute—Engineering and Applied Mathematics，2015，353（11）：4826-4844.

[15]　Gao Y L，Yu J Y，Shao J L，et al. Group consensus for second-order discrete-time multi-agent systems with time-varying delays under switching topologies[J]. Neurocomputing，2016，207：805-812.

[16]　Yu J Y，Wang L. Group consensus of multi-agent systems with undirected communication graphs[C]. The 7th Asian Control Conference，Hong Kong，2009：105-110.

[17]　Wen G G，Peng Z X，Ahmed R，et al. Distributed leader-following consensus for second-order multi-agent systems with nonlinear inherent dynamics[J]. International Journal of Systems Science，2013，45（9）：1-10.

[18]　Ren W，Beard R. Consensus seeking in multiagent systems under dynamically changing interaction topologies[J]. IEEE Transactions on Automatic Control，2005，50（5）：655-661.

第8章 二阶连续时间多智能体系统加权一致性

8.1 引 言

在多智能系统中，智能体之间通过通信网络互相传递信息、调整自身状态以及消除外界干扰因素，直至整个系统可以渐近达到全局收敛状态，从而系统达到一致。然而，在实际工程实践中，多智能体系统的收敛状态往往需要控制到某一特定的值，如无人机编队特定的飞行速度、机器人编队特定时间的舞姿变换、舰队指定路线的自动航行等，这些都可以通过多智能体系统加权一致来实现。因此，设计一种加权控制协议使多智能体系统可以收敛到某一特定的值就显得尤为重要，同时合适的加权控制协议也可以加快系统收敛的速度。受多智能体系统一致性问题的启发，加权一致性问题应运而生，相比传统的多智能体系统一致性控制协议，其具备收敛目标性更强、控制协议更灵活、适用性更强等优点。

近些年来，多智能体系统加权一致性相关课题已经取得了较为丰富的理论成果。文献[1]首次提出了多智能体系统加权一致性的概念，并设计了有向通信拓扑结构下的分布式加权控制协议，分析得到了系统实现加权一致的充分必要条件，而且从理论上证明了系统拓扑结构的连通性及平衡有向图对解决一阶多智能体加权一致性问题起着至关重要的作用。在文献[1]的基础上，文献[2]设计了时延影响下多智能体系统的线性和非线性加权平均一致性控制器，并通过理论分析得到线性控制器实现加权一致的代数条件判据。在文献[1]和[2]的基础上，文献[3]讨论了具有切换拓扑结构的多智能体系统加权平均一致性问题，进一步放宽了对通信拓扑结构的限制，提高了多智能体系统加权一致性控制协议的适用性。近年来，随着多智能体系统分组一致性越来越受关注，相关学者受到了启发，从而使加权一致性问题的研究也在分组一致性问题上取得了较大进展。文献[4]进一步研究了多智能体系统加权分组一致性问题，基于竞争关系，提出了一类基于二部图拓扑结构的加权分组一致性控制协议，并基于代数图论和频域控制理论，分析给出了多智能体系统实现加权分组一致所需满足的代数条件。文献[5]在文献[4]的基础上，对基于二部图拓扑结构的一阶多智能体系统加权分组一致性控制协议进行了改造，并分析得到了系统实现加权分组一致的代数条件，与已有结果相比，其拓宽了系统收敛的代数条件限制。

根据相关文献可知，现在众多学者对加权一致性的研究基本上还停留在一阶多智能体系统上[1-4, 6]，对二阶多智能体系统加权一致性进行研究的相关文章还很缺乏。因此，对于二阶多智能体系统加权一致性问题的研究，还有很多问题需要我们去探索发现。本章受已有研究内容的启发，提出一类新颖的二阶连续时间多智能体系统加权一致性控制协议，并通过理论分析给出系统渐近实现全局加权一致所需满足的代数条件，最后通过数值仿真实验对所得结论进行验证。

8.2 预 备 知 识

本节对多智能体系统加权一致性所涉及的基础概念进行介绍，涉及的内容有代数图论、矩阵论以及稳定性理论等。

考虑如下二阶系统：

$$\dot{x}_i(t) = v_i(t)$$
$$\dot{v}_i(t) = u_i(t), \quad i = 1, 2, \cdots, N \tag{8.1}$$

定义 8.1 考虑包含 N 个智能体的二阶连续时间多智能体系统（8.1），假设系统的收敛值为 ϑ，当且仅当智能体的状态满足下列条件时，称二阶连续时间多智能体系统达到加权一致：

（1） $\lim\limits_{t \to \infty} \| x_i(t) - x_j(t) \| = 0$；

（2） $\lim\limits_{t \to \infty} \| v_i(t) - v_j(t) \| = 0$；

（3） 决策函数为 $\vartheta = \sum\limits_{i=1}^{N} b_i v_i(0)$；

（4） $\lim\limits_{t \to \infty} v_i(t) = \vartheta$。

其中，$x_i(t)$、$v_i(t)$、b_i 分别代表多智能体系统中节点 v_i 的位移状态、速度状态和节点权重。

引理 8.1[7] 如果图中存在一个全局可达节点，则该图的拉普拉斯矩阵存在唯一零特征值。

8.3 问题描述与分析

针对拓扑结构为有向平衡图的二阶多智能体系统，在无时延情况下，本节提出一类新颖的二阶连续时间多智能体系统加权一致性控制协议并分析给出系统实现加权一致的代数条件判据。

受相关工作的启发，本章设计了如下控制协议：

$$\mu_i(t) = \frac{1}{b_i} \left[\alpha \sum_{v_j \in N_i} e_{ij}(x_j(t) - x_i(t)) + \beta \sum_{v_j \in N_i} e_{ij}(v_j(t) - v_i(t)) \right], \quad i = 1, 2, \cdots, N \tag{8.2}$$

其中，b_i 为多智能体系统中节点 v_i 的节点权重，并且 $b_i > 0$，$\sum\limits_{i=1}^{N} b_i = 1$。$\alpha$、$\beta (\alpha, \beta > 0)$ 是系统的耦合强度。在众多研究工作中，控制协议都没有涉及二阶多智能体系统一致性，依赖已有的研究工作，本章提出上述带有节点权重的二阶连续时间多智能体系统控制协议，分析给出系统可以达到加权一致的代数条件判据。

把控制协议（8.2）代入系统（8.1）中，可得到如下系统：

$$\begin{cases} \dot{x}_i(t) = v_i(t) \\ \dot{v}_i(t) = \dfrac{1}{b_i}\left[\alpha \sum_{v_j \in N_i} e_{ij}(x_j(t) - x_i(t)) + \beta \sum_{v_j \in N_i} e_{ij}(v_j(t) - v_i(t)) \right], \quad i = 1,2,\cdots,N \end{cases} \tag{8.3}$$

定理 8.1　对于具有有向平衡图拓扑结构的系统（8.1），在控制协议（8.2）作用下，系统可实现加权一致，且系统最终的收敛状态等于决策值 ϑ，其中，$\vartheta = \text{Wave}(v(0)) = \sum_{i=1}^{N} b_i v_i(0), \ \sum_{i=1}^{N} b_i = 1, \ b_i > 0$。

证明　对系统（8.3）进行拉普拉斯变换，可以得到

$$sX_i(s) - x_i(0) = \dfrac{1}{b_i}\left[\alpha \sum_{v_j \in N_i} e_{ij}(X_j(s) - X_i(s)) + \beta \sum_{v_j \in N_i} e_{ij}(V_j(s) - V_i(s)) \right] \tag{8.4}$$

令 $X(s) = (X_1(s), X_2(s), X_3(s), \cdots, X_N(s))^{\mathrm{T}}$，$V(s) = (V_1(s), V_2(s), V_3(s), \cdots, V_N(s))^{\mathrm{T}}$，则根据式（8.4）可得

$$\begin{cases} s^2 X(s) = -\alpha L(s)X(s) - \beta L(s)V(s) \\ V(s) = sX(s) \end{cases} \tag{8.5}$$

由式（8.5）可进一步得到

$$s^2 X(s) + \alpha L(s)X(s) + \beta L(s)sX(s) = 0 \tag{8.6}$$

由式（8.6），可知系统的特征方程为

$$F(s) = \det(s^2 I + \alpha L(s) + \beta L(s)s) \tag{8.7}$$

其中，I 为单位矩阵，$L(s)$ 为拉普拉斯矩阵，且有

$$L(s) = \begin{cases} -\dfrac{e_{ij}}{b_i}, & v_j \in N_i \\[2mm] \sum_{v_j \in N_i} \dfrac{e_{ij}}{b_i}, & j = i \\[2mm] 0, & \text{其他} \end{cases} \tag{8.8}$$

根据稳定性理论，如果系统（8.3）可以实现加权一致，那么 $F(s)$ 的所有零点要么位于复平面内的左半开部分，要么在 $s = 0$ 处，下面针对这两种情况进行详细分析。

（1）当 $s = 0$ 时，$F(0) = \alpha L$，根据引理 8.1 可得，$s = 0$ 是 $F(s)$ 唯一的零特征值；

（2）当 $s \neq 0$ 时，令

$$P(s) = \det(I + G(s)) \tag{8.9}$$

其中

$$G(s) = \dfrac{\alpha L(s) + \beta L(s)s}{s^2} \tag{8.10}$$

由于 $s \neq 0$，所以分析 $G(s)$ 的零点和分析 $F(s)$ 的零点是等价的。

定义 $s = \mathrm{j}\omega$，对于式（8.10），根据广义奈奎斯特准则，对于 $\forall \omega \in \mathbb{R}$，如果 $G(\mathrm{j}\omega)$ 的特征值 $\lambda(G(\mathrm{j}\omega))$ 的奈奎斯特曲线不包围复平面的 $(-1, \mathrm{j}0)$ 点，则式（8.7）所有的零点都有负实部。

根据盖尔圆盘定律可知，$G(j\omega)$ 的特征值 $\lambda(G(j\omega))$ 满足：

$$\lambda(G(j\omega)) \in \bigcup G_i, \quad i = 1, 2, \cdots, N \tag{8.11}$$

其中

$$G_i = \left\{ \xi : \xi \in \mathbb{C} \left\| \xi - \sum_{v_j \in N_i} e_{ij} \frac{\alpha + j\beta\omega}{b_i (j\omega)^2} \right| \leqslant \left| \sum_{v_j \in N_i} e_{ij} \frac{\alpha + j\beta\omega}{b_i (j\omega)^2} \right| \right\} \tag{8.12}$$

$\mathbb{C}$ 代表复数集。

由式（8.12）可知，圆盘 G_i 的中心为 $G_{i0} = D_i \dfrac{\alpha + j\beta\omega}{b_i j\omega}$，其中 $D_i = \displaystyle\sum_{v_j \in N_i} \dfrac{e_{ij}}{b_i}$。如果坐标点 $(-m, j0)(m \geqslant 1)$ 不在圆盘中，那么系统可达到一致。由此，可整理得到

$$\left| -m - D_i \frac{\alpha + j\beta\omega}{b_i (j\omega)^2} \right| > \left| D_i \frac{\alpha + j\beta\omega}{b_i (j\omega)^2} \right| \tag{8.13}$$

由式（8.13），进一步整理得到

$$m \left(m - \frac{2D_i \alpha}{\omega^2} \right) > 0 \tag{8.14}$$

根据式（8.14），因为 $m \geqslant 1$，所以当 $\dfrac{2D_i \alpha}{\omega^2} < 1$ 时，$m - \dfrac{2D_i \alpha}{\omega^2} > 0$ 恒成立。

圆盘中心 $G_{i0}(j\omega)$ 随着 ω 的改变而改变，另外，圆盘 G_i 也会随着圆盘中心 $G_{i0}(j\omega)$ 的改变而改变。假设 ω_{i0} 是圆盘中心 $G_{i0}(j\omega)$ 的奈奎斯特曲线和复平面内的负实轴的第一个交点。当 $\dfrac{2D_i \alpha}{\omega_{i0}^2} < 1$ 成立时，根据广义奈奎斯特准则，特征方程（8.7）的所有特征值都具有负实部，即 $F(s)$ 的所有零点位于复平面内的左半开部分。

由圆盘中心的奈奎斯特曲线走势图可知，当 ω_{i0} 趋于无穷大时，该曲线第一次和复平面内原点交于复平面内的 $(0, j0)$ 点，即 $\dfrac{2D_i \alpha}{\omega_{i0}^2} < 1$ 恒成立，此时，系统为稳定系统。由此，系统（8.3）可渐近达到一致。

假设系统最终的一致状态为 $v^* = [c, c, \cdots, c]^{\mathrm{T}}$，其中 c 为常量。为了验证系统可以渐近实现加权一致，接下来证明 c 等于决策值 ϑ。

首先令决策值

$$\vartheta = \mathrm{Wave}(v) = \sum_{i=1}^{N} b_i v_i \tag{8.15}$$

由式（8.15）可得

$$\dot{\vartheta} = \sum_{i=1}^{N} b_i \dot{v}_i = \left[\alpha \sum_{v_j \in N_i} e_{ij}(x_j(t) - x_i(t)) + \beta \sum_{v_j \in N_i} e_{ij}(v_j(t) - v_i(t)) \right] \tag{8.16}$$

由式（8.1）和式（8.16）可得，$\dot{\vartheta} = 0$，由此可知 ϑ 为一个常量。

由 $\mathrm{Wave}(v)$ 的定义可知：

$$\text{Wave}(v^*) = \sum_{i=1}^{N} b_i c = c \tag{8.17}$$

由于 ϑ 是一个常量，所以有

$$\vartheta = c = \text{Wave}(v^*) = \text{Wave}(v(0)) \tag{8.18}$$

综上可知，系统在任意初始化状态下都会渐近收敛到决策值 ϑ，且 $\vartheta = \text{Wave}(v(0))$。证毕。

8.4 例子与数值仿真

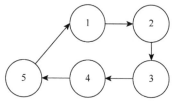

图 8.1 多智能体系统 (8.3) 的拓扑结构

假设多智能体系统 (8.3) 由 5 个智能体组成，其拓扑结构如图 8.1 所示。

实验 8.1 假设 $e_{ij} = \begin{cases} 0, & i = j \\ 1, & i \neq j \end{cases}$。同时设定 $\alpha = 0.6$，$\beta = 0.3$，在上述实验数据的基础上，分以下两种情形分别进行实验，用以说明多智能体系统在不同初始化状态均可渐近实现加权一致。

（1）设定二阶连续时间多智能体系统初始位移状态和速度状态为 $x(0) = \{40, 55, 75, 60, 80\}$，$v(0) = \{4, 5, 20, 10, 20\}$，$b_1 = 0.25$，$b_2 = 0.2$，$b_3 = 0.1$，$b_4 = 0.3$，$b_5 = 0.15$，通过决策函数，可得到系统的收敛值 $\vartheta = \text{Wave}(v(0)) = \sum_{i=1}^{N} b_i v_i(0) = 10$。各智能体状态演化曲线如图 8.2 所示。

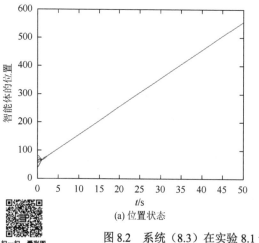

(a) 位置状态

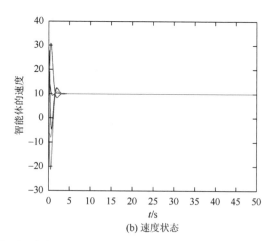

(b) 速度状态

图 8.2 系统 (8.3) 在实验 8.1 情形 1 中各节点的状态演化曲线

（2）重新设定多智能体系统初始位移状态和速度状态为 $x(0) = \{4, 5, 7, 6, 8\}$，$v(0) = \{20, 25, 10, 10, 40\}$，$b_1 = 0.25$，$b_2 = 0.2$，$b_3 = 0.3$，$b_4 = 0.1$，$b_5 = 0.15$，通过决策函数可得系统收敛值 $\vartheta = \text{Wave}(v(0)) = \sum_{i=1}^{N} b_i v_i(0) = 20$。各智能体状态演化曲线如图 8.3 所示。

通过实验 8.1 结果可得，系统在不同初始化状态下，均可实现加权一致。

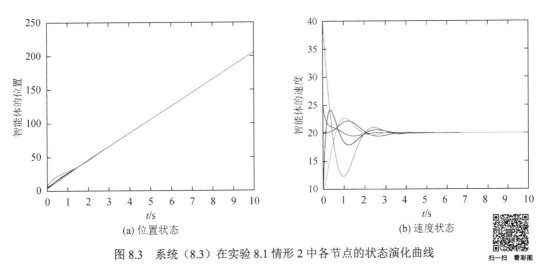

(a) 位置状态 (b) 速度状态

图 8.3 系统（8.3）在实验 8.1 情形 2 中各节点的状态演化曲线

实验 8.2 假设 $e_{ij} = \begin{cases} 0, & i = j \\ 1, & i \neq j \end{cases}$。同时设定 $\alpha = 0.6$，$\beta = 0.3$，设定系统初始位移状态和速度状态为 $x(0) = \{40, 55, 75, 60, 80\}$，$v(0) = \{4, 5, 20, 10, 20\}$，$b_1 = 0.6$，$b_2 = 0.2$，$b_3 = 0.025$，$b_4 = 0.3$，$b_5 = 0.5$，则 $\sum\limits_{i=1}^{n} b_i = 1.625 \neq 1$ 不能满足定理 8.1 中的代数条件，则不能保证系统可渐近实现加权一致。图 8.4 展示了系统中各节点的状态演化曲线，可以看出系统为发散状态，即不能实现加权一致。本次实验通过反例验证了定理 8.1 的正确性和有效性。

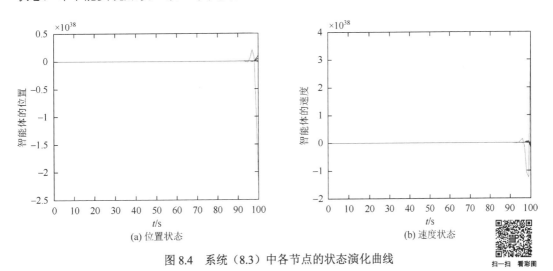

(a) 位置状态 (b) 速度状态

图 8.4 系统（8.3）中各节点的状态演化曲线

8.5 本 章 小 结

本章首先基于矩阵论、代数图论、频域控制理论以及稳定性理论，对二阶连续时间多智能体系统的加权一致性问题进行了探讨。然后提出了一种新颖的加权一致的控制协议，并设计了决策函数，使得系统最终的收敛值等于决策值。最后通过理论分析和数值仿真实验进一步验证了理论结果的正确性和有效性。

参 考 文 献

[1]　俞辉，蔡继贵，王永骥. 多智能体有向网络的加权平均一致性[J]. 微计算机信息，2007，23（5）：239-241.

[2]　俞辉，蔡继贵，王永骥. 多智能体时滞网络的加权平均一致性[J]. 控制与决策，2007，22（5）：558-565.

[3]　俞辉，蔡继贵. 多智能体有向切换网络的加权平均一致性[C]. 第 27 届中国控制会议，2008：526-530.

[4]　王玉振，杜英雪，王强. 多智能体时滞和无时滞网络的加权分组一致性分析[J]. 控制与决策，2015，30（11）：1993-1998.

[5]　He Y，Wang X. Weighted group-consensus of multi-agent systems with bipartite topologies[C]. The 28th Chinese Control and Decision Conference，2016：2368-2372.

[6]　Liu B，Zhang Y，Jiang F，et al. Group consensus for a class of discrete-time heterogeneous multi-agent systems in directed topology[C]. The 32nd Youth Academic Annual Conference of Chinese Association of Automation，2017：376-381.

[7]　Ren W，Beard R W. Consensus seeking in multiagent systems under dynamically changing interaction topologies[J]. IEEE Transactions on Automatic Control，2005，50（5）：655-661.

第9章 二阶连续时间时延多智能体系统加权一致性

9.1 引　　言

在实际工程实践中,由于通信受网络带宽、网络传输速度以及传感器处理信号等因素的限制,智能体间通信不可避免地会出现时延,因此时延是影响多智能体系统渐近收敛到一致状态的重要因素。由此可知,研究时延影响下的多智能体系统一致性问题更加具有理论价值和现实意义。

近些年来,众多研究人员投身于多智能体系统在时延影响下一致性问题的研究工作中,并且已经取得了相当丰富的理论成果。Olfatisaber 和 Murray[1]首次提出了时延影响下无向固定拓扑结构的多智能体系统的一致性问题,其以矩阵论、代数图论以及控制理论作为有力工具,通过理论分析给出多智能体系统达到一致的充要条件,并得到在系统渐近实现一致的性能和时延的大小之间存在折中的方案。Sun 等[2]在 Olfatisaber 和 Murray 的基础上,对带有固定和切换拓扑结构下时变时延对多智能体系统一致性的影响进行了更为深入的研究,应用线性矩阵不等式方法,分析给出了系统在通信拓扑为连通图的情况下,系统渐近实现一致的时延上界。Tian 和 Yang[3]结合稳定性理论,给出了系统在时延影响下达到稳定的时延条件。Moreau[4]研究了切换拓扑结构下具有时延影响的多智能体系统一致性问题。由于系统中不同智能体的时延可能是不同的,杨洪勇和徐群叁[5]首先研究了在固定通信拓扑结构下,单向通信链路多时延影响下多智能体系统一致性问题,针对固定通信拓扑为有向强连通图结构的多智能体系统,应用频率控制理论,分析得到了系统的单项反馈时延不影响系统最终渐近一致状态的结论。杨洪勇等[5, 6]对不同输入时延及不同通信时延情况下多智能体系统一致性问题进行了探讨。以奈奎斯特判据和曲线的曲率理论作为工具,探讨了含有 n 个智能体并带有 1 个领航者且同时含有全局可达节点的多智能体系统的一致性问题,分析给出了多智能体系统渐近实现一致的充分条件。2009 年,刘成林和田玉平[7]根据已有的理论成果,对时延多智能体系统相关研究进行了分析、概括和总结。Münz 等[8]对一阶时延多智能体系统进行了研究,提出了同时存在通信时延和输入时延的多智能体系统的模型框架,并通过理论分析得到了系统收敛的代数条件判据。纪良浩和廖晓峰[9]对一阶、二阶时延多智能体系统进行了研究,在有向加权拓扑结构和固定通信拓扑结构下,考虑了同时具有通信时延与输入时延的多智能体系统的一致性问题。基于矩阵论、代数图论、广义奈奎斯特准则与频域控制理论,给出了系统能够渐近收敛到一致状态的充分条件,并通过仿真实验,表明系统达到一致只和系统的耦合强度、智能体的输入时延以及各自的连接状态信息有关,与系统的通信时延无关,但是通信时延的存在会影响多智能体系统的收敛速度。Liu 等[10]受分数阶动态系统的启发,提出了一类在不均匀时延影响下且拓扑结构为有向图的分数阶多智能体系统的一致性控制协议,利用拉普拉斯变换和频域控制理论,分析得到系统收敛的代数条件判据,并给出了系统收敛时所能容忍的时延上界,同时证明了所得理论同样适用于整数阶多智能体系统一致性问题。Li 等[11]受低阶多智能体系统一致性问题的启发,研究了带有通信时延的高阶连续时间系统的一致性问题,提出了一类新颖的关于高阶多智能体一致性控制协议,研究发现,系统在采样时刻进行通信即可实现一致,同时也得到了边际稳定的多智能体系统在任意大的时延影响下均可渐近实现一致,边际不稳定的智能体系统在一定的时延范围内也可渐近实现一致,并给出了系统实现快速稳定时的时延的最佳平衡点。Li 等[12]研究了在非连续通信情况下且含有时延的二阶非线性多智能体系统的一致性问题,基于适用性间歇控制思想提出了一类新颖的控制协议,采用广义 Halanay 不等式形成的矩阵不等式分析了系统渐近实现一致的代数条件,得到了在强连通图拓扑结构下,在通信时延大于某个阈值时,系统可渐近实现一致,同时分析给出了时延和通信时间间隔的关系。Wang 等[13]研究了具有无向拓扑结构的时延高阶多智能体系统一致性问题,得到系统渐近收敛到一致状态时所能承受的最大时延上界。

时延影响下多智能体系统加权一致性问题的研究也取得了较为丰富的理论成果。俞辉等[14]首次将时延考虑到多智能体系统加权一致性问题中,提出了一个线性和非线性分布式协调控制器,考虑了在该控制器作用下,系统能够渐近实现全局加权一致的时延上界。另外,在实际的智能体系统中,不同的智能体经常会被分成若干个组,例如:社交网络中,实体根据不同的兴趣划分成不同的分组;自然界中,蚁群根据分工的不同划分为不同的分组;工程应用中,机器人编队进行分组协作等。在此实际意义下,分组一致性问题也取得了相当丰富的理论成果。Xia 等[15]研究了在固定拓扑和切换拓扑结构下时变时延多智能体系统的分组一致性,通过应用非负矩阵理论和图论的知识研究了系统收敛的代数条件判据。杜英雪等[16]结合分组一致性、时延、加权一致性三要素,利用智能体之间的竞争思想,设计了一种新颖的能够实现加权分组一致的控制协议,同时给出了系统实现加权一致的时延上界。He 和 Wang[17]在已有研究工作的基础上,讨论了时延对一阶连续时间多智能体系统渐近实现加权分组一致的影响,针对二部图拓扑结构的一阶系统,在已存在的加权分组控制协议基础上进行了改进,分析给出了系统渐近实现加权分组一致的代数条件,与已有研究成果相比,拓宽了系统渐近收敛到一致状态所能容忍的最大时延上界。发展至今,时延多智能体系统加权一致控制方面的研究已经取得了非常大的进步,然而时延影响下二阶系统加权一致性问题方面的研究还很匮乏。

受加权一致性问题研究现状的启发,本章设计一类新颖的二阶连续时间多智能体系统渐近实现加权一致的控制协议,基于矩阵论、代数图论、频域控制理论和稳定性理论分析得出系统渐近收敛到加权一致状态的代数条件,讨论时延对此类系统渐近实现加权一致的影响,并给出系统渐近收敛到一致状态时所能容忍的时延上界,最后用数值仿真实验对理论结果进行验证。

9.2 预 备 知 识

引理 9.1[13] 当 $y > 0$ 时,不等式 $\dfrac{y}{1+y^2} < \arctan y$ 成立。

引理 9.2[2]　对于 $\forall \gamma \in [0,1)$，当 $\omega \in \mathbb{R}$ 时，凸包 $\gamma\text{Co}(0 \bigcup \{E_i(j\omega), \ i = 1,2,\cdots,N\})$ 不包含 $(-1, j0)$ 点，其中 $E_i(j\omega) = \dfrac{\pi}{2T} \times \dfrac{e^{-j\omega T}}{j\omega}$，$T$ 是系统时延，N 是系统中智能体的个数。

9.3　问题描述与分析

Ren 和 Beard[18]提出了控制协议（9.1），并讨论了不同输入时延影响下多智能体系统的一致性问题：

$$\mu_i(t) = \alpha \sum_{V_j \in N_i} e_{ij}(x_j(t - T_{ij}) - x_i(t - T)) + \beta \sum_{V_j \in N_i} e_{ij}(v_j(t - T_{ij}) - v_i(t - T)) \qquad (9.1)$$

其中，T_{ij} 和 T 分别为节点 v_j 到节点 v_i 的传输时延以及各个节点的定值输入时延，α、β 分别为系统的耦合强度且 $\alpha > 0$、$\beta > 0$。

俞辉等[14]讨论了时延影响下多智能体系统渐近实现加权一致的代数条件。王玉振等[16]分别讨论了在有时延和无时延影响下多智能体系统的加权一致性问题。He 等[17]受已有研究内容的启发，提出了控制协议（9.2），并分析了时延影响下一阶系统的加权分组一致性问题：

$$\mu_i(t) = -\frac{1}{b_i} \left[(1 - \alpha) \sum_{v_j \in N_i} e_{ij}(x_i(t) + x_j(t)) + \alpha \sum_{v_j \in N_i} e_{ij}(x_i(t - \tau) + x_j(t - \tau)) \right] \qquad (9.2)$$

受已有研究成果的启发，本章分析有时延影响下二阶连续时间多智能体系统的加权一致性问题。设计控制输入算法为

$$\mu_i(t) = \frac{1}{b_i} \left[\alpha \sum_{v_j \in N_i} e_{ij}(x_j(t - T) - x_i(t - T)) + \beta \sum_{v_j \in N_i} e_{ij}(v_j(t - T) - v_i(t - T)) \right] \qquad (9.3)$$

基于式（9.3），考虑如下二阶系统：

$$\begin{cases} \dot{x}_i(t) = v_i(t) \\ \dot{v}_i(t) = \dfrac{1}{b_i} \left[\alpha \displaystyle\sum_{v_j \in N_i} e_{ij}(x_j(t - T) - x_i(t - T)) + \beta \sum_{v_j \in N_i} e_{ij}(v_j(t - T) - v_i(t - T)) \right] \end{cases} \qquad (9.4)$$

定理 9.1　对于具有有向平衡图拓扑结构的二阶连续时间多智能体系统（9.4），在时延影响下，当如下条件满足时，系统可实现加权一致，即系统中各个智能体渐近实现一致时的速度状态为 $[c, c, \cdots, c]^{\text{T}}$。

（1）$\dfrac{\lambda_i \sqrt{\alpha^2 + \beta^2 \omega_{i0}{}^2}}{\omega_{i0}{}^2} < 1$。

（2）$\tan(\omega_{i0} T) = \dfrac{\beta \omega_{i0}}{\alpha}$。

（3）$T < \min\limits_{\lambda_i \neq 0} \left\{ \dfrac{\arctan\left(\dfrac{\beta}{\alpha} \sqrt{\left(\lambda_i^2 \beta^2 + \sqrt{\lambda_i^4 \beta^4 + 4\lambda_i^2 \alpha^2} \right) / 2} \right)}{\sqrt{\left(\lambda_i^2 \beta^2 + \sqrt{\lambda_i^4 \beta^4 + 4\lambda_i^2 \alpha^2} \right) / 2}} \right\}$，　$i = 1,2,\cdots,N$。

其中，$c = \vartheta = \sum_{i=1}^{N} b_i v_i(0)$，$\sum_{i=1}^{N} b_i = 1$，$b_i > 0$，$i = 1, 2, \cdots, N$，$\omega_{i0}$ 是 $G_i(\mathrm{j}\omega) = \dfrac{\lambda_i \sqrt{\alpha^2 + \beta^2 \omega^2}}{\omega^2}$ 的奈奎斯特曲线与复平面负实轴的第一个交点，λ_i 是 $B(D + A)$ 矩阵的特征值，且 $B =$

$$
\begin{bmatrix}
0 & \dfrac{1}{b_1} & \dfrac{1}{b_1} & \cdots & \dfrac{1}{b_1} \\
\dfrac{1}{b_2} & 0 & \dfrac{1}{b_2} & \cdots & \dfrac{1}{b_2} \\
\vdots & \vdots & \vdots & & \vdots \\
\dfrac{1}{b_N} & \dfrac{1}{b_N} & \dfrac{1}{b_N} & \cdots & 0
\end{bmatrix}
$$，$N \in \mathbb{N}$ 代表系统中智能体的个数。

证明 对系统（9.4）进行拉普拉斯变换，可以得到

$$
sX_i(s) - X_i(0) = \frac{1}{b_i}\left[\sum_{v_j \in N_i} e_{ij}(X_j(s)\mathrm{e}^{-sT} - X_i(s)\mathrm{e}^{-sT}) + \sum_{v_j \in N_i} e_{ij}(V_j(s)\mathrm{e}^{-sT} - V_i(s)\mathrm{e}^{-sT}) \right] \quad (9.5)
$$

令 $X(s) = (X_1(s), X_2(s), X_3(s), \cdots, X_N(s))^{\mathrm{T}}$，$V(s) = (V_1(s), V_2(s), V_3(s), \cdots, V_N(s))^{\mathrm{T}}$，则根据式（9.5）可得

$$
\begin{cases}
s^2 X(s) = -\alpha L(s) X(s) + \beta L(s) V(s) \\
V(s) = s X(s)
\end{cases} \quad (9.6)
$$

由式（9.6），进一步整理可得

$$
s^2 X(s) + \alpha L(s) X(s) + \beta L(s) s X(s) = 0 \quad (9.7)
$$

根据式（9.7），可知系统的特征方程为

$$
F(s) = \det(s^2 I + \alpha L(s) + \beta L(s) s) \quad (9.8)
$$

其中，I 为单位矩阵，$L(s)$ 为拉普拉斯矩阵，且

$$
L(s) =
\begin{cases}
-\dfrac{e_{ij}}{b_i}\mathrm{e}^{-sT}, & v_j \in N_i \\
\sum\limits_{v_j \in N_i} \dfrac{e_{ij}}{b_i}\mathrm{e}^{-sT}, & j = i \\
0, & \text{其他}
\end{cases} \quad (9.9)
$$

根据稳定性理论，如果系统（9.4）可以实现加权一致，那么 $F(s)$ 的所有零点要么位于复平面内的左半开部分，要么在 $s = 0$ 处，下面将按照这两种情况进行详细分析。

（1）当 $s = 0$ 时，$F(0) = \alpha L$，根据引理 9.1 可得，$s = 0$ 是 $F(s)$ 的唯一零特征值；

（2）当 $s \neq 0$ 时，可得

$$
F(s) = \det(I + G_i(s)) \quad (9.10)
$$

其中，$G_i(s) = \dfrac{\lambda_i(\alpha + \beta s)}{s^2}$。由于 $s \neq 0$，所以分析 $G(s)$ 的零点和分析 $F(s)$ 的零点是等价

的。通过矩阵论、图论等数学知识计算可得，λ_i 是 $B(D+A)$ 矩阵的特征值，且 $B=$

$$\begin{bmatrix} 0 & \dfrac{1}{b_1} & \dfrac{1}{b_1} & \cdots & \dfrac{1}{b_1} \\ \dfrac{1}{b_2} & 0 & \dfrac{1}{b_2} & \cdots & \dfrac{1}{b_2} \\ \vdots & \vdots & \vdots & & \vdots \\ \dfrac{1}{b_N} & \dfrac{1}{b_N} & \dfrac{1}{b_N} & \cdots & 0 \end{bmatrix}。$$

假设 $s = \mathrm{j}\omega$ 并将其代入式 $G_i(s)$，可得

$$G_i(\mathrm{j}\omega) = \lambda_i \frac{\alpha + \mathrm{j}\beta\omega}{\mathrm{j}\omega} \frac{\mathrm{e}^{-\mathrm{j}\omega T}}{\mathrm{j}\omega} \tag{9.11}$$

基于奈奎斯特稳定性判据，有且仅有点 $(-1, \mathrm{j}0)$ 不被 $G_i(\mathrm{j}\omega)$ 的奈奎斯特包围，方程（9.8）的所有特征值都具有负实部，即 $F(s)$ 的所有零点位于复平面内的左半开部分。

根据欧拉公式，可得

$$G_i(\mathrm{j}\omega) = -\lambda_i \frac{\alpha + \mathrm{j}\beta\omega}{b_i \omega^2} (\cos(\omega T) - \mathrm{j}\sin(\omega T)) \tag{9.12}$$

根据式（9.12）可得

$$G_i(\mathrm{j}\omega) = -\lambda_i \frac{\alpha\cos(\omega T) + \beta\omega\sin(\omega T) + \mathrm{j}(\beta\omega\cos(\omega T) - \alpha\sin(\omega T))}{\omega^2} \tag{9.13}$$

由式（9.13），可得

$$|G_i(\mathrm{j}\omega)| = \frac{\lambda_i \sqrt{\alpha^2 + \beta^2 \omega^2}}{\omega^2} \tag{9.14}$$

假设 ω_{i0} 是 $G_i(\mathrm{j}\omega)$ 的曲线与复平面内负实轴的第一个交点，根据式（9.13）可得

$$\beta\omega_{i0}\cos(\omega_{i0}T) - \alpha\sin(\omega_{i0}T) = 0 \tag{9.15}$$

根据式（9.15）可得

$$\tan(\omega_{i0}T) = \frac{\beta\omega_{i0}}{\alpha} \tag{9.16}$$

不难发现，当 $\omega > 0$ 时，$|G_i(\mathrm{j}\omega)|$ 随着 ω 的增大而减小。因此，有且仅有 $|G_i(\mathrm{j}\omega)| < 1$ 时，系统（9.4）的零点位于复平面内的左半开部分。

从上述分析可得，在我们的控制协议下，满足下列条件，二阶连续时间时延多智能体系统可达到一致：

（1）$\dfrac{\lambda_i \sqrt{\alpha^2 + \beta^2 {\omega_{i0}}^2}}{{\omega_{i0}}^2} < 1$；

（2）$\tan(\omega_{i0}T) = \dfrac{\beta\omega_{i0}}{\alpha}$。

假设系统最终的一致性状态为 $v^* = [c, c, \cdots, c]^{\mathrm{T}}$，为了实现系统的加权一致，下面证明 c 等于决策值 ϑ。

首先令决策值

$$\vartheta = \text{Wave}(v) = \sum_{i=1}^{N} b_i v_i \tag{9.17}$$

由式（9.3）和式（9.17）可得

$$\dot{\vartheta} = \sum_{i=1}^{N} b_i \dot{v}_i = \left[\alpha \sum_{v_j \in N_i} e_{ij}(x_j(t-T) - x_i(t-T)) + \beta \sum_{v_j \in N_i} e_{ij}(v_j(t-T) - v_i(t-T)) \right] \tag{9.18}$$

由定义（9.1）及式（9.18）可得，$\dot{\vartheta} = 0$，即 ϑ 为时间不变量。

由 $\text{Wave}(v)$ 的定义可知：

$$\text{Wave}(v^*) = \sum_{i=1}^{N} b_i c = c \tag{9.19}$$

由于 ϑ 是时间不变量，可知：

$$\vartheta = c = \text{Wave}(v^*) = \text{Wave}(v(0)) \tag{9.20}$$

综上可知，系统的任意初始化状态都会收敛到决策值 ϑ，且 $\vartheta = \text{Wave}(v(0))$。

接下来继续讨论时延影响下连续时间多智能体系统实现一致的时延边界问题。如果不

等式 $\dfrac{\lambda_i \sqrt{\alpha^2 + \beta^2 {\omega_{i0}}^2}}{{\omega_{i0}}^2} < 1$ 成立，那么可以得到

$$\omega_{i0} > \sqrt{\frac{\lambda_i^2 \beta^2 + \sqrt{\lambda_i^4 \beta^4 + 4\lambda_i^2 \alpha^2}}{2}} \tag{9.21}$$

由式（9.16）可知：

$$T = \frac{\arctan\left(\dfrac{\beta \omega_{i0}}{\omega_{i0}}\right)}{\omega_{i0}} \tag{9.22}$$

为了求时延边界，首先需要讨论时延 T 和 ω_{i0} 的关系。对时延 T 求 ω_{i0} 的偏导数，可得

$$\frac{\partial T}{\partial \omega_{i0}} = \frac{1}{\omega_{i0}} \left[\frac{\dfrac{\beta \omega_{i0}}{\alpha}}{\left(\dfrac{\beta \omega_{i0}}{\alpha}\right)^2} - \arctan\left(\frac{\beta \omega_{i0}}{\alpha}\right) \right] \tag{9.23}$$

依赖于引理 9.1，可知当 $\omega_{i0} > 0$ 时，$\dfrac{\partial T}{\partial \omega_{i0}} < 0$ 成立。因此，随着变量 ω_{i0} 的增大，时延 T 递减。

因此，由式（9.21）~式（9.23）可推出下列不等式：

$$T < \frac{\arctan\left(\dfrac{\beta}{\alpha} \sqrt{\left(\lambda_i^2 \beta^2 + \sqrt{\lambda_i^4 \beta^4 + 4\lambda_i^2 \alpha^2}\right)\Big/2}\right)}{\sqrt{\left(\lambda_i^2 \beta^2 + \sqrt{\lambda_i^4 \beta^4 + 4\lambda_i^2 \alpha^2}\right)\Big/2}} \tag{9.24}$$

即时延满足式（9.24）时，系统可渐近实现加权一致。

定理 9.1 证明完毕。

9.4　例子与数值仿真

本节进行数值仿真实验，验证时延情况下本章所得理论结果的正确性和有效性。假设多智能体系统由 5 个智能体组成，并且拓扑结构如图 8.1 所示。

实验 9.1　假设 $e_{ij} = \begin{cases} 0, & i = j \\ 1, & i \neq j \end{cases}$。同时设定 $\alpha = 0.6$，$\beta = 0.3$，由条件 $T <$

$$\min_{\lambda_i \neq 0} \left\{ \frac{\arctan\left(\frac{\beta}{\alpha} \sqrt{(\lambda_i^2 \beta^2 + \sqrt{\lambda_i^4 \beta^4 + 4\lambda_i^2 \alpha^2})/2} \right)}{\sqrt{(\lambda_i^2 \beta^2 + \sqrt{\lambda_i^4 \beta^4 + 4\lambda_i^2 \alpha^2})/2}} \right\} (i = 1, 2, \cdots, N) \text{ 可知，系统的时延 } T \leqslant 0.074\text{s}。$$

接下来分以下两种情形分别进行实验。

（1）设定多智能体系统初始化位移状态和初始化速度状态分别为 $x(0) = \{40, 55, 75, 60, 80\}$，$v(0) = \{4, 5, 20, 10, 20\}$，各个节点权重为 $b_1 = 0.25$、$b_2 = 0.2$、$b_3 = 0.1$、$b_4 = 0.3$、$b_5 = 0.15$，时延 $T \leqslant 0.074\text{s}$。在上述实验数据的基础上，可得 $\dfrac{\lambda_i \sqrt{\alpha^2 + \beta^2 \omega_{i0}^2}}{\omega_{i0}^2} < 1$ 条件成立。通过决策函数，可知系统的收敛值 $\vartheta = \text{Wave}(v(0)) = \sum\limits_{i=1}^{N} b_i v_i(0) = 10$。各智能体状态演化曲线如图 9.1 所示。

（2）重新设定多智能体系统初始化位移状态和初始化速度状态分别为 $x(0) = \{4, 5, 7, 6, 8\}$，$v(0) = \{20, 25, 10, 10, 40\}$，各个节点权重为 $b_1 = 0.25$，$b_2 = 0.2$，$b_3 = 0.1$，$b_4 = 0.3$，$b_5 = 0.15$，时延 $T \leqslant 0.074\text{s}$。同样可以验证 $\dfrac{\lambda_i \sqrt{\alpha^2 + \beta^2 \omega_{i0}^2}}{\omega_{i0}^2} < 1$ 条件成立。通过决策函数，可得系统收敛值 $\vartheta = \text{Wave}(v(0)) = \sum\limits_{i=1}^{N} b_i v_i(0) = 20$。各智能体状态演化曲线如图 9.2 所示。

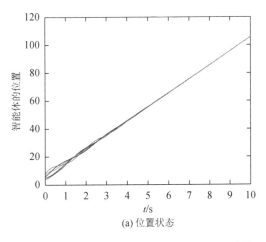
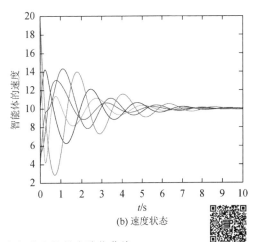

(a) 位置状态　　　　　　　　　　　　(b) 速度状态

图 9.1　系统（9.4）在情形 1 中各节点的状态演化曲线

扫一扫　看彩图

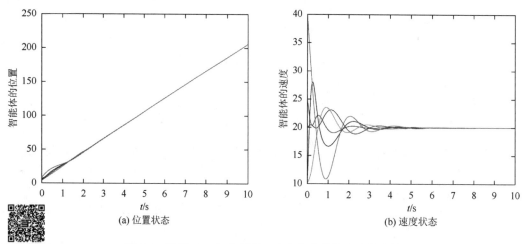

图9.2　系统（9.4）在情形 2 中各节点的状态演化曲线

通过实验 9.1 中两种情形下的仿真实验可知，在本章所提控制协议的作用下，当满足本章所得到的代数条件时，不论系统的初始化状态为多少，二阶连续时间多智能体系统（9.4）均可渐近实现加权一致。

实验 9.2　假设 $e_{ij} = \begin{cases} 0, & i = j \\ 1, & i \neq j \end{cases}$，$b_1 = 0.25, b_2 = 0.2, b_3 = 0.15, b_4 = 0.1, b_5 = 0.3, \alpha = 0.6,$ $\beta = 0.8, x(0) = \{4,5,20,10,20\}, v(0) = \{20,25,10,10,40\}, T \leqslant 0.074\text{s}$，则可以验证定理 9.1 中的代数条件 $\dfrac{\lambda_i \sqrt{\alpha^2 + \beta^2 \omega_{i0}^2}}{\omega_{i0}^2} < 1$ 不能成立。从图 9.3 可以看出系统是发散的，即系统不能渐近实现加权一致。

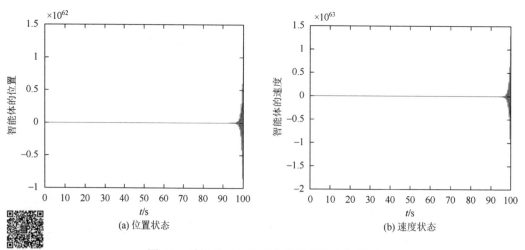

图9.3　系统（9.4）各节点的状态演化曲线图

9.5　本章小结

多智能体系统通信网络中的时延只能减小，但是不可能完全消失，因此本章的研究重点是时延对二阶连续时间多智能体系统渐近实现加权一致的影响，基于代数图论和频域控制理论，研究了在时延影响下的二阶连续时间多智能体系统加权一致性问题，并基于拉普拉斯变换和奈奎斯特稳定性理论等相关知识，得出二阶连续时间多智能体系统渐近实现加权一致的代数条件，并给出了系统渐近实现加权一致状态时的保守时延上界。最后，运用数值仿真实验验证了所得结论的正确性和有效性。

参 考 文 献

[1]　Olfatisaber R，Murray R M. Consensus problems in networks of agents with switching topology and time-delays[J]. IEEE Transactions on Automatic Control，2004，49（9）：1520-1533.

[2]　Sun Y，Wang L，Xie G. Average consensus in networks of dynamic agents with switching topologies and multiple time-varying delays[J]. Systems and Control Letters，2008，57（2）：175-183.

[3]　Tian Y，Yang H. Stability of distributed congestion control with diverse communication delays[C]. The 5th World Congress on Intelligent Control and Automation，2004：1438-1442.

[4]　Moreau L. Stability of multiagent systems with time-dependent communication links[J]. IEEE Transactions on Automatic Control，2005，50（2）：169-182.

[5]　杨洪勇，徐群叁. 具有单向时延的多智能体系统的一致性分析[J]. 复杂系统与复杂性科学，2008，5（3）：62-67.

[6]　杨洪勇，田生文，张嗣瀛. 具有领航者的时延多智能体系统的一致性[J]. 电子学报，2011，39（4）：872-876.

[7]　刘成林，田玉平. 具有时延的多个体系统的一致性问题综述[J]. 控制与决策，2009，24（11）：1601-1608.

[8]　Münz U，Papachristodoulou A，Allgöwer F. Delay robustness in consensus problems[J]. Automatica，2010，46（8）：1252-1265.

[9]　纪良浩，廖晓峰. 具有不同时延的多智能体系统一致性分析[J]. 物理学报，2012，61（15）：8-16.

[10]　Liu J，Qin K，Chen W，et al. Consensus of fractional-order multiagent systems with nonuniform time delays[J]. Mathematical Problems in Engineering，2018，（5）：1-9.

[11]　Li L，Fu M，Zhang H，et al. Consensus control for a network of high order continuous-time agents with communication delays[J]. Automatica，2018，89：144-150.

[12]　Li H，Zhu Y，Wang J，et al. Consensus of nonlinear second-order multi-agent systems with mixedtime-delays and intermittent communications[J]. Neurocomputing，2017，251（C）：115-126.

[13]　Wang Z，Zhang H，Fu M. Consensus for high-order multi-agent systems with communication delay[J]. Science China Information Sciences，2017，60（9）：241-252.

[14]　俞辉，蹇继贵，王永骥. 多智能体时滞网络的加权平均一致性[J]. 控制与决策，2007，22（5）：558-565.

[15]　Xia H，Huang T，Shao J，et al. Group consensus of multi-agent systems with communication delays[J]. Neurocomputing，2016，171（C）：1666-1673.

[16]　王玉振，杜英雪，王强. 多智能体时滞和无时滞网络的加权分组一致性分析[J]. 控制与决策，2015，30（11）：1993-1998.

[17]　He Y，Wang X. Weighted group-consensus of multi-agent systems with bipartite topologies[C]. The 28th Chinese Control and Decision Conference，2016：2368-2372.

[18]　Ren W，Beard R W. Consensus seeking in multiagent systems under dynamically changing interaction topologies[J]. IEEE Transactions on Automatic Control，2005，50（5）：655-661.

第10章 二阶离散时间时延多智能体系统加权一致性

10.1 引　言

在实际工程应用中，多智能体系统通常要受通信代价和通信带宽等因素的限制，智能体只能在离散时间范围内接收信号并进行状态的调整。因此，现实生活中，多智能体系统通常为离散系统，研究离散系统加权一致性问题具有很大的实际意义。本章主要探讨时延影响下二阶离散时间多智能体系统的加权一致性问题。

因为实际工程中离散时间系统应用广泛，所以离散时间情况下，多智能体系统的控制问题也吸引着越来越多科研工作者的关注，至今已取得了非常丰富的研究成果。Chen 等[1]讨论了离散时间情况下，带有切换拓扑结构的二阶系统一致性问题。Zhu 等[2]研究了基于事件驱动的离散时间线性多智能体系统模型的一致性问题，设计了一类基于事件驱动的离散时间多智能体系统一致性控制协议，分析得到了系统实现一致的充分条件。Liu 等[3]基于 Zhu 等[2]的研究成果，分析了异质离散时间多智能体系统模型的一致性问题，同时考虑了固定采样周期和非固定采样周期情况下系统的一致性问题。Long 等[4]分析了带有噪声的离散时间多智能体系统的一致性问题。基于代数图论和 Martingale 收敛理论，同时考虑了固定拓扑、切换拓扑和随机切换拓扑结构下离散时间多智能体系统模型的一致性问题，并得到了系统实现收敛的充分条件。Pei 等[5]研究了时延情况下带有马尔可夫切换拓扑结构的离散系统一致性问题；设计了一类时延反馈控制器，与之前的控制器相比，该控制器可容忍拓扑结构随着时延的变化发生变化，适用性更强。Wang 等[6]讨论了在时间不变拓扑结构下通信噪声对离散时间多智能体系统渐近实现领导-跟随一致的影响，得到离散时延系统收敛的一系列充分条件。Mahmoud 等[7]进一步讨论了带有切换拓扑的离散时间系统渐近实现领导-跟随一致的代数条件。Yi 等[8]讨论了离散时间多智能体系统中一类异质系统一致性问题，构建了一类异质多智能体系统控制协议，依靠非负矩阵论和稳定性理论，分析得到系统收敛的代数条件判据。现实世界中系统时延通常是随时间变化而变化的，Wang 等[9]在文献[8]的基础上讨论了当系统时延具备时变性时，异质离散时间多智能体系统渐近实现一致的代数条件，运用线性矩阵不等式方法分析给出系统收敛到加权一致状态的充分条件。

目前，在离散时间多智能体系统控制领域的众多研究中，关于加权一致性的相关研究成果还较少见。受上述工作内容的启发，本章将离散系统、加权一致性以及时延三要素结合在一起，讨论多智能体系统的一致性问题。

10.2 预 备 知 识

定义 10.1 假设包含 n 个智能体的二阶离散时间多智能体系统 $\begin{cases} x_i(k+1) = x_i(k) + v_i(k) \\ v_i(k+1) = v_i(k) + \mu_i(k) \end{cases}$,

$i = 1, 2, \cdots, n$，对于任意给定的初始状态 $x_i(0), v_i(0)$，$i = 1, 2, \cdots, n$，当系统满足下列条件时，称系统达到了加权一致：

（1）$\lim \| x_i(k) - x_j(k) \| = 0$；

（2）$\lim \| v_i(k) - v_j(k) \| = 0$；

（3）$\lim_{k \to \infty} v_i(k) = \vartheta$；

（4）决策函数 $\vartheta = \sum_{i=1}^{n} b_i v_i(0)$。

10.3　问题描述与分析

针对无向连通图的离散多智能体系统，杨洪勇和张嗣瀛[10]考虑了时延影响下的离散时间多智能体系统问题，提出了一致性控制算法：

$$x_i(t+1) = x_i(t) + \varepsilon \sum_{j \in N_i} e_{ij}(x_j(t-T) - x_i(t-T)), \quad i = 1, 2, \cdots, n \tag{10.1}$$

其中，T 为系统时延。

纪良浩等[11]在系统（10.1）的基础上，针对含有不同输入时延和通信时延影响下离散时间多智能体系统的一致性问题，提出如下控制协议：

$$x_i(t+1) = x_i(t) + \sum_{j \in N_i} a_{ij}(x_j(t-T_{ij}) - x_i(t-T_i)), \quad i = 1, 2, \cdots, n \tag{10.2}$$

其中，T_{ij} 和 T_i 分别表示信息从节点 v_j 传输到节点 v_i 的通信时延和节点 v_i 的输入时延。

Feng 等[12]讨论了时延影响下二阶离散时间多智能体系统的分组一致性问题，提出如下控制协议：

$$\mu_i(k) = \begin{cases} \sum_{j \in N_{1i}} e_{ij}(\alpha(x_j(k) - x_i(k)) + \beta(v_j(k) - v_i(k))) \\ + \sum_{j \in N_{2i}} e_{ij}(\alpha x_j(k) + \beta v_j(k)), \quad \forall i \in L_1 \\ \sum_{j \in N_{2i}} e_{ij}(\alpha(x_j(k) - x_i(k)) + \beta(v_j(k) - v_i(k))) \\ + \sum_{j \in N_{1i}} e_{ij}(\alpha x_j(k) + \beta v_j(k)), \quad \forall i \in L_2 \end{cases} \tag{10.3}$$

其中，α、β 为系统的耦合强度；$x_i(k)$、$v_i(k)$ 和 $\mu_i(k)$ 分别为节点 v_i 在 k 时刻的位移状态、速度状态和控制输入；$L_1 = \{1, 2, \cdots, n\}$、$L_2 = \{n+1, n+2, \cdots, n+m\}$ 为有限下标集；N_{1i} 为节点 v_i 在第一组中的邻居集合；N_{2i} 为节点 v_i 在第二组中的邻居集合。

受上述已有工作的启发，本章提出时延影响下的二阶离散时间多智能体系统加权一致性控制协议如下：

$$\mu_i(t) = \frac{1}{b_i}\left[\alpha \sum_{v_j \in N_i} e_{ij}(x_j(t-T) - x_i(t-T)) + \beta \sum_{v_j \in N_i} e_{ij}(v_j(t-T) - v_i(t-T)) \right] \tag{10.4}$$

考虑如下离散时间多智能体系统：

$$\begin{cases} x_i(t+1) = x_i(t) + \mu_i(t) \\ \mu_i(t) = \dfrac{1}{b_i}\left[\alpha \sum_{v_j \in N_i} e_{ij}(x_j(t-T) - x_i(t-T)) + \beta \sum_{v_j \in N_i} e_{ij}(v_j(t-T) - v_i(t-T)) \right] \end{cases} \tag{10.5}$$

定理 10.1 对于具有有向平衡图拓扑结构的二阶离散时间时延多智能体系统（10.5），

当 $\alpha \sin(\omega_{i0}(2+T)) + (2\alpha + \beta)\sin(\omega_{i0}(1+T)) - (\alpha + 2\beta)\sin(\omega_{i0}T) - \beta\sin(\omega_{i0}(1-T)) > \dfrac{2(1-\cos\omega_{i0})^2}{-d_i}$

时，系统可以实现加权一致。其中，ω_{i0} 为 $H_{i0}(\mathrm{e}^{j\omega})$ 的奈奎斯特曲线和复平面负实轴的第

一个交点，$H_{i0}(\mathrm{e}^{j\omega}) = \sum_{v_j \in N_i} \dfrac{e_{ij}}{b_i} \dfrac{\alpha + \beta(\mathrm{e}^{-j\omega T} - 1)}{(\mathrm{e}^{j\omega} - 1)^2}$，$d_i = \sum_{v_j \in N_i} \dfrac{e_{ij}}{b_i}$，且满足 $\alpha \sin(\omega_{i0}(2+T)) +$

$(2\alpha + \beta)\sin(\omega_{i0}(1+T)) - (\alpha + 2\beta)\sin(\omega_{i0}T) - \beta\sin(\omega_{i0}(1-T)) = 0$。

证明 对系统（10.5）进行 z 变换，可得

$$zX_i(z) = \dfrac{1}{b_i}\left[\alpha \sum_{v_j \in N_i} e_{ij}(x_j(z)z^{-T} - x_i(z)z^{-T}) + \beta \sum_{v_j \in N_i} e_{ij}(v_j(z)z^{-T} - v_i(z)z^{-T}) \right] \tag{10.6}$$

令 $X(z) = (x_1(z), x_2(z), \cdots, x_N(z))^{\mathrm{T}}, V(z) = (v_1(z), v_2(z), \cdots, v_N(z))^{\mathrm{T}}$，可得

$$\begin{cases} (z-1)^2 X(z) = -\alpha L(z)X(z) - \beta L(z)V(z) \\ V(z) = (z-1)x(z) \end{cases} \tag{10.7}$$

通过式（10.7）可得

$$(z-1)^2 x(z) = -\alpha L(z)X(z) - \beta L(z)X(z)(z-1) \tag{10.8}$$

其中

$$L(z) = \begin{cases} -z^{-T}\dfrac{e_{ij}}{b_i}, & i \neq j \\ \sum_{v_j \in N_i} \dfrac{e_{ij}z^{-T}}{b_i}, & i = j \\ 0, & 其他 \end{cases}$$

通过式（10.8）可得系统的特征方程为

$$F(z) = \det((z-1)^2 I + \alpha L(z) + \beta(z-1)L(z)) \tag{10.9}$$

根据稳定性理论，如果系统（10.5）可以实现多智能体系统一致，那么 $F(z)$ 的所有零点要么位于 $z=1$ 的左半开部分，要么在 $z=1$ 处，下面对这两种情况进行详细分析。

（1）当 $z=1$ 时，$\det((z-1)^2 I + \alpha L(z) + \beta(z-1)L(z)) = \det(\alpha L(z)) = 0$，对于矩阵 $L(z) = D - A$，则 $\mathrm{rank}(L(s)) = n-1$，所以，$z=1$ 是 $F(z)$ 的单一特征值。

（2）当 $z \neq 1$ 时，$\det((z-1)^2 I + \alpha L(z) + \beta(z-1)L(z)) = \det(I + H(z))$，由于 $z \neq 1$，所以分析 $G(s)$ 的零点和分析 $F(s)$ 的零点是等价的。其中：

$$H(z) = \frac{\alpha L(z) + \beta(z-1)L(z)}{(z-1)^2} \tag{10.10}$$

令 $z = e^{j\omega}$，根据盖尔圆盘定理，能够得到 $H(e^{j\omega})$ 特征值 $\lambda(H(e^{j\omega})) \in \bigcup H_i$，$i = 1$，$2, \cdots, n$，并且根据奈奎斯特稳定性理论，有且仅有点 $(-1, j0)$ 不被 $H(e^{j\omega})$ 的奈奎斯特曲线包围时，$F(z)$ 的所有零点位于 $z = 1$ 的左半开部分，此时系统可以渐近实现一致。

如果点 $(-a, j0)(a \geq 1)$ 不在某一个圆盘 H_i 中，则有

$$\left| -a - \sum_{v_j \in N_i} \frac{e_{ij}}{b_i} \frac{\alpha + \beta(e^{-j\omega T} - 1)}{(e^{j\omega} - 1)^2} \right| > \left| \sum_{v_j \in N_i} \frac{e_{ij}}{b_i} \frac{\alpha + \beta(e^{-j\omega T} - 1)}{(e^{j\omega} - 1)^2} \right| \tag{10.11}$$

圆盘 H_i 的圆心坐标为

$$H_{i0} = \sum_{v_j \in N_i} \frac{e_{ij}}{b_i} \frac{\alpha + \beta(e^{-j\omega T} - 1)}{(e^{j\omega} - 1)^2} \tag{10.12}$$

令 $\tilde{D}_i = \sum\limits_{v_j \in N_i} \dfrac{e_{ij}}{b_i}$，由式（10.11）可得

$$\left| -a - \tilde{D}_i \frac{\alpha + \beta(e^{j\omega} - 1)}{(e^{j\omega} - 1)^2} \right| > \left| \tilde{D}_i \frac{\alpha + \beta(e^{j\omega} - 1)}{(e^{j\omega} - 1)^2} \right| \tag{10.13}$$

由式（10.13），进一步整理可得

$$\begin{aligned} & a^2 + \tilde{D}_i \frac{\alpha\cos(\omega(2+T)) - (2\alpha + \beta)\cos(\omega(1+T))}{2(1-\cos\omega)^2} \\ & + \tilde{D}_i \frac{(\alpha + 2\beta)\cos(\omega T) + \beta\cos(\omega(1-T))}{2(1-\cos\omega)^2} > 0 \end{aligned} \tag{10.14}$$

根据式（10.13），可设

$$\begin{aligned} f(a) = & a^2 + \tilde{D}_i \frac{\alpha\cos(\omega(2+T)) - (2\alpha + \beta)\cos(\omega(1+T))}{2(1-\cos\omega)^2} \\ & + \tilde{D}_i \frac{(\alpha + 2\beta)\cos(\omega T) + \beta\cos(\omega(1-T))}{2(1-\cos\omega)^2} \end{aligned} \tag{10.15}$$

令 $h(a) = f'(a)$，当下列条件成立且 $a \geq 1$ 时，$f(a) > 0$ 恒成立。

$$\begin{cases} f(1) > 0 \\ h(a) \geq 0 \end{cases} \tag{10.16}$$

当 $f(a) > 0$ 恒成立时，式（10.10）也恒成立，即 $F(z)$ 的所有零点位于 $z = 1$ 的左半开部分，此时系统可以达到稳定状态。

由式（10.16）可得

$$\begin{aligned} & \alpha\sin(\omega(2+T)) + (2\alpha + \beta)\sin(\omega(1+T)) \\ & -(\alpha + 2\beta)\sin(\omega T) - \beta\sin(\omega(1-T)) > \frac{2(1-\cos\omega)^2}{-d_i} \end{aligned} \tag{10.17}$$

由式（10.12），可进一步整理得圆盘中心 $H_{i0}(e^{j\omega})$ 的表达式为

$$\frac{H_{i0}(j\omega)}{\tilde{D}_i} = \frac{\alpha\cos(\omega(2+T)) - (2\alpha+\beta)\cos(\omega(1+T))}{4(1-\cos\omega)^2}$$

$$+ \frac{(\alpha+2\beta)\cos(\omega T) + \beta\cos(\omega(1-T))}{4(1-\cos\omega)^2} + j(\alpha\sin(\omega(2+T))) \qquad (10.18)$$

$$+ j((2\alpha+\beta)\sin(\omega(1+T)) - (\alpha+2\beta)\sin(\omega T) - \beta\sin(\omega(1-T)))$$

圆盘中心 $H_{i0}(e^{j\omega})$ 随着 ω 的改变而改变，假设 ω_{i0} 是 $H_{i0}(e^{j\omega})$ 的奈奎斯特曲线和复平面负实轴的第一个交点，容易知道式（10.19）成立：

$$\alpha\sin(\omega_{i0}(2+T)) + (2\alpha+\beta)\sin(\omega_{i0}(1+T)) - (\alpha+2\beta)\sin(\omega_{i0}T) - \beta\sin(\omega_{i0}(1-T)) = 0 \quad (10.19)$$

即当条件（10.17）和（10.19）同时成立时，系统可渐近实现加权一致。

下面证明加权一致性。

假设系统最终的一致性状态为 $v^* = [c, c, \cdots, c]^T$，$c$ 为常量。为了证明系统能够渐近实现加权一致，下面证明 c 等于决策值 ϑ。

首先令决策值

$$\vartheta = \text{Wave}(v) = \sum_{i=1}^{n} b_i v_i \qquad (10.20)$$

由式（10.20）可得

$$\dot{\vartheta} = \sum_{i=1}^{n} b_i \dot{v}_i = \left[\alpha \sum_{v_j \in N_i} e_{ij}(x_j(t-T) - x_i(t-T)) + \beta \sum_{v_j \in N_i} e_{ij}(v_j(t-T) - v_i(t-T)) \right] \quad (10.21)$$

由定义（10.1）及式（10.21）可得 $\dot{\vartheta} = 0$，即 ϑ 为时间不变量。

由 $\text{Wave}(v)$ 的定义可知：

$$\text{Wave}(v^*) = \sum_{i=1}^{n} b_i c = c \qquad (10.22)$$

由于 ϑ 是时间不变量，可知：

$$\vartheta = c = \text{Wave}(v^*) = \text{Wave}(v(0)) \qquad (10.23)$$

综上可知，系统的任意初始化状态都会收敛到决策值 ϑ，且 $\vartheta = \text{Wave}(v(0))$。

注 10.1 由定理 10.1 可得，离散时间多智能体系统加权一致性不仅和时延有关，还和系统的耦合强度、节点之间的耦合系数有关。

10.4 例子与数值仿真

本节运用仿真实验验证时延情况下二阶离散时间多智能体系统加权一致性理论结果的正确性和有效性。

假设多智能体系统由 5 个智能体组成，并且拓扑结构如图 8.1 所示。

实验 10.1　在本次实验中，首先设置多智能体系统的耦合强度为 $\alpha = 0.01$、$\beta = 0.04$。下面设定不同系统初始化状态，按照如下两种情形进行实验：

（1）设 $x(0) = \{40,55,75,60,80\}$、$v(0) = \{4,5,20,10,20\}$、$b_1 = 0.25$、$b_2 = 0.2$、$b_3 = 0.1$、$b_4 = 0.3$、$b_5 = 0.15$、$T = 0.5\text{s}$，按照定理 10.1 的代数条件判据，将参数代入定理 10.1 的代数条件中，最终验证参数符合本章的理论结果。通过决策函数，可得最终的决策值为

$$\vartheta = \text{Wave}(v(0)) = \sum_{i=1}^{n} b_i v_i(0) = 10$$

。图 10.1 显示了在上述实验条件下系统最终可渐近实现加权一致。

（2）重新设定 $x(0) = \{40,55,75,60,80\}$、$v(0) = \{20,25,10,10,40\}$、$b_1 = 0.25$、$b_2 = 0.2$、$b_3 = 0.3$、$b_4 = 0.1$、$b_5 = 0.15$、$T = 0.5\text{s}$，同样可验证参数满足定理 10.1 中的代数条件判据。通过决策函数可得系统的最终收敛状态为 $\vartheta = \text{Wave}(v(0)) = \sum_{i=1}^{n} b_i v_i(0) = 20$。图 10.2 显示了在本次实验条件下系统可实现加权一致。

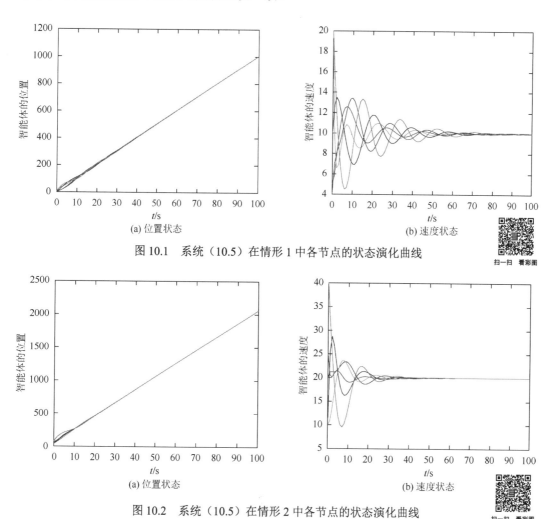

(a) 位置状态　　　　　　　　(b) 速度状态

图 10.1　系统（10.5）在情形 1 中各节点的状态演化曲线

(a) 位置状态　　　　　　　　(b) 速度状态

图 10.2　系统（10.5）在情形 2 中各节点的状态演化曲线

实验 10.1 验证了在本章所提的控制协议作用下，不论系统的初始化状态为多少，二阶连续时间多智能体系统均可渐近实现加权一致。

实验 10.2　重设 $x(0) = \{40, 55, 75, 60, 80\}$、$v(0) = \{20, 25, 10, 10, 40\}$、$b_1 = 0.25$、$b_2 = 0.2$、$b_3 = 0.3$、$b_4 = 0.1$、$b_5 = 0.15$、$\alpha = 0.05$、$\beta = 0.06$、$T = 0.6\mathrm{s}$，将各参数代入定理 10.1 的代数条件中，最终验证参数不满足定理中的代数条件。图 10.3 显示了本次仿真实验中系统不能实现一致。

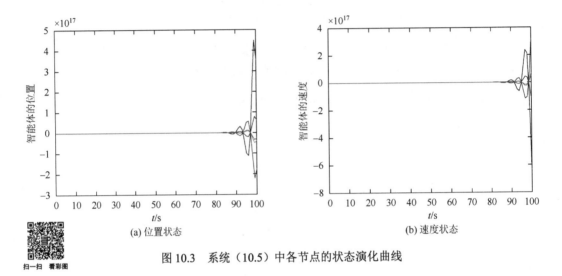

(a) 位置状态　　　　　　　　　　　(b) 速度状态

图 10.3　系统（10.5）中各节点的状态演化曲线

实验 10.2 验证了当系统的初始化参数不满足定理 10.1 的代数条件时，系统不能实现加权一致。

综上，仿真实验验证了系统在满足定理 10.1 中的代数条件时，可保证系统实现加权一致，否则不能保证系统实现加权一致。

10.5　本　章　小　结

本章分析了时延影响下二阶离散时间多智能体系统渐近实现加权一致的问题，探讨了时延对该系统动态性能的影响。受相关工作的启发，本章首先设计了时延影响下的二阶离散时间多智能体系统加权一致性控制协议，分析并给出了系统渐近实现加权一致的代数条件。最后通过仿真实验验证了理论分析所得结论的正确性和有效性。

参 考 文 献

[1]　Chen Y，Lu J，Yu X，et al. Consensus of second order discrete-time multi-agent systems with switching topology[C]. Control Conference，2011：5981-5986.

[2]　Zhu W，Jiang Z，Feng G. Event-based consensus of multi-agent systems with general linear models[J]. Automatica，2014，50（2）：552-558.

[3]　Liu K，Ji Z，Xie G，et al. Consensus for heterogeneous multi-agent systems under fixed and switching topologies[J]. Journal of the Franklin Institute，2015，352（9）：3670-3683.

[4]　Long Y，Liu S，Xie L. Distributed consensus of discrete-time multi-agent systems with multiplicative noises[J]. International Journal of Robust and Nonlinear Control，2015，25（16）：3113-3131.

[5]　Pei Y，Sun J. Consensus of discrete-time linear multi-agent systems with Markov switching topologies and time-delay[J]. Neurocomputing，2015，151（2）：776-781.

[6]　Wang Y P，Cheng L，Wang H M，et al. Leader-following consensus of discrete-time linear multi-agent systems with communication noises[C]. Control Conference，2015：7010-7015.

[7]　Mahmoud M S，Khan G D. Leader-following discrete consensus control of multi-agent systems with fixed and switching topologies[J]. Journal of the Franklin Institute，2015，352（6）：2504-2525.

[8]　Yi J，Zhang G，Zhang S，et al. Consensus analysis for a class of discrete-time heterogeneous multi-agent system in directed topology [J]. Journal of Systems Engineering and Electronics，2015，37（3）：693-699.

[9]　Wang B，Sun Y. Consensus analysis of heterogeneous multi-agent systems with time-varying delay[J]. Entropy，2015，17（6）：3631-3644.

[10]　杨洪勇，张嗣瀛. 离散时间系统的多智能体的一致性[J]. 控制与决策，2009，24（3）：413-416.

[11]　Ji L，Liao X. Consensus problesm of first-order dynamic multi-agent systems with multiple time delays[J]. Chinese Physics B，2013，22（4）：040203.

[12]　Feng Y，Lu J，Xu S，et al. Couple-group consensus for multi-agent networks of agents with discrete-time second-order dynamics[J]. Journal of the Franklin Institute，2013，350（10）：3277-3292.

第11章　连续时间多智能体系统牵制一致性

11.1　引　言

多智能体系统一致性是分布式协同控制领域的一个典型问题,旨在设计合适的协议和控制策略,使整个系统达到稳定状态。多智能体系统的一致性问题在各个领域都有着广泛的应用,因而备受关注。到目前为止,已经有大量关于多智能体系统一致性问题的研究成果被报道,如文献[1]~[10]及其相应的参考文献等。

在实际应用中,随着多智能体系统规模的不断扩大,难免考虑到控制成本的问题。针对大规模系统,如何在控制成本的前提下保证高效的多智能体控制,引入牵制控制的策略显得极为重要。牵制控制是指通过对多智能体系统中一些关键节点施加牵制,从而达到控制整个网络的目的。迄今为止,已有大量关于牵制一致和同步的相关研究。例如,文献[11]的研究结果表明,当耦合强度足够大时,拓扑结构为无向图或含有有向生成树的有向图,通过牵制单个节点可以实现系统同步。Yu 等[12]研究了一类复杂动态网络的牵制一致性问题,并给出了确保网络渐近实现牵制一致的条件判据。研究结果表明:通过自适应地调整耦合强度,多智能体系统可以在任何线性反馈牵制方案下实现一致。此外,针对具有固定结构和耦合强度的网络设计了一些有效的牵制方案,该牵制方案指出当耦合强度非常小时,入度低的节点首先选择被牵制,这与普遍认为入度最高的节点应该优先被选择牵制的观点相反。文献[13]提出了拓扑结构为无向图的多智能体系统牵制一致性的相关准则。随后,Chen 等[14]讨论了线性和非线性耦合多智能体系统牵制一致性问题,并提出如何自适应地找到合适的耦合强度,来保证多智能体系统渐近实现牵制一致。文献[15]分析讨论了如何降低星型网络的控制成本问题。文献[16]给出了拓扑结构是有向图和无向图复杂网络达到全局同步的牵制策略。文献[17]研究了拓扑结构为无向图或者强连通图的多智能体系统的牵制一致性问题。文献[18]给出了拓扑结构包含生成树的复杂网络的牵制可控性分析。文献[19]研究了具有时变通信时延和切换拓扑的二阶离散多智能体系统的一致性问题,结果表明如果拓扑结构为包含有向生成树的有向图,则多智能体系统能实现渐近一致。文献[20]研究了通过单个脉冲控制器来控制多智能体系统的一致性问题。文献[21]通过使用 M 矩阵,考虑了具有领航者的多智能体系统的一致性问题。同时,Liu 等还指出当更多智能体被牵制或增加控制增益时,系统可能更容易实现牵制一致。文献[22]通过自适应牵制控制,研究了具有领航者的二阶多智能体系统的一致性问题,同时解决了什么样的节点和多少个节点应该被牵制的问题。结果表明,不受任何其他智能体影响的智能体必须被牵制。此外,根据每个智能体的差异,Li 等还给出了自适应的牵制方案来选择牵制节点。文献[23]研究了基于拓扑结构为强连通图并且存在传输和牵制时延的多智能体系统的一致性问题。Li[24]通过使用自适应牵制间歇控制方法,讨论了在时延影响下带有领航者与跟随者的多智能体系统的同步问题。作者研究发现，为了实现系统的同步，需要牵制每个分组的根节点。此外，满足所提出的限制条件的节点也可以根据节点的出度和入度来选择。Hu 等[25]通过自适应和牵制控制的方法研究了异构二阶多智能体系统的一致性问题。此外，文献[26]～[32]也分别针对多智能体系统的牵制同步问题开展了相关研究。

基于上述相关研究工作，不难发现文献[11]～[20]、[23]、[26]、[27]及[30]中均存在一些保守的假设条件。这些假设意味着网络拥有特殊的拓扑结构，如无向图、强连接或包含有向生成树等。另外，正如人们所知，随着网络规模的不断扩大，计算和验证系统的控制增益是非常困难的，因此引入自适应的控制策略显得尤为重要。

受相关研究工作的启发，本章讨论连续时间多智能体系统的牵制一致性问题。

11.2　预 备 知 识

本节针对研究内容先介绍几个定义与引理。

考虑包含 N 个智能体的一阶连续多智能体系统，其动力学方程如式（11.1）所示：

$$\dot{x}_i(t) = u_i(t), \quad u_i(t) = \sum_{j=1}^{N} a_{ij}(x_j(t) - x_i(t)), \quad i = 1, 2, \cdots, N \tag{11.1}$$

其中，$x_i(t) \in \mathbb{R}^n$、$u_i(t) \in \mathbb{R}^n$ 分别表示在 t 时刻第 i 个节点的位置状态和控制输入。不失一般性，本章只讨论当 $n = 1$ 即 $x_i(t) \in \mathbb{R}$、$u_i(t) \in \mathbb{R}$ 的情形。当 $n > 1$ 时，可以利用 Kronecker 算子对相应结论进行扩展。

根据 $L = D - A$，式（11.1）可改写为如下矩阵形式：

$$\dot{x}(t) = -Lx(t) \tag{11.2}$$

其中，$\dot{x}(t) = (x_1(t), x_2(t), \cdots, x_n(t))^{\mathrm{T}}$，矩阵 L 为系统的拉普拉斯矩阵且有 $L = (l_{ij}) = \begin{cases} -a_{ij}, & i \neq j \\ \sum\limits_{j=1}^{n} a_{ij}, & i = j \end{cases}$。

定义 11.1　考虑一阶多智能体系统（11.1），对于 $\forall i, j = 1, 2, \cdots, n$，当且仅当对于任意给定的初始状态，$\lim\limits_{t \to +\infty} \| x_i(t) - x_j(t) \| = 0$ 均满足时，称系统（11.1）能渐近实现一致。

定义 11.2[33]　对于非奇异矩阵 $A = (a_{ij}) \in \mathbb{R}^{N \times N}$，当如下两个条件均满足时，称矩阵 A 称为 M 矩阵：

（1）$a_{ij} < 0, \ i \neq j$；

（2）矩阵 A 的逆矩阵 A^{-1} 的所有元素都为非负。

引理 11.1[33]　对于非奇异矩阵 $A = (a_{ij}) \in \mathbb{R}^{N \times N}$，如果 $a_{ij} \leqslant 0, \ i \neq j$，则以下结论均等价：

（1）矩阵 A 为 M 矩阵；

（2）矩阵 A 所有的特征值均具有正实部；

（3）存在一正定的对角矩阵 $\Xi = \{\varsigma_1, \varsigma_2, \cdots, \varsigma_N\}$，使得 $\Xi A + A^{\mathrm{T}} \Xi$ 也是正定矩阵，即 $(\Xi A)_s > 0$。

引理 11.2[33]　对于具有可兼容维度的矩阵 A、B、C、D，有以下等式成立：

（1）$(A \otimes B)^{\mathrm{T}} = A^{\mathrm{T}} \otimes B^{\mathrm{T}}$；

（2）$(A+B)\otimes C = A\otimes C + B\otimes C$；

（3）$(A\otimes B)(C\otimes D) = (AC)\otimes(BD)$。

11.3　问题描述与分析

本节分别讨论基于自适应和牵制策略的一阶连续时间系统的牵制一致性问题，并分析给出系统收敛一致的条件判据以及相应的牵制控制策略。

考虑包含 N 个节点的一阶连续时间多智能体系统，且系统各节点的动力学方程如下：

$$\dot{x}_i(t) = c\sum_{j=1}^{N} G_{ij}\Gamma(x_j(t) - x_i(t)), \quad i = 1,2,\cdots,N \tag{11.3}$$

其中，$x_i(t)$ 为第 i 个节点在 t 时刻的状态；$c>0$ 为耦合强度；$\Gamma\in\mathbb{R}^{n\times n}$ 为内部耦合矩阵且 $\Gamma>0$；G_{ij} 为邻接矩阵 $G\in\mathbb{R}^{N\times N}$ 的相应元素。

为了使系统（11.3）实现牵制一致控制，需要选择网络中的部分节点对其实施牵制控制，从而达到控制整个网络的目的。因此，系统的动力学方程可以描述为

$$\dot{x}_i(t) = c\sum_{j=1}^{N} G_{ij}\Gamma(x_j(t) - x_i(t)) + u_i(t), \quad i = 1,2,\cdots,N \tag{11.4}$$

$$u_i(t) = -cd_i\Gamma(x_i(t) - x^*), \quad i = 1,2,\cdots,N \tag{11.5}$$

其中，$u_i(t)\in\mathbb{R}^n$ 为线性反馈控制器，控制增益 d_i 定义如下：如果节点 v_i 被选择作为牵制节点，则 $d_i>0$，否则 $d_i=0$。$x^*\in\mathbb{R}^n$ 为实施牵制控制后系统所期望的系数平衡状态值。

定义如下误差系统：

$$e_i(t) = x_i(t) - x^*, \quad i = 1,2,\cdots,N \tag{11.6}$$

通过定义 11.1，可以看出使系统（11.4）实现牵制一致的条件是 $\lim_{t\to+\infty}\|e_i(t)\|=0$，$i=1,2,\cdots,N$。

由式（11.4）~式（11.6）可知：

$$\dot{e}_i(t) = c\sum_{j=1}^{N} G_{ij}\Gamma(e_j(t) - e_i(t)) - cd_i\Gamma e_i(t), \quad i = 1,2,\cdots,N \tag{11.7}$$

根据拉普拉斯矩阵定义，式（11.7）可以写成如下形式：

$$\dot{e}_i(t) = -c\sum_{j=1}^{N} l_{ij}\Gamma e_j(t) - cd_i\Gamma e_i(t), \quad i = 1,2,\cdots,N \tag{11.8}$$

设 $e(t) = [e_1^{\mathrm{T}}(t), e_2^{\mathrm{T}}(t),\cdots, e_N^{\mathrm{T}}(t)]^{\mathrm{T}}$，通过引理 11.2，可将式（11.8）改写成如下形式：

$$\dot{e}(t) = -c(L+D)\otimes\Gamma e(t) \tag{11.9}$$

考虑以下自适应控制增益协议：

$$\dot{d}_i = (x_i(t) - x^*)^{\mathrm{T}}\Gamma(x_i(t) - x^*), \quad i = 1,2,\cdots,N \tag{11.10}$$

根据式（11.6），可将式（11.10）改成如下形式：

$$\dot{d}_i = e_i(t)^{\mathrm{T}}\Gamma e_i(t), \quad i = 1,2,\cdots,N \tag{11.11}$$

定理 11.1　对于包含 N 个多智能体的一阶连续多智能体系统（11.4），假设系统具有

一般连通拓扑结构，如果 $-c(L+\hat{D})_s < 0$ 成立，则系统（11.4）能渐近实现牵制一致。其中 L 为系统的拉普拉斯矩阵，$\hat{D} = \mathrm{diag}\{\hat{d}_1, \hat{d}_2, \cdots, \hat{d}_N\}$ 为对角矩阵，如果节点 v_i 被选择牵制，则 $\hat{d}_i > 0$，否则 $\hat{d}_i = 0$。

证明　基于 Lyapunov 稳定性理论，定义系统（11.4）的 Lyapunov 候选函数如下：

$$V(t) = \frac{1}{2} e_i^{\mathrm{T}}(t) e_i(t) + \frac{c}{2}(d_i - \hat{d}_i)^2, \quad i = 1, 2, \cdots, N \tag{11.12}$$

由式（11.12）可知：

$$\dot{V}(t) = e_i^{\mathrm{T}}(t)\dot{e}_i(t) + c(d_i - \hat{d}_i)\dot{d}_i, \quad i = 1, 2, \cdots, N \tag{11.13}$$

由式（11.9）和式（11.11）可以得到

$$\begin{aligned}
\dot{V}(t) &= e_i^{\mathrm{T}}(t)\dot{e}_i(t) + c(d_i - \hat{d}_i)\dot{d}_i \\
&= e_i^{\mathrm{T}}(t)(-c(L+D) \otimes \Gamma)e_i(t) \\
&\quad + c(d_i - \hat{d}_i)e_i^{\mathrm{T}}(t)\Gamma e_i(t), \quad i = 1, 2, \cdots, N
\end{aligned} \tag{11.14}$$

由引理 11.2，可将式（11.14）写成如下矩阵形式：

$$\begin{aligned}
\dot{V}(t) &= e^{\mathrm{T}}(t)(-c(L+\hat{D}) \otimes \Gamma)e(t) \\
&= e^{\mathrm{T}}(t)(-c(L+\hat{D})_s \otimes \Gamma)e(t)
\end{aligned} \tag{11.15}$$

对于 $\Gamma > 0$，如果 $-c(L+\hat{D})_s < 0$，那么有 $\dot{V}(t) < 0$。基于 Lyapunov 稳定性理论有 $\lim\limits_{t \to +\infty} \| e_i(t) \| = 0$，$i = 1, 2, \cdots, N$ 成立。因此，系统（11.4）可以渐近实现牵制一致。证毕。

注 11.1　定理 11.1 的结论给出了一个一般准则来保证具有一般连通拓扑的系统（11.4）渐近实现牵制一致。然而，随着网络规模的扩大，计算工作量变得越来越具有挑战性，同时牵制节点的选择也相当困难，接下来，我们将继续深入讨论这些问题。

定理 11.2　对于包含 N 个多智能体的一阶连续多智能体系统（11.4），假设系统具有一般连通拓扑结构，如果 $L + \hat{D}$ 是 M 矩阵，则系统（11.4）能渐近实现牵制一致。其中，其中 L 为系统的拉普拉斯矩阵，$\hat{D} = \mathrm{diag}\{\hat{d}_1, \hat{d}_2, \cdots, \hat{d}_N\}$ 为对角矩阵，如果节点 v_i 被选择牵制，则 $\hat{d}_i > 0$，否则 $\hat{d}_i = 0$。

证明　如果矩阵 $L + \hat{D}$ 是 M 矩阵，由引理 11.1，可以得到 $(L+\hat{D})_s > 0$。因 Γ 是一正定对角矩阵，所以根据式（11.15），可知 $\dot{V}(t) < 0$。由 Lyapunov 稳定性理论可知，系统（11.4）能够渐近实现一致。证毕。

注 11.2　从定义 11.2 可以看出，当 $a_{ij} < 0$ 时，定理 11.2 中的结论不适用。这将是未来需要进一步研究的问题之一。

推论 11.1　对于包含 N 个多智能体且具有一般连通拓扑的一阶连续多智能体系统（11.4），当如下条件满足时，系统能够渐近实现牵制一致：

（1）矩阵 $L + \hat{D}$ 为非奇异矩阵；

（2）$\mathrm{Re}(\lambda_i(L+\hat{D})) > 0$，$i = 1, 2, \cdots, N$。

根据引理 11.1，由于证明过程与定理 11.2 的证明过程相同。限于篇幅，这里省略了相关的证明细节。

11.4　牵　制　策　略

在多智能体系统牵制控制中，有两个基本的问题需要关注：如何选择以及应该选择多少个节点来实施牵制，这两个问题是保证多智能体系统实现渐近一致的关键因素。目前针对这些基本问题的相关研究已经取得不错的进展。如在文献[33]中，研究结果表明，无向拓扑的系统可以通过随机牵制或选择高连通度的节点选择牵制，使得多智能体系统达到牵制一致。这个结论与文献[15]中给出的结论不同，如果将入度小的节点选择牵制，那么可以实现较低的控制成本。在文献[34]中，研究结果指出可以通过牵制系统拓扑中生成树的根节点从而实现多智能体系统渐近达到牵制一致的目的。同时，文献[16]、[18]、[35]及[36]的研究结果表明，优先选择牵制出度大于入度的节点，能保证多智能体系统渐近实现牵制一致。文献[21]、[22]及[24]中，研究结果表明，根节点（不能被其他节点影响）应该被牵制，并且节点也应该根据度差（出度和入度之差）选择自适应牵制方案。文献[37]的研究结果表明，同时选择牵制入度为零的内部节点以及与其他分组中节点存在交互的外部节点，能够保证多智能体系统渐近实现牵制一致。文献[38]研究结果指出，当选择牵制一个耦合强度小的节点时，可实现二阶多智能体系统的牵制一致。

因此，受上述相关研究工作的启发，基于系统中的节点连通度以及 11.3 节的研究结果，给出如下分步的综合牵制策略。

（1）入度为零的节点必须被选择牵制，这样可以保证矩阵 $L + \hat{D}$ 是非奇异的。根据前面定理的结论可知，这个关键的步骤能确保多智能体系统实现一致。

（2）如果节点的出度大于入度，则该节点可优先被选择牵制。在（1）的基础上增加牵制该类节点，可以提高系统的收敛速度，但是这类节点是否被选择牵制不会影响系统的收敛性能。

（3）根据具体情况并结合应用的需要，可以随机牵制系统中的其他节点，以提高系统的收敛速度。

注 11.3　根据定理 11.1 和定理 11.2，不难发现随机选择节点的牵制方案不能充分保证系统实现牵制一致。同时，已有的相关研究工作所给出的牵制策略都可以看成本章提出策略的一个特例。一般来说，越多节点被牵制，网络收敛越快。但事实上，这个规则并不总是成立的。这一点可以在 11.5 节的例子和仿真实验中得到验证。同时，控制成本与系统收敛速度之间的平衡问题，在牵制控制中也是一个重要的考虑因素。

11.5　例子与数值仿真

本节通过具体的实例进行仿真实验，验证本章提出定理和所得结论的正确性。

实验 11.1　假设系统（11.4）包含 8 个节点，分别是 v_1、v_2、v_3、v_4、v_5、v_6、v_7、v_8，拓扑结构如图 11.1 所示。显然，多智能体系统（11.4）的拓扑结构既不对称，也不包含有向生成树。节点 v_1 和 v_4 是入度为零的节点，节点 v_3 和 v_8 的入度均等于其出度，与节点 v_2（出度大于入度的节点）不同，节点 v_5、v_6 和 v_7 的入度均大于出度。

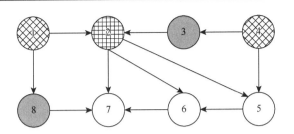

图 11.1　多智能体系统（11.4）的拓扑结构

实验中，方便起见，设置 $a_{ij} = 1$，$i \neq j$，$c = 1$，$\Gamma = 1$，且不失一般性，在区间[0，20] 随机产生各节点位置状态值。此外，假设期望的平衡点状态值 $x^* = 6$，即目标是牵制多智 能体系统（11.4）中的所有节点达到期望的状态 6。

通过式（11.10），很容易获得如图 11.2 所示的控制增益的动态演化曲线。可知各控 制增益的值分别如下：$\hat{d}_1 = 2.896$，$\hat{d}_2 = 0.9884$，$\hat{d}_3 = 2.428$，$\hat{d}_4 = 5.594$，$\hat{d}_5 = 8.113$，$\hat{d}_6 = 1.474$，$\hat{d}_7 = 10.49$，$\hat{d}_8 = 9.316$。

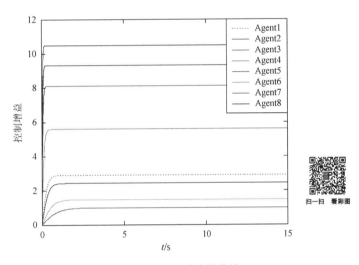

图 11.2　自适应控制增益演化曲线

根据图 11.1 可知，一阶系统（11.4）的邻接矩阵、拉普拉斯矩阵以及矩阵 $L + \hat{D}$ 分别 如下：

$$A = \begin{bmatrix} 0 & 0 & 0 & 0 & 0 & 0 & 0 & 0 \\ 1 & 0 & 1 & 0 & 0 & 0 & 0 & 0 \\ 0 & 0 & 0 & 1 & 0 & 0 & 0 & 0 \\ 0 & 0 & 0 & 0 & 0 & 0 & 0 & 0 \\ 0 & 1 & 0 & 1 & 0 & 0 & 0 & 0 \\ 0 & 1 & 0 & 0 & 1 & 0 & 0 & 0 \\ 0 & 1 & 0 & 0 & 0 & 1 & 0 & 1 \\ 1 & 0 & 0 & 0 & 0 & 0 & 0 & 0 \end{bmatrix}$$

$$L = D - A = \begin{bmatrix} 0 & 0 & 0 & 0 & 0 & 0 & 0 & 0 \\ -1 & 2 & -1 & 0 & 0 & 0 & 0 & 0 \\ 0 & 0 & 1 & -1 & 0 & 0 & 0 & 0 \\ 0 & 0 & 0 & 0 & 0 & 0 & 0 & 0 \\ 0 & -1 & 0 & -1 & 2 & 0 & 0 & 0 \\ 0 & -1 & 0 & 0 & -1 & 2 & 0 & 0 \\ 0 & -1 & 0 & 0 & 0 & -1 & 3 & -1 \\ -1 & 0 & 0 & 0 & 0 & 0 & 0 & 2 \end{bmatrix}$$

$$L + \hat{D} = \begin{bmatrix} 2.896 & 0 & 0 & 0 & 0 & 0 & 0 & 0 \\ -1 & 2.9884 & -1 & 0 & 0 & 0 & 0 & 0 \\ 0 & 0 & 3.428 & -1 & 0 & 0 & 0 & 0 \\ 0 & 0 & 0 & 5.594 & 0 & 0 & 0 & 0 \\ 0 & -1 & 0 & -1 & 10.113 & 0 & 0 & 0 \\ 0 & -1 & 0 & 0 & -1 & 3.474 & 0 & 0 \\ 0 & -1 & 0 & 0 & 0 & -1 & 13.49 & -1 \\ -1 & 0 & 0 & 0 & 0 & 0 & 0 & 11.316 \end{bmatrix}$$

通过简单的计算，可以得到矩阵 $L + \hat{D}$ 的特征值分别为 13.4900、11.3160、10.1130、5.5940、3.4740、3.4280、2.9884、2.8960。此外，很容易验证 $L + \hat{D}$ 是 M 矩阵，所以定理 11.1、定理 11.2 和推论 11.1 的条件均满足。

接下来，通过不同的实验来验证理论分析所得结论的准确性和有效性，仿真结果分别如图 11.3～图 11.9 所示。

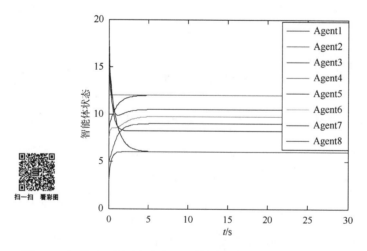

图 11.3　仅节点 v_1 被选择牵制，多智能体系统（11.4）中各智能体的状态轨迹

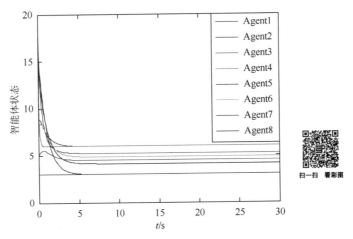

图 11.4　仅节点 v_4 被选择牵制，多智能体系统（11.4）中各智能体的状态轨迹

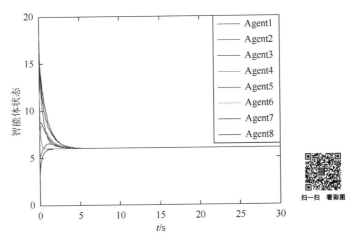

图 11.5　节点 v_1 和 v_4 被选择牵制，多智能体系统（11.4）中各智能体的状态轨迹

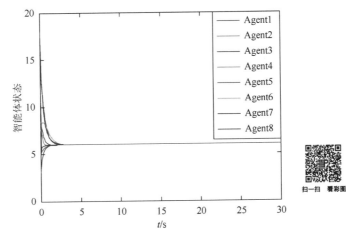

图 11.6　节点 v_1、v_3、v_4、v_8 被选择牵制，多智能体系统（11.4）中各智能体的状态轨迹

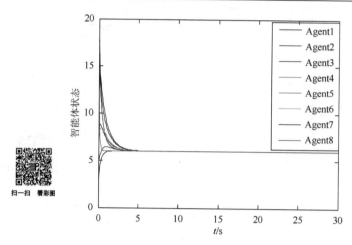

图 11.7　节点 v_1、v_2、v_4 被选择牵制，多智能体系统（11.4）中各智能体的状态轨迹

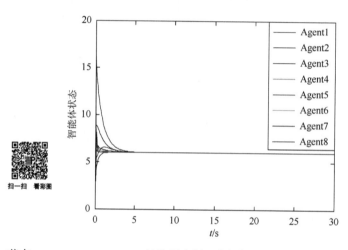

图 11.8　节点 v_1、v_4、v_5、v_6、v_7 被选择牵制，多智能体系统（11.4）中各智能体的状态轨迹

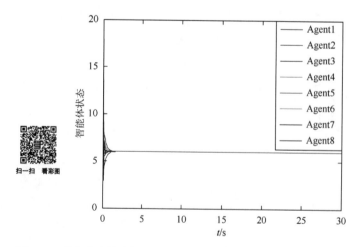

图 11.9　所有节点被选择牵制，多智能体系统（11.4）中各智能体的状态轨迹

从图 11.3～图 11.5 所示的结果可以发现，如果入度为零的节点 v_1 和 v_4 没有被选择牵制，则系统（11.4）不能实现牵制一致。实验的结果进一步验证了理论分析所得结论的正确性。同时，从图 11.5～图 11.9 可以看出，当出度大于入度的节点 v_2 被施加牵制时，可提高系统的收敛速度。此外，牵制节点越多，系统收敛速度越快并不总是成立。也就是说，更高的控制成本并不意味着会有更好的收敛性能。由此可以说明节点的连通性对提高系统的收敛速度起着关键的作用。接下来进行了一系列比较实验，结果如表 11.1 所示，实验结果可以进一步验证本章所提牵制方案的有效性。

表 11.1　选择节点与收敛时间的结果

序号	选择节点	收敛时间/s	序号	选择节点	收敛时间/s
1	1，4	9.2	13	1，7，4	6.9
2	1，2，4	5.8	14	1，2，7，4	4.5
3	1，3，4	9.2	15	1，5，6，4	8.5
4	1，2，3，4	5.8	16	1，2，5，6，4	4.4
5	1，8，4	7	17	1，5，7，4	6.5
6	1，2，8，4	4.1	18	1，2，5，7，4	4.1
7	1，3，8，4	7	19	1，6，7，4	6.4
8	1，2，3，8，4	4.1	20	1，2，6，7，4	4.3
9	1，5，4	8.9	21	1，5，6，7，4	6.2
10	1，2，5，4	4	22	1，2，5，6，7，4	4.2
11	1，6，4	8.7	23	所有节点	2.4
12	1，2，6，4	5.1	24	除节点2的其他节点	4

对于多智能体系统（11.4），其拓扑结构如图 11.1 所示，易知节点 v_1、v_4 的入度为零，系统拓扑所对应的拉普拉斯矩阵如下：

$$L = D - A = \begin{bmatrix} 0 & 0 & 0 & 0 & 0 & 0 & 0 & 0 \\ -1 & 2 & -1 & 0 & 0 & 0 & 0 & 0 \\ 0 & 0 & 1 & -1 & 0 & 0 & 0 & 0 \\ 0 & 0 & 0 & 0 & 0 & 0 & 0 & 0 \\ 0 & -1 & 0 & -1 & 2 & 0 & 0 & 0 \\ 0 & -1 & 0 & 0 & -1 & 2 & 0 & 0 \\ 0 & -1 & 0 & 0 & 0 & -1 & 2 & -1 \\ -1 & 0 & 0 & 0 & 0 & 0 & 0 & 2 \end{bmatrix}$$

如果节点 v_1、v_4 不被选择牵制，则不能保证矩阵 $L + \hat{D}$ 非奇异，根据定理 11.2 的结论可知，此时系统（11.4）不能渐近实现牵制一致。

假设网络中节点 v_i（$i = 1, 2, \cdots, N$）为入度为零的节点，根据定理 11.2 的结论可知，为了保证矩阵 $L + \hat{D}$ 非奇异，节点 v_i 需要选择被牵制以此来保证系统实现牵制一致。接下来给出一个反例来验证此种情况，节点 v_1、v_4 不被选择牵制，其他条件同实验 11.1。系统（11.4）中各智能体的状态如图 11.10 所示。实验结果表明，各智能体状态无法收敛到期望的状态值 6。

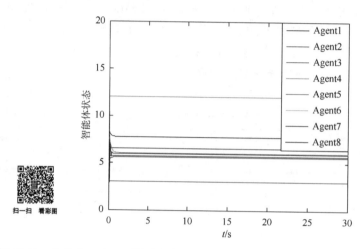

图 11.10　仅节点 v_1 和 v_4 不被选择牵制，多智能体系统（11.4）中各智能体的状态轨迹

11.6　本 章 小 结

本章讨论了具有一般连通拓扑结构的连续时间多智能体系统的牵制一致性问题，并分析给出了系统实现一致的条件判据。利用 M 矩阵的属性以及节点的连通性，提出了一种新颖的牵制控制策略。研究发现，系统中入度为零的节点必须被选择牵制，以保证系统的收敛性能；出度大于入度的节点可优先额外被选择牵制，以提高系统的收敛速度。同时，在平衡控制成本的前提下，还可以选择牵制系统中其他类型的节点，其优先顺序为：出度等于入度的节点、出度小于入度的节点。同时，通过大量的系统仿真实验，还发现一个有趣的现象：并不是选择牵制的节点数越多，系统的收敛速度越快。这一现象与传统的认识并不一样。也就是说，在实际的工程应用领域，即使不计成本地对每一个节点进行牵制控制，也不会得到最优的控制效果。这也正体现了牵制控制以及牵制控制策略的重要性。

参 考 文 献

[1]　Olfati-Saber R，Murray R M. Consensus problems in networks of agents with switching topology and time-delays[J]. IEEE Transactions on Automatic Control，2004，49（9）：1520-1533.

[2]　Ren W，Beard R W. Consensus seeking in multi-agent systems under dynamically changing interaction topologies[J]. IEEE Transactions on Automatic Control，2005，50（5）：655-661.

[3]　Xiao F，Wang L. Asynchronous consensus in continuous-time multi-agent systems with switching topology and time-varying delays[J]. IEEE Transactions on Automatic Control，2008，53（8）：1804-1816.

[4]　Zhang Y，Tian Y. Consentability and protocol design of multi-agent systems with stochastic switching topology[J]. Automatica，2009，45（5）：1195-1201.

[5]　Yu W，Chen G，Cao M. Some necessary and sufficient conditions for second-order consensus in multi-agent dynamical systems[J]. Automatica，2010，46（6）：1089-1095.

[6]　Lin P，Jia Y. Consensus of a class of second-order multi-agent systems with time-delay and jointly-connected topologies[J]. IEEE Transactions on Automatic Control，2010，55（3）：778-784.

[7]　Yu W，Zheng W，Chen G，et al. Second-order consensus in multi-agent dynamical systems with sampled position data[J]. Automatica，2011，47（7）：1496-1503.

[8]　Ji L，Liu Q，Liao X. On reaching group consensus for linearly coupled multi-agent networks[J]. Information Sciences，2014，287：1-12.

[9]　Wang H，Liao X，Huang T，et al. Distributed parameter estimation in unreliable WSNS：Quantized communication and asynchronous intermittent observation[J]. Information Sciences，2015，309：11-25.

[10]　Li H，Liao X，Huang T，et al. Second-order global consensus in multi-agent networks with random directional link failure[J]. IEEE Transactions on Neural Networks & Learning Systems，2015，26（3）：565-575.

[11]　Chen T，Liu X，Lu W. Pinning complex networks by a single controller[J]. IEEE Transactions on Circuits & Systems，2007，54（6）：1317-1326.

[12]　Yu W，Chen G，Lu J. On pinning synchronization of complex dynamical networks[J]. Automatica，2009，45（2）：429-435.

[13]　Zhou J，Wu X，Yu W，et al. Pinning synchronization of delayed neural networks[J]. Chaos An Interdisciplinary Journal of Nonlinear Science，2008，18（4）：377.

[14]　Chen F，Chen Z，Xiang L，et al. Reaching a consensus via pinning control[J]. Automatica，2009，45（5）：1215-1220.

[15]　Zhou X，Feng H，Feng J，et al. On synchronization of pinning-controlled networks with reducible and asymmetric coupling matrix[J]. Communications and Network，2011，3（2）：118-126.

[16]　Song Q，Cao J. On pinning synchronization of directed and undirected dynamical networks[J]. IEEE Transactions on Circuits and Systems，2010，57（3）：672-680.

[17]　Mahdavi N，Menhaj M B，Kurths J，et al. Pinning impulsive synchronization of complex dynamical networks[J]. International Journal of Bifurcation and Chaos，2012，22（10）：1250239.

[18]　Song Q，Liu F，Cao J，et al. Pinning-controllability analysis of complex networks：An M-matrix approach[J]. IEEE Transactions on Circuits and Systems，2012，59（11）：2692-2701.

[19]　Qin J，Gao H. A sufficient condition for convergence of sampled-data consensus for double-integrator dynamics with nonuniform and time-varying communication delays[J]. IEEE Transactions on Automatic Control，2012，57（9）：2417-2422.

[20]　Liu B，Lu W，Chen T. Pinning consensus in networks of multiagents via a single impulsive controller[J]. IEEE Transactions on Neural Networks and Learning Systems，2013，24（7）：1141-1149.

[21]　Song Q，Liu F，Cao J，et al. M-matrix strategies for pinning-controlled leader-following consensus in multi-agent systems with nonlinear dynamic[J]. IEEE Transactions on Cybernetics，2013，43（6）：1688-1697.

[22]　Li H，Xu L，Xiao L，et al. Second-order leader-following consensus of nonlinear multi-agent systems via adaptive pinning control[C]. Proceedings of the Conference on Chinese Control and Decision，2014：586-591.

[23]　Lu W，Atay F M. Local pinning of networks of multi-agent systems with transmission and pinning delays[J]. IEEE Transactions on Automatic Control，2016，61（9）：2657-2662.

[24]　Li H. Leader-following consensus of nonlinear multi-agent systems with mixed delays and uncertain parameters via adaptive pinning intermittent control[J]. Nonlinear Analysis Hybrid Systems，2016，22：202-214.

[25]　Hu H，Qi X，Yu W. Second-order consensus for heterogeneous multi-agent systems in the cooperation-competition network：A hybrid adaptive and pinning control approach[J]. Nonlinear Analysis Hybrid Systems，2016，20：21-36.

[26]　Feng J，Wang J，Xu C，et al. Cluster synchronization of nonlinearly coupled complex networks via pinning control[J]. Discrete Dynamics in Nature and Society，2011：309-323.

[27]　Wang T，Li T，Yang X，et al. Cluster synchronization for delayed Lur'e dynamical networks based on pinning control[J]. Neurocomputing，2012，83（15）：72-82.

[28]　Su H，Rong Z，Wang X，et al. Decentralized adaptive pinning control for cluster synchronization of complex dynamical networks[J]. IEEE Transactions on Systems Man & Cybernetics，2013，43：394-399.

[29]　Liao X, Ji L. On pinning group consensus for dynamical multi-agent networks with general connected topology [J]. Neurocomputing, 2014, 135（5）: 262-267.

[30]　Ma Q, Wang Z, Miao G. Second-order group consensus for multi-agent systems via pinning leader-following[J]. Journal of the Franklin Institute, 2014, 351（3）: 1288-1300.

[31]　Xu C, Zheng Y, Su H, et al. Cluster consensus for second-order mobile multi-agent systems via distributed adaptive pinning control under directed topology[J]. Nonlinear Dynamics, 2016, 83（4）: 1975-1985.

[32]　ChengY, Yu H. Adaptive group consensus of multi-agent networks via pinning control[J]. International Journal of Pattern Recognition and Artificial Intelligence, 2016, 30（5）: 1659014.

[33]　Merino D I. Topics in matrix analysis[D]. Washington: Johns Hopkins University, 1992.

[34]　Wang X, Chen G. Pinning control of scale-free dynamical networks[J]. Physica A Statistical Mechanics & Its Applications, 2002, 310: 521-531.

[35]　Wu C W. Localization of effective pinning control in complex networks of dynamical systems[C]. Proceedings of the IEEE International Symposium on Circuits and Systems, 2008: 2530-2533.

[36]　Yu Z, Jiang H, Hu C, et al. Leader-following consensus of fractional-order multi-agent systems via adaptive pinning control[J]. International Journal of Control, 2015, 88（9）: 1746-1756.

[37]　Ma Q, Lu J. Cluster synchronization for directed complex dynamical networks via pinning control[J]. Neurocomputing, 2013, 101: 354-360.

[38]　Zhou Y, Yu X, Sun C. Robust synchronization of second-order multi-agent system via pinning control[J]. IET Control Theory and Applications, 2015, 9（5）: 775-783.

第 12 章　离散时间多智能体系统牵制一致性

12.1　引　　言

多智能体系统的一致性问题作为复杂系统协同控制中最基本的问题之一，近年来在分布式传感器网络、网络拥塞控制及无人驾驶等领域得到了广泛的应用[1-8]。

在实际应用中，由于信道带宽的限制，控制器和传感器只能获得离散时间范围内相邻智能体的状态信息。通常情况下，多智能体系统是一个离散时间系统。因此，从现实角度考虑，研究离散时间多智能体系统的一致性问题更有实际意义。

目前为止，已有大量关于离散时间多智能体系统一致性的研究成果。Xia 和 Cao[9]分别研究了存在时延及多智能体之间存在正向和负向耦合情况下，多智能体系统实现一致的条件判据。Yu 和 Wang[10]首先讨论了具有无向拓扑的多智能体系统的一致性问题，在此基础上基于无向拓扑，提出了一种新的一致性协议，并给出离散时间多智能体系统渐近实现一致的代数条件判据[11]。Liu 等[12]研究了离散时间异构多智能体系统的一致性问题。基于非负矩阵的性质，分别在固定拓扑结构和切换拓扑结构下，得到具有通信时延的离散时间多智能体渐近实现一致的代数条件判据。同时研究结果表明：在耦合权值和采样间隔有一些先决条件的情况下，动态多智能体系统渐近一致的实现与通信时延无关，但严格取决于拓扑的连通性。Gao 等[13]通过使用非负矩阵的性质讨论了异构离散系统的一致性问题，分别得到了具有有界时滞的固定拓扑和切换拓扑系统收敛的充分条件。研究结果显示系统的一致性取决于系统拓扑的连通性，而与通信时延无关。Yang 等[14]研究了具有切换拓扑和时变时延的离散二阶系统的一致性问题，结果表明，通过设置合适的系统控制增益使得具有强连通拓扑的系统在容忍的时延范围内可以渐近实现一致。文献[15]提出了不同自时延对一阶和二阶离散系统一致性的影响，并给出了自时延的约束范围。Yu 等[16]给出了在输入时滞影响下，具有无向连通拓扑的离散时间系统达到一致的充分条件，并进一步讨论了离散系统的一致性与稳定性之间的关系。文献[17]提出了一种新的算法来研究二阶离散时间系统的一致性问题，结果表明，离散系统的一致性与控制参数和连接权重有关，与通信时延无关。Xiu 等[18]设计了一个离散的聚类一致性控制算法来研究一阶和二阶异构多智能体系统的聚类一致性。Xiong 等[19]基于 Lyapunov 代数理论，研究了非线性有向多智能体系统的牵制一致性问题。

通过相关研究，无论是连续时间系统还是离散时间系统，不难发现网络节点间的耦合强度对多智能体系统渐近实现一致起着至关重要的作用。通常情况下，引入牵制控制是因为网络节点的耦合不能保证多智能体系统渐近实现一致。无论是从理论角度还是从实际应用角度考虑，针对大规模的复杂网络，都是通过控制一些关键节点，从而达到控制整个网络的目的，这样不仅能节约成本，而且更加符合实际。

受相关研究工作的启发，本章基于自适应控制与牵制控制策略来研究离散时间动态多智能体系统的一致性问题。

12.2　预 备 知 识

针对一阶离散时间多智能体系统，其控制协议为

$$\begin{cases} x_i(t+1) = x_i(t) + u_i(t) \\ u_i(t) = \varepsilon \displaystyle\sum_{v_j \in N_i} a_{ij}(x_j(t) - x_i(t)) \end{cases} \tag{12.1}$$

其中，$x_i(t)$ 为第 i 个智能体在 t 时刻的位置状态；$x_i(t+1)$ 为第 i 个智能体在 $t+1$ 时刻的位置状态；$0 < \varepsilon < 1/\Delta$ 为耦合系数，Δ 为网络的最大度；$u_i(t)$ 是其控制输入。

定义 12.1　考虑一阶离散多智能体系统（12.1），对于 $\forall i, j = 1, 2, \cdots, N$，当且仅当对于任意给定的初始状态，$\displaystyle\lim_{t \to +\infty} \|x_i(t) - x_j(t)\| = 0$ 均满足时，称系统（12.1）能渐近实现一致。

引理 12.1[20]（盖尔圆盘定理）　对于矩阵 $A = (a_{ij}) \in \mathbb{R}^{n \times n}$，其所有特征值分布在 n 个圆盘中：$\displaystyle\bigcup_{i=1}^{N} \left\{ z \in \mathbb{C} \,\middle|\, |z - a_{ii}| \leqslant \sum_{j=1, j \neq i}^{N} |a_{ij}|, \quad i = 1, 2, \cdots, N \right\}$。

12.3　问题描述与分析

本节主要讨论基于自适应和牵制策略的离散时间多智能体系统牵制一致性问题。

考虑含有 N 个智能体的离散多智能体系统 g'，每个智能体的动力学方程描述如下：

$$x_i(t+1) = x_i(t) + u_i(t), \quad i = 1, 2, \cdots, N \tag{12.2}$$

$$u_i(t) = \varepsilon \sum_{j=1}^{N} G_{ij}(x_j(t) - x_i(t)) - \varepsilon d_i(x_i(t) - x^*), \quad i = 1, 2, \cdots, N \tag{12.3}$$

其中，$x_i(t), u_i(t) \in \mathbb{R}^n$ 分别表示节点 v_i 在 t 时刻智能体 i 的状态和控制输入；ε 是系统的耦合强度；$x^* \in \mathbb{R}^n$ 是期望的平衡点的状态值；控制增益 d_i 定义为如果节点 v_i 被选作牵制节点，则 $d_i > 0$，否则 $d_i = 0$。考虑到自适应控制协议如下：

$$\dot{d}_i = (x_i(t) - x^*)^{\mathrm{T}}(x_i(t) - x^*), \quad i = 1, 2, \cdots, N \tag{12.4}$$

根据定义 12.1 可知，当系统（12.1）能渐近实现牵制一致时有式（12.5）成立：

$$\lim_{t \to +\infty} \|x_i(t) - x^*\| = 0, \quad i = 1, 2, \cdots, N \tag{12.5}$$

定理 12.1　考虑包含 N 个智能体的系统（12.2），其耦合强度 $\varepsilon > 0$，假设系统具有一般的连通拓扑结构，如果 $\varepsilon(d_i + 2l_{ii}) \leqslant 2$ 成立，那么多智能体系统（12.2）能够渐近实现牵制一致。其中，d_i 为节点 v_i 的牵制控制增益，l_{ii} 为系统拓扑结构所对应的拉普拉斯矩阵对角线上的元素。

证明　定义如下误差系统：

$$e_i(t) = x_i(t) - x^*, \quad i = 1, 2, \cdots, N \tag{12.6}$$

由式（12.2）和式（12.3）可知：

$$e_i(t+1) = e_i(t) + \varepsilon \sum_{j=1}^{N} a_{ij}(e_j(t) - e_i(t)) - \varepsilon d_i e_i(t), \quad i = 1, 2, \cdots, N \tag{12.7}$$

根据拉普拉斯矩阵定义，可将式（12.7）改写成如下形式：

$$e_i(t+1) = e_i(t) - \varepsilon \sum_{j=1}^{N} l_{ij} e_j(t) - \varepsilon d_i e_i(t), \quad i = 1, 2, \cdots, N \tag{12.8}$$

使 $e(t) = [e_1^{\mathrm{T}}(t), e_2^{\mathrm{T}}(t), \cdots, e_N^{\mathrm{T}}(t)]^{\mathrm{T}}$，将式（12.8）写成如下矩阵形式：

$$e(t+1) = [I_N - \varepsilon(L+D)]e(t) \tag{12.9}$$

其中，$D = \mathrm{diag}\{d_1, d_2, \cdots, d_N\}$；$L$ 为系统的拉普拉斯矩阵；I_N 为单位矩阵。假设 λ_i 是矩阵 $I_N - \varepsilon(L+D)(i = 1, 2, \cdots, N)$ 的特征值，基于稳定性理论可知，当 $|\lambda_i| < 1(i = 1, 2, \cdots, N)$ 时，系统（12.9）可以渐近实现牵制一致。

根据盖尔圆盘定理可知：

$$|\lambda_i - [1 - \varepsilon(d_i + l_{ii})]| \leqslant \varepsilon l_{ii}, \quad i = 1, 2, \cdots, N \tag{12.10}$$

不等式（12.10）经整理后可得

$$\varepsilon(d_i + 2l_{ii}) \leqslant 2, \quad i = 1, 2, \cdots, N \tag{12.11}$$

因此，当条件（12.11）满足时，系统可实现一致。证毕。

12.4　牵　制　策　略

与连续时间多智能体系统得出的牵制方案不同，针对具有一般连通拓扑的离散时间多智能体系统，在条件 $\varepsilon(d_i + 2l_{ii}) \leqslant 2$ 成立的情况下，可以有选择性地从系统中选择被牵制的节点，从而保证离散时间多智能体系统渐近实现牵制一致。

12.5　例子与数值仿真

本节结合具体实例进行仿真实验，验证本章所给出结论的正确性和有效性。

实验 12.1　此仿真实验验证定理 12.1 中的代数条件判据的有效性。简单起见，实验中仍然假定系统拓扑如图 11.1 所示。在区间[0, 20]随机产生各节点位置状态值，此外，假设期望的平衡点的状态值 $x^* = 6$，通过不等式（12.11），可以知道 $\varepsilon < 1/2$ 是成立的。不失一般性，设 $\varepsilon = 0.1$。通过式（12.4）得知自适应控制增益的时间演化曲线如图 12.1 所示，容易得到对角矩阵 $D = \{2.867, 1.461, 1.735, 5.526, 6.404, 1.302, 9.465, 8.675\}$，不难验证这些条件都满足定理 12.1。接下来，通过三个实验进行验证。多智能体系统（12.2）在不同情况下的状态轨迹如图 12.2～图 12.4 所示。

（1）满足不等式（12.11）条件，实验结果如图 12.2 所示。

（2）仅重设 $d_7 = 17$，其他条件不变，很容易知道不等式（12.11）并不能满足。多智能体系统（12.2）中各智能体最终的状态轨迹如图 12.3 所示。显然，系统未能实现牵制一致。

（3）仅重设 $\varepsilon = 0.6$，其他条件不变，很容易知道不等式（12.11）并不能满足。多智能体系统（12.2）中各智能体最终的状态轨迹如图 12.4 所示。

综上所述，可以验证定理 12.1 及所获得的条件判据（牵制策略）的正确性和有效性。

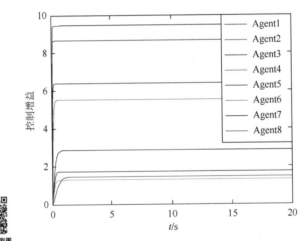

图 12.1　自适应控制增益演化曲线

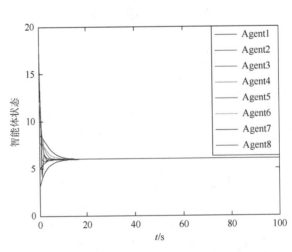

图 12.2　多智能体系统系统（12.2）的状态轨迹

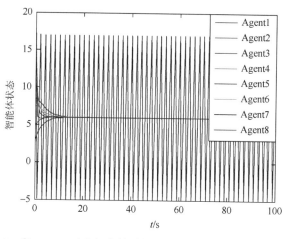

图 12.3　当 $d_7 = 17$ 时多智能体系统（12.2）中各智能体的状态轨迹

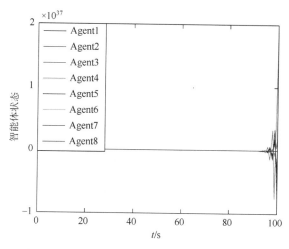

图 12.4　当 $\varepsilon = 0.6$ 时多智能体系统（12.2）中各智能体的状态轨迹

实验 12.2　在第 11 章研究的基础上，此仿真实验旨在从实验的角度去验证连续时间系统的牵制策略是否适合于相应的离散系统。为简单起见，其他实验条件同实验 12.1，根据以下 8 种情形，给出了多智能体系统（12.2）在不同情况下的状态轨迹，分别如图 12.5～图 12.12 所示。

（1）仅节点 v_1 被选择牵制；

（2）仅节点 v_4 被选择牵制；

（3）节点 v_1 和 v_4 被选择牵制；

（4）节点 v_1、v_2 和 v_4 被选择牵制；

（5）节点 v_1、v_3、v_4 和 v_8 被选择牵制；

（6）节点 v_1、v_4、v_5、v_6 和 v_7 被选择牵制；

（7）除了节点 v_1 和 v_4 外，其余节点都被选择牵制；

（8）所有节点都被选择牵制。

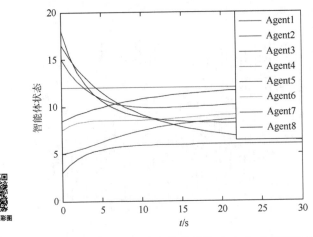

图 12.5　仅节点 v_1 被选择牵制，多智能体系统（12.2）各智能体的状态轨迹

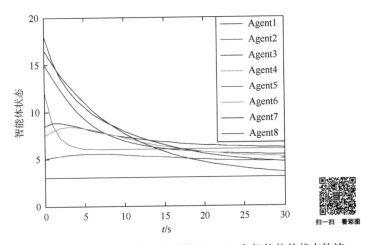

图 12.6　仅节点 v_4 被选择牵制，多智能体系统（12.2）各智能体的状态轨迹

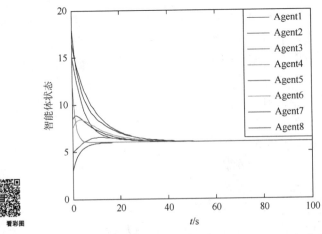

图 12.7　仅节点 v_1 和 v_4 被选择牵制，多智能体系统（12.2）各智能体的状态轨迹

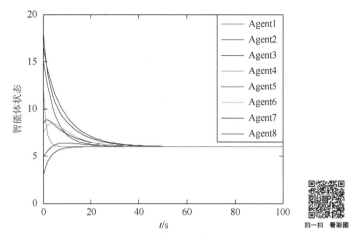

图 12.8　仅节点 v_1、v_2 和 v_4 被选择牵制，多智能体系统（12.2）各智能体的状态轨迹

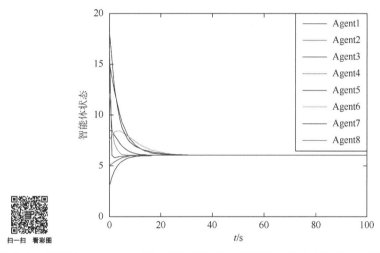

图 12.9　仅节点 v_1、v_3、v_4 和 v_8 被选择牵制，多智能体系统（12.2）各智能体的状态轨迹

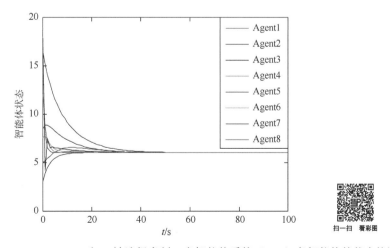

图 12.10　仅节点 v_1、v_4、v_5、v_6 和 v_7 被选择牵制，多智能体系统（12.2）各智能体的状态轨迹

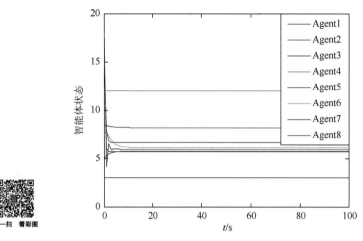

图 12.11　除了节点 v_1 和 v_4 外，其余节点都被选择牵制，多智能体系统（12.2）各智能体的状态轨迹

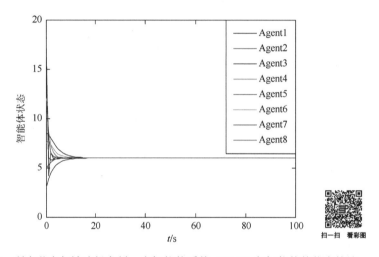

图 12.12　所有节点都被选择牵制，多智能体系统（12.2）各智能体的状态轨迹

从实验结果不难看出，当入度为零的节点被选择牵制时，系统可渐近实现牵制一致。同时，如果出度大于入度的节点被选择牵制，则系统的收敛性能明显提高。此外，研究发现牵制的节点越多，系统收敛速度越快这个规则并非总是成立的。

综上所述，虽然从离散时间多智能体系统的结论中不能直接得到如连续系统那样的牵制策略，但是可以从实验角度，把连续时间多智能体系统牵制策略在离散时间系统中加以测试验证。实验结果表明：从节点属性角度考虑，连续时间多智能体系统提出的牵制策略适合离散时间系统。

12.6　本 章 小 结

本章讨论了具有一般连通拓扑的离散时间多智能体系统的牵制一致性问题，并分析给出了离散时间多智能体系统实现牵制一致的条件判据。在满足该条件判据的前提下，从实验的角度，把第 11 章针对连续时间多智能体系统所得出的牵制策略在离散系统中加以测试验证。实验结果表明：连续时间多智能体系统的牵制策略也适合于同类离散系统。

参 考 文 献

[1] Li C，Yu W，Huang T. Impulsive synchronization schemes of stochastic complex networks with switching topology：Average time approach[J]. Neural Networks，2014，54：85-94.

[2] Ji L，Liu Q，Liao X. On reaching group consensus for linearly coupled multi-agent networks [J]. Information Sciences，2014，287（1）：1-12.

[3] Ji L，Yi T，Liu Q. On hybrid adaptive and pinning consensus for multi-agent networks[J]. Mathematical Problems in Engineering，2016：1-11.

[4] Wen G，Zhao Y，Duan Z，et al. Containment of higher-order multi-leader multi-agent systems：A dynamic output approach[J]. IEEE Transactions on Automatic Control，2016，61（4）：1135-1140.

[5] Li H，Chen G，Liao X，et al. Quantized data-based leader-following consensus of general discrete-time multi-agent systems[J]. IEEE Transactions on Circuits and Systems，2016，63（4）：401-405.

[6] Li H，Huang C，Chen G，et al. Distributed consensus optimization in multi-agent networks with time-varying directed topologies and quantized communication[J]. IEEE Transactions on Cybernetics，2017，99：1-14.

[7] Li C，Yu X，Huang T，et al. A generalized hopfield network for nonsmooth constrained convex optimization：Lie derivative approach[J]. IEEE Transactions on Neural Networks and Learning Systems，2016，27（2）：308-321.

[8] Li C，Yu X，Yu W，et al. Distributed event-triggered scheme for economic dispatch in smart grids[J]. IEEE Transactions on Industrial Informatics，2016，12（5）：1775-1785.

[9] Xia W，Cao M. Clustering in diffusively coupled networks[J]. Automatica，2011，47（11）：2395-2405.

[10] Yu J，Wang L. Group consensus of multi-agent systems with undirected communication graphs[C]. Proceedings of the Conference on Asian Control，2009：105-110.

[11] Yu J，Wang L. Group consensus of multi-agent systems with directed information exchange[J]. International Journal of Systems Science，2012，43（2）：334-348.

[12] Liu C，Liu F. Stationary consensus of heterogeneous multi-agent systems with bounded communication delays[J]. Automatica，2011，47（9）：2130-2133.

[13] Gao Y，Ma J，Zuo M，et al. Consensus of discrete-time second-order agents with time-varying topology and time-varying delays[J]. Journal of the Franklin Institute，2012，349（8）：2598-2608.

[14] Yang H，Guo L，Zhang Y，et al. Delay consensus of fractional-order consensus multi-agent system with sampling delays[J]. Acta Automatica Sinica，2014，9（40）：2022-2028.

[15] 朱旭，闫建国，屈耀红. 不同延迟下离散多智能体系统的一致性[J]. 电子与信息学报，2012，34（6）：1516-1520.

[16] Yu W，Fan H. Research on consensus of multi-agent discrete-time system[J]. Journal of Naval Aeronautical Engineering Institute，2012，2（27）：176-180.

[17] Ji L，Liao X，Liu Q. Group consensus analysis of multi-agent systems with delays[J]. Acta Physica Sinica，2012，61（22）：22020.

[18] Xiu Y，Liu C，Liu Y. Group consensus of discrete heterogeneous multi-agent system[J]. Computer Measurement and Control，2015，23（12）：4034-4037.

[19] Xiong W，Daniel C，Wang Z. Consensus analysis of multiagent networks via aggregated and pinning approaches[J]. IEEE Transactions on Neural Networks，2011，22（8）：1231-1240.

[20] Horn R A，Johnson C R. Matrix Analysis[M]. Cambridge：Cambridge University Press，1990.

第13章 带输入时延的异构竞争多智能体系统分组一致性

13.1 引　　言

在过去的几十年中，多智能体系统的协调控制在许多工程应用中发挥了重要的作用，如水下航行系统[1]、智能电网[2]、传感器网络[3]、无人驾驶车辆[4]和其他应用等[5-10]。作为协调控制的一个基本问题，一致性问题已经得到了学者的广泛关注。一致性是指系统中所有智能体通过彼此间的信息交互，从而使得所有智能体的状态逐渐达到一致。与此同时，分组一致性问题作为一致性问题的扩展，这些年来越来越受到关注[11, 12]。分组一致性即系统内的每个分组各自渐近达到一致。

一方面，多智能体系统的研究正在蓬勃发展；另一方面，仍有许多问题亟待解决。首先，现有的研究工作仍主要基于同构的多智能体系统，这意味着所有智能体都具有相同的动力学行为[13]。事实上，在实际应用中，受各种条件的限制，不同的智能体通常具有不同的动力学行为。同时，一些应用通常使用具有不同动力学行为的多个智能体来实现降低控制成本的目标，这就使得对于异构多智能体系统的研究显得尤为重要。近年来，针对异构多智能体一致性问题的研究也取得了较为丰硕的成果。例如，文献[14]讨论了线性异构多智能体系统的一致性问题。文献[15]与[16]研究了异构多智能体系统的一致性。文献[17]讨论了异构多智能体的同步问题。由于数据处理和制定决策等诸多因素，可能会出现时延。这几乎是不可避免的，并且可能破坏系统的稳定性，因此非常有必要考虑系统的时延。文献[18]~[21]讨论了具有输入时延、通信时延和同时存在两种时延的多智能体系统的一致性问题。

受相关研究工作的启发，本章讨论在输入时延影响下一类基于竞争关系的离散异构多智能体系统的分组一致性问题。其研究的必要性主要体现在如下几个方面：

（1）目前针对异构多智能体系统的相关研究较少。事实上，在实际应用中不同智能体具有不同的动力学行为，因此研究异构多智能体系统更具有实际意义。

（2）现有的相关研究主要基于智能体间的合作关系[22-24]，而事实上竞争关系在智能体中也很常见。因此，本章基于智能体之间的竞争关系提出一个新的分组一致协议，同时释放了文献[25]中入度平衡的保守假设条件。

（3）现有研究工作大多数都基于连续时间的多智能体系统[26]，而离散时间的多智能体系统实际上在现实世界中也很常见[27-30]。因此，本章主要针对离散多智能体系统进行研究。

（4）由于数据处理等方面的原因，复杂系统中不可避免地存在时延，考虑输入时延影响下系统的分组一致问题，更加具有现实意义。

13.2　预 备 知 识

本节主要介绍与图论相关的数学知识，即一致性的基本定义及引理。

本章使用加权有向图 $G=(V,E,A)$ 表示系统中的智能体以及多智能体系统中 n 个智能体之间的通信，其中节点集是 $V=\{v_1,v_2,\cdots,v_n\}$，边集是 $E=V\times V$，加权邻接矩阵是 $A=(a_{ij})_{N\times N}\in\mathbb{R}^{N\times N}$。需要指出的是，无向图可以看成一个特殊的有向图。假设 $e_{ij}\in E$，则 $a_{ij}>0$，即当且仅当节点（智能体）v_i 可以从节点（智能体）v_j 接收信息时 $a_{ij}>0$，否则 $a_{ij}=0$。此外，对于所有 $i\in1,2,\cdots,n$，假设 $a_{ii}=0$。$N_i=\{j\in V:e_{ij}\in E\}$ 表示第 i 个节点的邻居集，第 i 个节点的入度表示为 $d_i=\deg_{in}(i)=\sum\limits_{j\in N_i}a_{ij}$，在度矩阵中表示为 $D=\mathrm{diag}\{d_1,d_2,\cdots,d_n\}$。$\lambda_i$ 是矩阵 $D+A$ 的第 i 个非零特征值，定义 $L=D-A$ 为拉普拉斯矩阵。

考虑由 $q+p$ 个智能体组成的离散时间异构多智能体系统。为方便以下讨论，本章只讨论多智能体系统被分为 2 个子组的情况。假设前 q 个智能体是二阶的，剩余的 p 个智能体是一阶的。它们的动力学方程如下：

$$\begin{cases}x_i(k+1)=x_i(k)+v_i(k)\\v_i(k+1)=v_i(k)+u_i(k)\end{cases},\quad i\in\varphi_1 \tag{13.1}$$

$$x_i(k+1)=x_i(k)+u_i(k),\quad i\in\varphi_2 \tag{13.2}$$

其中，$\varphi_1=\{1,2,\cdots,q\}$，$\varphi_2=\{q,q+1,\cdots,q+p\}$，$\varphi=\varphi_1\bigcup\varphi_2$，$u_i(k),x_i(k),v_i(k)\in\mathbb{R}$ 分别表示第 i 个智能体的控制输入、位置和速度状态。

定义 13.1　离散时间异构多智能体系统（13.1）和（13.2）可以渐近地达到分组一致，当且仅当对于任意初始状态如下两个条件均能满足：

$$\lim_{k\to\infty}\left\|x_i(k)-x_j(k)\right\|=0,\quad i,j\in\varphi_m,m=1,2 \tag{13.3}$$

$$\lim_{k\to\infty}\left\|v_i(k)-v_j(k)\right\|=0,\quad i,j\in\varphi_1 \tag{13.4}$$

引理 13.1[31]　假设多智能体系统（13.1）和（13.2），如果其拓扑结构图是包含有向生成树的有向二分图，则其秩 $\mathrm{rank}(D+A)=n-1$。特别地，对于无向图，矩阵 $D+A$ 的非零特征值都是实数。其中 A 是系统邻接矩阵，D 是系统度矩阵。

注 13.1　对于异构多智能体系统的分组一致性问题，有很多相关工作都假设同一个子组中的智能体是同构的[32,33]。实际上，这种假设过于严格。本章所讨论的异构系统的分组一致性问题还适用于同一子组也是异构的情形。具体内容可参见本章的仿真实验部分。

13.3　问题描述与分析

本节分别讨论具有相同和不同输入时延的离散时间异构多智能体系统的分组一致性问题。

关于多智能体系统的大多数现有研究都基于合作关系。事实上，智能体之间的竞争关系与智能体之间的合作关系同样重要。正如文献[31]中所讨论的，本章使用 $x_j - x_i$ 和 $x_j + x_i$ 来分别描述智能体 i 和 j 之间的合作和竞争关系。因此，当输入时延相同时，基于系统（13.1）和（13.2），根据竞争关系建立的异构多智能体系统的新分组控制协议设计如下：

$$\begin{cases} x_i(k+1) = x_i(k) + v_i(k) \\ v_i(k+1) = -\alpha\left\{\sum_{j\in N_i} a_{ij}(x_i(k-\tau) + x_j(k-\tau))\right\} \\ \qquad\qquad -\beta\left\{\sum_{j\in N_i} a_{ij}(v_i(k-\tau) + v_j(k-\tau))\right\} + v_i(k) \end{cases} , \quad i \in \varphi_1 \qquad (13.5)$$

$$\begin{cases} v_i(k+1) = -\beta\left\{\sum_{j\in N_i} a_{ij}(x_i(k-\tau) + x_j(k-\tau))\right\} + w_i(k) + x_i(k) \\ w_i(k+1) = -\alpha\left\{\sum_{j\in N_i} a_{ij}(x_i(k-\tau) + x_j(k-\tau))\right\} + w_i(k) \end{cases} , \quad i \in \varphi_2 \qquad (13.6)$$

其中，τ 代表为智能体的输入时延；$\alpha, \beta > 0$ 是系统的控制参数；$w_i(k)$ 为第 i 个一阶智能体的虚拟速度估计。

定理 13.1　对于系统（13.5）和（13.6），如果其系统拓扑为无向二分图，则当条件 $\alpha \neq \beta$、$\left|\dfrac{\lambda_i(\alpha-\beta)}{2(\cos\omega_{i0}-1)}\right| < 1$，$i \in \varphi$、$\sin(\omega_{i0}\tau + \omega_{i0}) = 0$ 满足时，系统可以渐近实现分组一致，其中 ω_{i0} 是系统特征方程的奈奎斯特曲线与实轴的第一个交点。

证明　对系统（13.5）和（13.6）进行 z 变换，可以得到

$$\begin{cases} zX_i(z) = V_i(z) + X_i(z) \\ zV_i(z) = -\alpha\left\{\sum_{j\in N_i} a_{ij}(X_i(z) + X_j(z))z^{-\tau}\right\} - \beta\left\{\sum_{j\in N_i} a_{ij}(V_i(z) + V_j(z))z^{-\tau}\right\} + V_i(z) \end{cases}, \quad i \in \varphi_1$$

$$(13.7)$$

$$\begin{cases} zX_i(z) = W_i(z) - \beta\left\{\sum_{j\in N_i} a_{ij}(X_i(z) + X_j(z))z^{-\tau}\right\} + X_i(z) \\ zW_i(z) = W_i(z) - \alpha\left\{\sum_{j\in N_i} a_{ij}(X_i(z) + X_j(z))z^{-\tau}\right\} \end{cases} , \quad i \in \varphi_2 \qquad (13.8)$$

其中，$X_i(z)$、$V_i(z)$、$W_i(z)$ 分别表示 $x_i(k)$、$v_i(k)$、$w_i(k)$ 的 z 变换形式。

定义 $X(z) = [X_1(z), X_2(z), \cdots, X_{p+q}(z)]^{\mathrm{T}}$，然后将式（13.7）和式（13.8）重写为矢量形式，得到

$$(z-1)^2 X(z) = -(\alpha + \beta(z-1))(D+A)z^{-\tau} X(z) \tag{13.9}$$

因此，可以得到系统（13.5）和（13.6）的特征方程如下：

$$\det((z-1)^2 I + (\alpha + \beta(z-1))(D+A)z^{-\tau}) = 0 \tag{13.10}$$

假设 λ_i 是矩阵 $D+A$ 的特征值，则等式（13.10）等价于

$$(z-1)^4 \prod_{i=2,3,\cdots,m+n} ((z-1)^2 + \lambda_i(\alpha + \beta(z-1))z^{-\tau}) = 0 \tag{13.11}$$

根据稳定性理论，如果式（13.11）的零点在 $z=1$ 处或者具有负实部，则多智能体系统可以实现分组一致。

当 $z=1$ 时，由引理 13.1 可以得到 0 是矩阵 $D+A$ 的唯一特征值，因此 $z=1$ 是式（13.10）的唯一零点。

当 $z \neq 1$ 时，等式（13.11）等价于

$$(z-1)^2 + \lambda_i(\alpha + \beta(z-1))z^{-\tau} = 0 \tag{13.12}$$

等价代换得到

$$1 + \frac{\lambda_i(\alpha + \beta(z-1))z^{-\tau}}{(z-1)^2} = 0 \tag{13.13}$$

定义 $g_i(z) = \dfrac{\lambda_i(\alpha + \beta(z-1))z^{-\tau}}{(z-1)^2}$，然后根据奈奎斯特一般准则，当且仅当 $g_i(z)$ 的奈奎斯特曲线不包围点 $(-1, \mathrm{j}0)$ 时，式（13.12）的零点具有负实部。

令 $z = \mathrm{e}^{\mathrm{j}\omega}$ 并代入 $g_i(z)$，得到

$$g_i(\mathrm{e}^{\mathrm{j}\omega}) = \frac{\lambda_i(\alpha + \beta(\mathrm{e}^{\mathrm{j}\omega}-1))z^{-\mathrm{j}\tau\omega}}{(\mathrm{e}^{\mathrm{j}\omega}-1)^2} \tag{13.14}$$

根据欧拉公式，式（13.14）可以写成

$$g_i(\mathrm{e}^{\mathrm{j}\omega}) = \frac{\lambda_i((\alpha-\beta) + \beta(\cos\omega + \mathrm{j}\sin\omega))(\cos(\omega\tau) - \mathrm{j}\sin(\omega\tau))}{(\cos\omega + \mathrm{j}\sin\omega - 1)^2} \tag{13.15}$$

经过几步等价代换，可以得到

$$g_i(\mathrm{e}^{\mathrm{j}\omega}) = \frac{\lambda_i(((\alpha-\beta)\cos(\omega+\omega\tau)) + \mathrm{j}(\beta-\alpha)\sin(\omega\tau+\omega))}{2(\cos\omega - 1)} \tag{13.16}$$

因此 $|g_i(\mathrm{e}^{\mathrm{j}\omega})| = \left| \dfrac{\lambda_i(\alpha-\beta)}{2(\cos\omega - 1)} \right|$。假设 ω_{i0} 是曲线 $g_i(\mathrm{e}^{\mathrm{j}\omega})$ 和实坐标轴的第一个交点，则通过等式（13.16），得到 $\dfrac{(\beta-\alpha)\sin(\omega\tau + \omega)}{2(\cos\omega - 1)} = 0$。当 $\alpha \neq \beta$ 时它等价于 $\sin(\omega_{i0}\tau + \omega_{i0}) = 0$。因此，当且仅当 $|g_i(\mathrm{e}^{\mathrm{j}\omega})| < 1$，等式（13.11）的根有负实部。证毕。

推论 13.1　对于系统（13.5）和（13.6），如果其系统拓扑为无向二分图，当条件

$$\tau < \min \left\{ \frac{\pi}{\arccos\left(\dfrac{-\lambda_i \mid \alpha - \beta \mid +2}{2}\right)} - 1 \right\} (i \in \varphi)$$ 成立时，系统可以渐近实现分组一致。其中 λ_i 是

矩阵 $D+A$ 的第 i 个非零特征值。

证明 如果定理 13.1 中的 $\left| \dfrac{\lambda_i(\alpha - \beta)}{2(\cos\omega_{i0} - 1)} \right| < 1$ 成立，那么经过等式代换，可以得到

$$\omega_{i0} > \arccos\left(\frac{-\lambda_i \mid \alpha - \beta \mid +2}{2}\right) \tag{13.17}$$

通过对定理 13.1 中的 $\sin(\omega_{i0}\tau + \omega_{i0}) = 0$ 推导，得到

$$\tau = \frac{\pi}{\omega_{i0}} - 1 \tag{13.18}$$

为了得到 τ 的上界，必须讨论 τ 和 ω_{i0} 之间的关系。在 ω_{i0} 上取 τ 的导数，得到

$$\frac{\mathrm{d}\tau}{\mathrm{d}\omega_{i0}} = -\frac{\pi}{\omega_{i0}^2} \tag{13.19}$$

很明显 $\dfrac{\mathrm{d}\tau}{\mathrm{d}\omega_{i0}} < 0$，因此当 ω_{i0} 增长，τ 减少。所以，从等式（13.17）和式（13.18）得出：

$$\tau < \frac{\pi}{\arccos\left(\dfrac{-\lambda_i \mid \alpha - \beta \mid +2}{2}\right)} - 1 \tag{13.20}$$

证毕。

推论 13.2 对于系统（13.5）和（13.6），如果其系统拓扑为包含生成树的有向二分图拓扑，当条件 $\tau < \min \left\{ \dfrac{\pi}{\arccos\left(\dfrac{-\lambda_i \mid \alpha - \beta \mid +2}{2}\right)} - 1 \right\} (i \in \varphi)$ 成立时，系统可以渐近实现分组一致。其中，λ_i 是矩阵 $D+A$ 的第 i 个非零特征值。

根据引理 13.1，证明过程与定理 13.1 和推论 13.1 几乎相同，这里不再赘述。

注 13.2 从定理 13.1、推论 13.1 和推论 13.2 的结论可知，矩阵 $D+A$ 的最大特征值和系统参数决定了系统分组一致的实现。在文献[25]中也有类似的发现。但与之不同的是，本章释放了文献[25]中所依赖的保守假设条件：入度平衡。入度平衡的条件意味着多智能体系统的各个分组间没有实际的通信与交互，这是一个过于保守的条件。

注 13.3 从推论 13.1 和推论 13.2 可知，通过调整系统的控制参数和智能体之间的权重，可以提高系统的输入时延上界。

注 13.4 本章的控制协议是基于智能体之间的竞争关系的。由于许多相关研究都是基于合作关系，因此本章从一个新的角度研究了异构系统的分组一致性问题。

下面讨论具有不同输入时延的离散时间异构多智能体系统的分组一致性问题。

在系统（13.5）和（13.6）的基础上，控制协议设计如下：

$$
\begin{cases}
x_i(k+1) = x_i(k) + v_i(k) \\
v_i(k+1) = -\alpha\left\{\sum_{j\in N_i} a_{ij}(x_i(k-T_i) + x_j(k-T_i))\right\} - \beta\left\{\sum_{j\in N_i} a_{ij}(v_i(k-T_i) + v_j(k-T_i))\right\} + v_i
\end{cases}, \quad i\in\varphi_2
$$

$$(13.21)$$

$$
\begin{cases}
x_i(k+1) = -\beta\left\{\sum_{j\in N_i} a_{ij}(x_i(k-T_i) + x_j(k-T_i))\right\} + w_i(k) + x_i(k) \\
w_i(k+1) = -\alpha\left\{\sum_{j\in N_i} a_{ij}(x_i(k-T_i) + x_j(k-T_i))\right\} + w_i(k)
\end{cases}, \quad i\in\varphi_2 \quad (13.22)
$$

其中，T_i 为第 i 个智能体的输入时延；$\alpha,\beta>0$ 为系统的控制参数；$w_i(k)$ 为第 i 个一阶智能体的虚拟速度估计。

定理 13.2　对于系统（13.21）和（13.22），如果其系统拓扑为无向二分图，当条件 $\alpha\neq\beta$、$\left|\dfrac{d_i(\alpha-\beta)}{(\cos\omega_{i0}-1)}\right|<1(i\in\varphi)$、$\sin(\omega_{i0}\tau+\omega_{i0})=0$ 成立时，系统可以渐近实现分组一致，其中 $d_i=\sum\limits_{j\in N_i} a_{ij}$，$\omega_{i0}$ 是系统特征方程的奈奎斯特曲线与实轴的第一个交点。

推论 13.3　对于系统（13.21）和（13.22），如果其系统拓扑为无向二分图，当条件 $T_i<\min\left\{\dfrac{\pi}{\arccos(-d_i\,|\alpha-\beta|+1)}-1\right\}(i\in\varphi)$ 成立时，系统可以渐近实现分组一致，其中 $d_i=\sum\limits_{j\in N_i} a_{ij}$。

推论 13.4　对于系统（13.21）和（13.22），如果其系统拓扑为包含生成树的有向二分图，当条件 $T_i<\min\left\{\dfrac{\pi}{\arccos[-d_i\,|\alpha-\beta|+1]}-1\right\}(i\in\varphi)$ 成立时，系统可以渐近实现分组一致，其中 $d_i=\sum\limits_{j\in N_i} a_{ij}$。

由于证明过程与定理 13.1、推论 13.1 和推论 13.2 类似，此处省略。

注 13.5　本章所讨论的系统拓扑为无向二分图或包含生成树的有向二分图。这似乎也是一种较为特殊的拓扑。事实上，对于多智能体系统，除非增加一些严格的限制或额外的控制，否则通常情况下，系统很难实现分组一致。例如，在文献[25]和[31]中，系统的拓扑结构是无向图以及含有有向生成树的有向图等。

注 13.6　需要指出的是，本章的结论都建立在 $u_i(k), x_i(k), v_i(k)\in\mathbb{R}$ 上。当 $u_i(k), x_i(k), v_i(k)\in\mathbb{R}^r(r>1)$ 时，可以利用 Kronecker 算子扩展得到类似的结论。

13.4　例子与数值仿真

本节利用几个仿真实验来验证 13.3 节理论分析所得结论的正确性和有效性。

　　假设包含 5 个节点的系统拓扑如图 13.1 所示。容易知道，节点 1 和 2 同属于一个分组，节点 3、4 和 5 同属于另一个分组。在图 13.1（a）和（c）中，假设节点 1 和 4 为二阶节点，2、3 和 5 为一阶节点，因此在这两种拓扑中，各个子系统也是异构的。图 13.1（b）属于整个系统异构、子系统同构的情形。

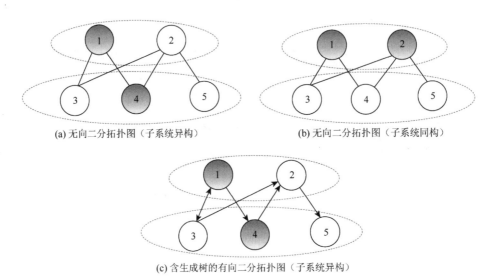

(a) 无向二分拓扑图（子系统异构）　　　　　　　(b) 无向二分拓扑图（子系统同构）

(c) 含生成树的有向二分拓扑图（子系统异构）

图 13.1　系统拓扑图

为了便于计算，设 $a_{ij}=1$，$i,j \in [1,5]$。

实验 13.1　假设系统具有如图 13.1（a）所示的拓扑结构。矩阵 $D+A=\begin{bmatrix} 2 & 0 & 1 & 1 & 0 \\ 0 & 3 & 1 & 1 & 1 \\ 1 & 1 & 2 & 0 & 0 \\ 1 & 1 & 0 & 2 & 0 \\ 0 & 1 & 0 & 0 & 1 \end{bmatrix}$。

矩阵 $D+A$ 的特征值分别为 0、0.8299、2、2.6889 和 4.4812。设定 $\alpha=0.1$ 且 $\beta=0.8$，根据定理 13.1 和推论 13.1，经过计算可以得到 $\tau<0.44s$。这意味着如果 $\tau<0.44s$，那么系统可以达到分组一致。因此，这里选择 $\tau=0.43s$ 和 $\tau=0.6s$。图 13.2 和图 13.3 显示了系统（13.5）和（13.6）中智能体的状态轨迹。需要指出的是，这个实验中分组一致的实现仅由位置状态决定，因为在这个实验中子系统也是异构的。从图 13.2 和图 13.3 的实验结果可知，当 $\tau<0.44s$ 时，系统能实现分组一致。仿真结果验证了结论的正确性与有效性。

　　实验 13.2　假设系统具有如图 13.1（b）所示的拓扑结构。设定 $\alpha=0.1$ 且 $\beta=0.8$，根据定理 13.1 和推论 13.1，经过计算可以得到 $\tau<0.5s$。这意味着如果 $\tau<0.5s$，那么系统可以达到分组一致。因此，这里选择 $\tau=0.49s$ 和 $\tau=0.6s$。图 13.4 和图 13.5 显示了系统（13.5）和（13.6）中智能体的状态轨迹。可知当 $\tau=0.49s$ 时，系统能实现分组一致。仿真结果验证了结论的正确性与有效性。

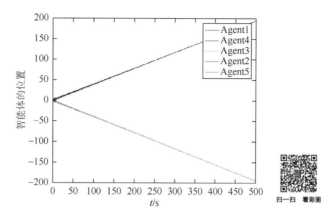

图 13.2　当 $\tau = 0.43\text{s}$ 时，系统（13.5）和（13.6）中智能体的状态演化图

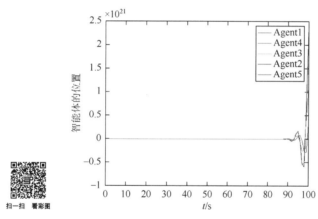

图 13.3　当 $\tau = 0.6\text{s}$ 时，系统（13.5）和（13.6）中智能体的状态演化图

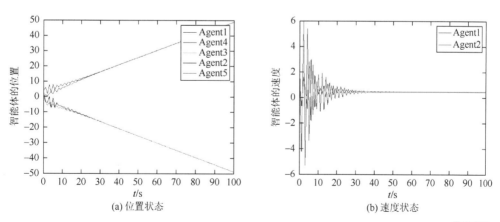

(a) 位置状态　　　　　　　　　　　　　　(b) 速度状态

图 13.4　当 $\tau = 0.49\text{s}$ 时，系统（13.5）和（13.6）中智能体的状态演化图

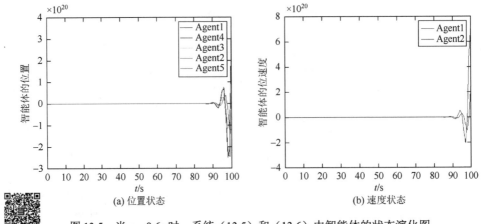

图 13.5 当 $\tau = 0.6$s 时，系统（13.5）和（13.6）中智能体的状态演化图

实验 13.3 假设系统具有如图 13.1（a）所示的拓扑。容易得到 $D = \text{diag}\{2,3,2,2,1\}$。设定 $\alpha = 0.1$ 且 $\beta = 0.75$，根据定理 13.2 和推论 13.3，经过计算可以得到 $T_1 < 0.6$s、$T_2 < 0.11$s、$T_3 < 0.6$s、$T_4 < 0.6$s、$T_5 < 1.58$s。因此，这里选择 $T_1 = 0.5$s、$T_2 = 0.1$s、$T_3 = 0.5$s、$T_4 = 0.5$s、$T_5 = 1.5$s 和 $T_1 = 0.5$s、$T_2 = 0.1$s、$T_3 = 0.5$s、$T_4 = 0.5$s、$T_5 = 1.6$s。图 13.6 和图 13.7 分别显示了系统（13.21）和（13.22）中智能体的状态轨迹。图 13.6 表明系统能实现分组一致。仿真结果验证了结论的正确性与有效性。

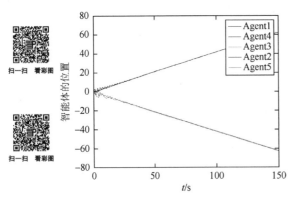

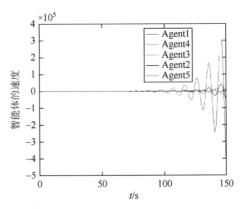

图 13.6 当 $T_1 = 0.5$s、$T_2 = 0.1$s、$T_3 = 0.5$s、$T_4 = 0.5$s、$T_5 = 1.5$s 时，系统（13.21）和（13.22）中智能体的状态演化图

图 13.7 当 $T_1 = 0.5$s、$T_2 = 0.1$s、$T_3 = 0.5$s、$T_4 = 0.5$s、$T_5 = 1.6$s 时，系统（13.21）和（13.22）中智能体的状态演化图

实验 13.4 假设系统具有如图 13.1（b）所示的拓扑。同样，设定 $\alpha = 0.1$ 且 $\beta = 0.75$，根据定理 13.2 和推论 13.3，经过计算可以得到 $T_1 < 0.6$s、$T_2 < 0.11$s、$T_3 < 0.6$s、$T_4 < 0.6$s、$T_5 < 1.58$s。因此，这里选择 $T_1 = 0.5$s、$T_2 = 0.1$s、$T_3 = 0.5$s、$T_4 = 0.5$s、$T_5 = 1.5$s 和 $T_1 = 0.5$s、$T_2 = 0.1$s、$T_3 = 0.5$s、$T_4 = 0.5$s、$T_5 = 1.6$s。图 13.8 和图 13.9 分别显示了系统（13.21）和（13.22）中智能体的状态轨迹。易知，图 13.8 表明系统实现了分组一致。仿真结果验证了结论的正确性与有效性。

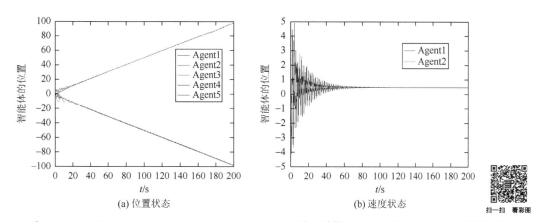

图 13.8　当 $T_1 = 0.5\text{s}$、$T_2 = 0.1\text{s}$、$T_3 = 0.5\text{s}$、$T_4 = 0.5\text{s}$、$T_5 = 1.5\text{s}$ 时，系统（13.21）和（13.22）中智能体的状态演化图

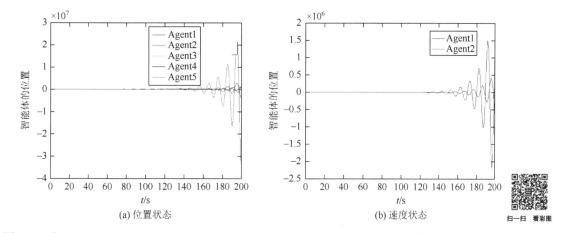

图 13.9　当 $T_1 = 0.5\text{s}$、$T_2 = 0.1\text{s}$、$T_3 = 0.5\text{s}$、$T_4 = 0.5\text{s}$、$T_5 = 1.6\text{s}$ 时，系统（13.21）和（13.22）中智能体的状态演化图

实验 13.5　假设系统的拓扑结构如图 13.1（c）所示。设定 $\alpha = 0.1$ 且 $\beta = 0.8$，根据推论 13.2，经过计算可以得到 $\tau < 0.44\text{s}$。因此，这里选择 $\tau = 0.43\text{s}$。图 13.10 显示了系统（13.5）和（13.6）中智能体的状态轨迹。图 13.10 表明系统能实现分组一致。类似地，设置 $\alpha = 0.1$ 且 $\beta = 0.75$，根据推论 13.4，经过计算可以得到 $T_1 < 0.6\text{s}$、$T_2 < 0.11\text{s}$、$T_3 < 0.6\text{s}$、$T_4 < 0.6\text{s}$、$T_5 < 1.58\text{s}$。因此，这里选择 $T_1 = 0.5\text{s}$、$T_2 = 0.1\text{s}$、$T_3 = 0.5\text{s}$、$T_4 = 0.5\text{s}$、$T_5 = 1.5\text{s}$。图 13.11 显示了系统（13.21）和（13.22）中智能体的状态轨迹，易知图 13.11 表明系统实现了分组一致。仿真结果验证了结论的正确性与有效性。

扫一扫 看彩图

扫一扫 看彩图

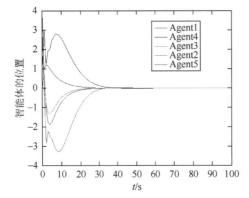

图 13.10　当 $\tau = 0.43\text{s}$ 时，系统（13.5）和（13.6）中智能体的状态演化图

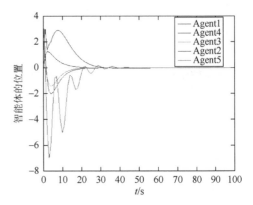

图 13.11　当 $T_1 = 0.5\text{s}$、$T_2 = 0.1\text{s}$、$T_3 = 0.5\text{s}$、$T_4 = 0.5\text{s}$、$T_5 = 1.5\text{s}$ 时，系统（13.21）和（13.22）中智能体的状态演化图

注 13.6　在实验 13.1、实验 13.3 和实验 13.5 中，不仅整个系统是异构的，同时每个子系统也是异构的。与文献[32]、[33]不同，它们的相关工作要求子系统是同构的。相比之下，本章的工作更具有一般性。

13.5　本 章 小 结

本章讨论了在相同输入时延和不同输入时延影响下，包含一阶和二阶智能体的离散时间异构多智能体系统的分组一致性问题。基于智能体之间的竞争关系，提出了一种全新的控制协议。利用频域理论和矩阵分析的相关知识，分析给出了保证系统实现分组一致的条件判据以及系统能容忍的时延上界条件。此外，研究发现，异构系统分组一致的实现取决于系统的控制参数、智能体之间的耦合强度以及输入时延。输入时延的上限由系统控制参数和智能体之间的耦合强度决定。最后，通过几个仿真实验验证了本章理论结果的正确性。

参 考 文 献

[1]　Yan J，Xu Z，Wan Y，et al. Consensus estimation-based target localization in underwateracoustic sensor networks[J]. International Journal of Robust and Nonlinear Control，2016，27（9）：1607-1627.

[2]　Radhakrishnan B，Srinivasan D. A multi-agent based distributed energy management scheme for smart grid applications[J]. Energy，Pergamon，2016，103：192-204.

[3]　Qin J，Fu W，Gao H，et al. Distributed k-means algorithm and fuzzy c-means algorithm for sensor networks based on multiagent consensus theory[J]. IEEE Transactions on Cybernetics，2017，47（14）：772-783.

[4]　Dong X，Yu B，Shi Z，et al. Time-varying formation control for unmanned aerial vehicles：Theories and applications[J]. IEEE Transactions on Control Systems Technology，2015，23（1）：340-348.

[5]　Wen G，Yu W，Xia Y，et al. Distributed tracking of nonlinear multiagent systems under directed switching topology：An observer-based protocol[J]. IEEE Transactions on Systems，Man，and Cybernetics：Systems，2017，47（5）：869-881.

[6]　Luo J，Zhou L，Zhang B. Consensus of satellite cluster flight using an energy-matching optimal control method[J]. Advances in Space Research，Pergamon，2017，60（9）：2047-2059.

[7]　Wen G，Huang T，Yu W，et al. Cooperative tracking of networked agents with a high-dimensional leader：Qualitative analysis

and performance evaluation[J]. IEEE Transactions on Cybernetics，2018，48（7）：2060-2073.

[8] Wen G，Yu W，Li Z，et al. Neuro-adaptive consensus tracking of multiagent systems with a high-dimensional leader[J]. IEEE Transactions on Cybernetics，2017，47（7）：1730-1742.

[9] Shi Y，Qin J，Ahn H. Distributed coordination control and industrial applications[J]. IEEE Transactions on Industrial Electronics，2017，64（6）：4967-4971.

[10] Dong X，Zhou Y，Ren Z，et al. Time-varying formation tracking for second-order multi-agent systems subjected to switching topologies with application to quadrotor formation flying[J]. IEEE Transactions on Industrial Electronics，2017，64（6）：5014-5024.

[11] He W，Zhang B，Han Q，et al. Leader-following consensus of nonlinear multiagent systems with stochastic sampling[J]. IEEE Transactions on Cybernetics，2017，42（2）：327-338.

[12] Yu J，Shi Y. Scaled group consensus in multiagent systems with first/second-order continuous dynamics[J]. IEEE Transactions on Cybernetics，2017：1-13.

[13] Valcher M，Zorzan I. On the consensus of homogeneous multi-agent systems with arbitrarily switching topology[J]. Automatica，Pergamon，2017，84：79-85.

[14] Yaghmaie F，Su R，Lewis F，et al. Multiparty consensus of linear heterogeneous multiagent systems[J]. IEEE Transactions on Automatic Control，2017，62（11）：5578-5589.

[15] Mondal S，Su R，Xie L. Heterogeneous consensus of higher-order multi-agent systems with mismatched uncertainties using sliding mode control[J]. International Journal of Robust and Nonlinear Control，2017，27（13）：2303-2320.

[16] Hu W，Liu L，Feng G. Output consensus of heterogeneous linear multi-agent systems by distributed event-triggered/ self-triggered strategy[J]. IEEE Transactions on Cybernetics，2017，47（8）：1914-1924.

[17] Adib Yaghmaie F，Su R，Lewis F，et al. Bipartite and cooperative output synchronizations of linear heterogeneous agents：A unified framework[J]. Automatica，Pergamon，2017，80（C）：172-176.

[18] Yu N，Ji L，Yu F. Heterogeneous and competitive multiagent networks：Couple-group consensus with communication or input time delays[J]. Complexity，2017：1-10.

[19] Ni J，Liu L，Liu C，et al. Fixed-time leader-following consensus for second-order multiagent systems with input delay[J]. IEEE Transactions on Industrial Electronics，2017，64（11）：8635-8646.

[20] Xu X，Liu L，Feng G. Consensus of heterogeneous linear multiagent systems with communication time-delays[J]. IEEE Transactions on Cybernetics，2017，47（8）：1820-1829.

[21] Jiang F，Xie D，Liu B. Static consensus of second-order multi-agent systems with impulsive algorithm and time-delays[J]. Neurocomputing，2017，223：18-25.

[22] Ma Q，Wang Z，Miao G. Second-order group consensus for multi-agent systems via pinning leader-following approach[J]. Journal of the Franklin Institute，2014，351（14）：1288-1300.

[23] Gupta J K，Egorov M，Kochenderfer M. Cooperative multi-agent control using deep reinforcement learning[C]. International Conference on Autonomous Agents and Multiagent Systems，2017：66-83.

[24] Zhu Y，Li S，Ma J，et al. Bipartite consensus in networks of agents with antagonistic interactions and quantization[J]. IEEE Transactions on Circuits and Systems II：Express Briefs，2018：1-1.

[25] Liu C，Liu F. Dynamical consensus seeking of heterogeneous multi-agent systems under input delays[J]. International Journal of Communication Systems，2013，26（10）：1243-1258.

[26] Zong X，Li T，Zhang J. Consensus conditions of continuous-time multi-agent systems with additive and multiplicative measurement noises[J]. SIAM Journal on Control and Optimization，Society for Industrial and Applied Mathematics，2018，56（1）：19-52.

[27] Lin P，Ren W，Gao H. Distributed velocity-constrained consensus of discrete-time multi-agent systems with nonconvex constraints，switching topologies，and delays[J]. IEEE Transactions on Automatic Control，2017，62（11）：5788-5794.

[28] Wang Y，Cheng L，Hou Z，et al. Consensus seeking in a network of discrete-time linear agents with communication noises[J].

International Journal of Systems Science，Taylor & Francis，2015，46（10）：1874-1888.

[29] Huang J. The consensus for discrete-time linear multi-agent systems under directed switching networks[J]. IEEE Transactions on Automatic Control，2017，62（8）：4086-4092.

[30] Rezaee H，Abdollahi F. Discrete-time consensus strategy for a class of high-order linear multiagent systems under stochastic communication topologies[J]. Journal of the Franklin Institute，Pergamon，2017，354（9）：3690-3705.

[31] Wang Q，Wang Y. Cluster synchronization of a class of multi-agent systems with a bipartite graph topology[J]. Science China Information Sciences，2014，57（1）：1-11.

[32] Liu C，Zhou Q，Hu X. Group consensus of heterogeneous multi-agent systems with fixed topologies[J]. International Journal of Intelligent Computing and Cybernetics，2015，8（4）：294-311.

[33] Wen G，Yu Y，Peng Z，et al. Dynamical group consensus of heterogenous multi-agent systems with input time delays[J]. Neurocomputing，2016，175：278-286.

第14章 带通信和输入时延的异构竞争多智能体系统分组一致性

14.1 引 言

作为多智能体系统协调控制的一个基本问题,多智能体系统的一致性问题近年来因其在各种领域的广泛应用而备受关注,包括移动机器人系统、分布式目标跟踪和群组决策。目前为止,已经有许多关于各种一致性问题的研究工作,如文献[1]~[5]和其中的参考文献等。

作为一致性问题的扩展,分组一致性意味着在包含多个分组的复杂系统中,在分组协议的作用下,各个分组各自实现一致。近年来已经有大量关于分组一致性的研究工作被报道,如文献[6]~[14]等。

需要指出的是,上面提到的研究工作主要集中在由多个同构智能体构成的多智能体系统。也就是说,整个复杂系统的所有智能体都具有相同的动力学行为。事实上,这种情况过于理想化。因为在现实世界中,智能体之间的动力学行为往往会不可避免地存在差异。同时,为了降低控制成本,人们通常会使用具有不同动力学行为的多个智能体来实现所需的整体目标。因此,近年来研究人员越来越关注异构多智能体系统的一致性问题,例如,文献[15]给出了异构网络同步的必要和充分条件。同时,文献[16]研究了异构多智能体系统并给出了某些充分条件以确保达成一致。关于时延,文献[17]讨论了异构混沌多智能体系统的一致性问题。基于无向拓扑结构,文献[18]讨论了异构网络的一致性问题。文献[19]研究了异构多智能体系统的全局有限一致性,并提出了保证一致性的判定标准。文献[20]和[21]也研究了具有时延的异构多智能体系统的一致性问题。针对离散时间异构多智能体系统,文献[22]和[23]分别讨论了存在连接故障系统的一致性问题。文献[24]研究了二阶欧拉-拉格朗日网络系统的多分组一致性问题。文献[25]设计了实现异构多智能体系统一致性的有效协议,基于状态转换方法,分析给出了系统实现一致的条件。基于某些假设,文献[26]也研究了异构多智能体系统及其分组一致性问题。考虑到输入时延的影响,文献[27]和[28]分别研究了异构系统的分组一致性问题。利用 Lyapunov 方法,文献[29]研究了线性和非线性异构多智能体系统及其分组一致性问题。

值得注意的是,上面提到的大多数研究工作主要是针对异构多智能体系统的一致性问题。众所周知,分组一致性在大规模协调控制和复杂任务方面具有重要的实际意义。因此,进一步的工作需要关注异构多智能体系统的分组一致性问题。同时,复杂多智能体系统中存在的通信和输入时延通常会影响甚至破坏系统的稳定性。因此,本章主要讨论一类具有时延的异构多智能体的分组一致性问题。

本章的创新点概括起来主要体现在以下三个方面：首先，目前针对在输入时延和通信时延共同影响下的异构多智能系统分组一致性的研究工作还鲜有报道。其次，基于智能体之间的竞争关系，本章从一个不同的角度提出了一种新颖的分组控制协议。它与文献[15]～[28]中基于合作关系的系统模型不同。众所周知，竞争关系也是复杂系统中的重要关系，如在生态学中食物链上捕食者和猎物的问题。同时，在本章的控制协议中，一阶智能体的动力学方程不具有虚拟速度。为了简化分析过程，许多相关工作中都包含有虚拟速度[26-28]。最后，本章的结果释放了文献[25]～[29]中存在的以下两个保守假设条件：入度平衡和系统拉普拉斯矩阵的零特征值的几何重数不小于 2。它们限制了智能体的通信和系统的拓扑结构，这一点在相关的研究工作中都有评论。基于矩阵理论和频域分析，本章分析给出了一些确保系统实现分组一致的判定准则。

14.2 预 备 知 识

本节主要介绍一些相关的数学知识、一致性基本定义以及引理。

加权有向图 $G = (V, E, A)$ 用于表示系统中的智能体以及多智能体系统中 n 个智能体之间的通信，其中节点集是 $V = \{v_1, v_2, \cdots, v_n\}$，边集是 $E = V \times V$，加权邻接矩阵是 $A = (a_{ij})_{N \times N} \in \mathbb{R}^{N \times N}$。无向图可以看成一个特殊的有向图。假设如果 $e_{ij} \in E$，则 $a_{ij} > 0$。即，当且仅当节点（智能体）v_i 可以从节点（智能体）v_j 接收信息时 $a_{ij} > 0$，否则 $a_{ij} = 0$。此外，对于所有 $i \in 1, 2, \cdots, n$，假设 $a_{ii} = 0$。$N_i = \{j \in V : e_{ij} \in E\}$ 表示第 i 个节点的邻居集，第 i 个节点的入度表示为 $d_i = \deg_{in}(i) = \sum_{j \in N_i} a_{ij}$，在度矩阵中表示为 $D = \text{diag}\{d_1, d_2, \cdots, d_n\}$。$\lambda_i$ 是矩阵 $D + A$ 的第 i 个非零特征值，定义 $L = D - A$ 为拉普拉斯矩阵。

在本章中，假设一个由 $n + m$ 个智能体组成的异构多智能体系统，其中包含一阶和二阶动力学智能体。为了方便起见，假设前 n 个和剩下的 m 个智能体分别为具有二阶和一阶动力学特性的智能体，那么系统的动力学方程可以描述如下：

$$\begin{cases} \begin{cases} \dot{x}_i(t) = v_i(t) \\ \dot{v}_i(t) = u_i(t) \end{cases}, \quad i \in g_1 \\ \dot{x}_i(t) = u_i(t), \quad i \in g_2 \end{cases} \tag{14.1}$$

其中，$g_1 = \{1, 2, \cdots, n\}$、$g_2 = \{n+1, n+2, \cdots, n+m\}$ 和 $g = g_1 \bigcup g_2$，$x_i(t), v_i(t), u_i(t) \in \mathbb{R}$ 分别表示第 i 个智能体的位置、速度状态和控制输入。

在一个异构多智能体系统里，对于每个智能体来说，其邻居节点集可包含二阶和一阶智能体节点，分别使用 $N_{i,s}$ 和 $N_{i,f}$ 来表示。因此，智能体 i 的邻居节点集合表示为 $N_i = N_{i,s} \bigcup N_{i,f}$。考虑到系统中智能体是异构的，因此邻接矩阵 A 可以表示为

$$A = \begin{bmatrix} A_s & A_{sf} \\ A_{fs} & A_f \end{bmatrix} \tag{14.2}$$

其中，$A_s \in \mathbb{R}^{n \times n}$、$A_f \in \mathbb{R}^{m \times m}$ 分别表示由所有二阶和一阶智能体组成的邻接矩阵，A_{fs} 由从一阶智能体到二阶智能体的耦合强度组成，A_{sf} 与 A_{fs} 相反。系统的拉普拉斯矩阵可以表示为

$$L = D - A = \begin{bmatrix} L_s + D_{sf} & -A_{sf} \\ -A_{fs} & L_f + D_{fs} \end{bmatrix} \tag{14.3}$$

在拉普拉斯矩阵 L_s 和 L_f 中，仅包括二阶智能体或一阶智能体的相互通信；$D_{sf} = \mathrm{diag}\left\{ \sum\limits_{j \in N_{i,f}} a_{ij}, i \in g_1 \right\}$ 和 $D_{fs} = \mathrm{diag}\left\{ \sum\limits_{j \in N_{i,s}} a_{ij}, i \in g_2 \right\}$ 是智能体 i 的入度矩阵，其包括从不同阶数的邻居节点收到的信息。

接下来介绍一些基本定义和引理。

定义 14.1　对于异构多智能体系统（14.1），对于任意初始状态当且仅当以下两个条件满足时，称系统可以渐近达到分组一致：

$$\begin{cases} \lim\limits_{t \to \infty} \left\| x_i(t) - x_j(t) \right\| = 0, & i, j \in g_k, k = 1,2 \\ \lim\limits_{t \to \infty} \left\| v_i(t) - v_j(t) \right\| = 0, & i, j \in g_k, k = 1 \end{cases} \tag{14.4}$$

引理 14.1[10]　对于一个包含有向生成树的二分图，它具有以下两个属性：$\mathrm{rank}(L) = n - 1$；当 $\lambda_i(L) \neq 0$ 时，$\mathrm{Re}(\lambda_i(L)) > 0$。同时，对于无向二分图，$\lambda_i(L) \in \mathbb{R}$。其中，$n$ 是系统中智能体的个数，矩阵 $L = D + A$。

14.3　问题描述与分析

在文献[18]中，作者研究了具有相同输入时延的异构多智能体系统的分组一致性。其系统描述如下：

$$\begin{cases} \dot{x}_i(t) = v_i(t) \\ \dot{v}_i(t) = \sum\limits_{j \in g_1} a_{ij}(x_j(t-\tau) - x_i(t-\tau)) + \sum\limits_{j \in g_2} a_{ij} x_j(t-\tau) \\ \quad\quad + \sum\limits_{j \in g_1} a_{ij}(v_j(t-\tau) - v_i(t-\tau)) + \sum\limits_{j \in g_2} a_{ij} v_j(t-\tau) \end{cases}, \quad i \in g_1 \tag{14.5}$$

$$\begin{cases} \dot{x}_i(t) = v_i(t-\tau) + \sum\limits_{j \in g_2} a_{ij}(x_j(t-\tau) - x_i(t-\tau)) + \sum\limits_{j \in g_1} a_{ij} x_j(t-\tau) \\ \dot{v}_i(t) = \sum\limits_{j \in g_2} a_{ij}(x_j(t) - x_i(t)) + \sum\limits_{j \in g_1} a_{ij} x_j(t) \end{cases}, \quad i \in g_2 \tag{14.6}$$

为了便于分析，虚拟速度估计被添加到系统（14.6）中的一阶智能体中。同时，系统（14.5）和（14.6）建立在智能体合作关系的基础上。

为了实现分组一致并区别于系统（14.5）和（14.6），基于智能体间的竞争关系，本章设计了一种新颖的分布式分组控制协议，具体如下：

$$\begin{cases} \dot{x}_i(t) = v_i(t) \\ \dot{v}_i(t) = -\alpha\left[\sum_{j\in N_i} a_{ij}(x_j(t-\tau_{ij}) + x_i(t-\tau))\right] - \beta v_i(t-\tau), & i \in g_1 \\ \dot{x}_i(t) = -\gamma\left[\sum_{j\in N_i} a_{ij}(x_j(t-\tau_{ij}) + x_i(t-\tau))\right], & i \in g_2 \end{cases} \tag{14.7}$$

其中，τ_{ij} 表示智能体 j 和智能体 i 之间的通信时延，τ 表示智能体的输入时延。同时，假设控制参数 $\alpha, \beta, \gamma > 0$。

定理 14.1　对于多智能体系统（14.7），假设系统的拓扑结构是无向二分图，如果以下条件成立，即 $\beta^2 > 2\alpha D_i$ 和 $\tau \in \left[\dfrac{1}{2\beta}, \dfrac{1}{2\gamma\max\{\tilde{D}_i\}}\right]$，则系统可以渐近实现分组一致。其中，$D_i = \sum\limits_{j\in N_i} a_{ij}(i \in g_1)$，$\tilde{D}_i = \sum\limits_{j\in N_i} a_{ij}(i \in g_2)$。

证明　首先对系统（14.7）进行拉普拉斯变换，可以得到

$$\begin{cases} sx_i(s) = v_i(s) \\ sv_i(s) = -\alpha\left[\sum_{j\in N_i} a_{ij}(\mathrm{e}^{-\tau_{ij}s}x_j(s) + \mathrm{e}^{-\tau s}x_i(s))\right] - \beta\mathrm{e}^{-\tau s}v_i(s), & i \in g_1 \end{cases} \tag{14.8}$$

$$sx_i(s) = -\gamma\left[\sum_{j\in N_i} a_{ij}(\mathrm{e}^{-\tau_{ij}s}x_j(s) + \mathrm{e}^{-\tau s}x_i(s))\right], \quad i \in g_2 \tag{14.9}$$

其中，$x_i(s)$ 和 $v_i(s)$ 分别表示 $x_i(t)$ 和 $v_i(t)$ 的拉普拉斯变换形式。

从式（14.8）中可以得出

$$s^2 x_i(s) = -\alpha\left[\sum_{j\in N_i} a_{ij}(\mathrm{e}^{-\tau_{ij}s}x_j(s) + \mathrm{e}^{-\tau s}x_i(s))\right] - \beta s\mathrm{e}^{-\tau s}x_i(s), \quad i \in g_1 \tag{14.10}$$

经过简单的等式代换后，可知

$$sx_i(s) = \frac{-s^2 x_i(s) - \alpha\left[\sum_{j\in N_i} a_{ij}(\mathrm{e}^{-\tau_{ij}s}x_j(s) + \mathrm{e}^{-\tau s}x_i(s))\right]}{\beta\mathrm{e}^{-\tau s}}, \quad i \in g_1 \tag{14.11}$$

定义 $x_s(s) = [x_1(s), x_2(s), \cdots, x_n(s)]^{\mathrm{T}}$，$x_f(s) = [x_{n+1}(s), x_{n+2}(s), \cdots, x_{n+m}(s)]^{\mathrm{T}}$ 和

$$\hat{L} = (\hat{l}_{ij})_{(n+m)\times(n+m)} = \begin{cases} \mathrm{e}^{-\tau_{ij}s}a_{ij}, & i \neq j \\ \sum_{j\in N_i} a_{ij}\mathrm{e}^{-\tau s}, & i = j \end{cases} \tag{14.12}$$

然后从式（14.9）和式（14.11）可以得到

$$\begin{cases} sx_s(s) = \dfrac{(-s^2 x_s(s) - \alpha(\hat{L}_s + \hat{D}_{sf})x_s(s) - \alpha\hat{A}_{sf}x_f(s))}{\beta\mathrm{e}^{-\tau s}} \\ sx_f(s) = -\gamma\hat{A}_{fs}x_s(s) - \gamma(\hat{L}_f + \hat{D}_{fs})x_f(s) \end{cases} \tag{14.13}$$

定义 $y(s) = [x_s^{\mathrm{T}}(s), x_f^{\mathrm{T}}(s)]^{\mathrm{T}}$，那么（14.13）可以重写为

$$sy(s) = \tilde{\Psi}(s)y(s) \tag{14.14}$$

其中

$$\tilde{\Psi}(s) = \begin{bmatrix} -s^2 I_n - \alpha(\hat{L}_s + \hat{D}_{sf}) & -\alpha \hat{A}_{sf} \\ \dfrac{\beta e^{-\tau s}}{-\gamma \hat{A}_{fs}} & \dfrac{\beta e^{-\tau s}}{-\gamma(\hat{L}_f + \hat{D}_{fs})} \end{bmatrix} \tag{14.15}$$

定义 $\tilde{\Gamma}(s) = \det(sI - \tilde{\Psi}(s))$。基于 Lyapunov 稳定性判据，如果 $\tilde{\Gamma}(s)$ 的根位于 $s = 0$ 处或者 $\mathrm{Re}(\lambda_i(\tilde{\Gamma}(s))) < 0$，则系统可以渐近达到分组一致。接下来，本章将基于奈奎斯特一般准则分别讨论这两种情况。

当 $s = 0$ 时，$\tilde{\Gamma}(0) = \det(D + A)\left(\dfrac{-\alpha}{\beta}\right)^n (-\gamma)^m$。根据引理 14.1，0 是矩阵 $D + A$ 的唯一特征值。因此，$\tilde{\Gamma}(0)$ 的根位于点 $s = 0$ 处。

当 $s \neq 0$ 时，设定 $\tilde{\Gamma}(s) = \det(\Phi(s) + I)$，其中

$$\Phi(s) = \begin{bmatrix} \dfrac{s^2 I_n + \alpha(\hat{L}_s + \hat{D}_{sf})}{s\beta e^{-\tau s}} & \dfrac{\alpha \hat{A}_{sf}}{s\beta e^{-\tau s}} \\ \dfrac{\gamma \hat{A}_{fs}}{s} & \dfrac{\gamma(\hat{L}_f + \hat{D}_{fs})}{s} \end{bmatrix} \tag{14.16}$$

设定 $s = j\omega$，根据奈奎斯特一般准则，当且仅当点 $(-1, j0)$ 未被 $\Phi(j\omega)$ 的奈奎斯特曲线包围时，$\tilde{\Gamma}(s)$ 的根位于复平面的左半平面。换而言之，在这种情况下系统可以实现分组一致。通过圆盘定理，可以得到

$$\lambda(\Phi(j\omega)) \in \{\Phi_i, i \in g_1\} \bigcup \{\Phi_i, i \in g_2\} \tag{14.17}$$

当 $i \in g_1$ 时，有

$$\Phi_i = \left\{ x : x \in \left\| x - \frac{\alpha}{j\omega\beta} \sum_{j \in N_i} a_{ij} - \frac{j\omega}{\beta} e^{j\omega\tau} \right\| \leqslant \sum_{j \in N_i} \left| \frac{\alpha a_{ij}}{j\omega\beta} e^{-j\omega(\tau_{ij} - \tau)} \right| \right\} \tag{14.18}$$

令 $\displaystyle\sum_{j \in N_i} a_{ij} = D_i, i \in g_1$，由于点 $(-a, j0)$ $(a \geqslant 1)$ 不被 $\Phi_i (i \in g_1)$ 包围，因此可得以下不等式：

$$\left| -a - \frac{\alpha D_i}{j\omega\beta} - \frac{j\omega}{\beta} e^{j\omega\tau} \right| > \sum_{j \in N_i} \left| \frac{\alpha a_{ij}}{j\omega\beta} e^{-j\omega(\tau_{ij} - \tau)} \right| \tag{14.19}$$

基于欧拉公式和式（14.19），可以得出

$$\left| -a + \frac{\alpha D_i}{\omega\beta} j - \frac{j\omega}{\beta}(\cos(\omega\tau) + j\sin(\omega\tau)) \right| > \left| \frac{\alpha D_i}{j\omega\beta}(\cos(\tau_{ij} - \tau) - j\sin(\tau_{ij} - \tau)) \right| \tag{14.20}$$

因此，可以得到

$$a^2 - \frac{2a\omega}{\beta}\sin(\omega\tau) + \frac{\omega^2}{\beta^2} - \frac{2\alpha D_i}{\beta^2}\cos(\omega\tau) > 0 \tag{14.21}$$

容易得知，对于 $a \geqslant 1$，$a^2 - \dfrac{2a\omega}{\beta}\sin(\omega\tau)$ 是单调递增的。因此，得到

$$1 - \frac{2\omega}{\beta}\sin(\omega\tau) + \frac{\omega^2}{\beta^2} - \frac{2\alpha D_i}{\beta^2}\cos(\omega\tau) > 0 \tag{14.22}$$

由于控制参数 β 为正，可以导出以下不等式：

$$\beta^2 - 2\omega\beta\sin(\omega\tau) + \omega^2 - 2\alpha D_i\cos(\omega\tau) > 0 \tag{14.23}$$

显然，当下面这两个不等式满足时，式（14.23）可以成立：

$$2\alpha D_i\cos(\omega\tau) - \beta^2 < 0 \tag{14.24}$$

$$2\omega\beta\sin(\omega\tau) - \omega^2 < 0 \tag{14.25}$$

对于式（14.24），由于 $\cos(\omega\tau) \leqslant 1$，可以得到 $\beta^2 > 2\alpha D_i$。由式（14.25），可知 $1 - 2\beta\tau\dfrac{\sin(\omega\tau)}{\omega\tau} > 0$。由于 $\dfrac{\sin(\omega\tau)}{\omega\tau} \leqslant 1$，所以 $\tau \leqslant \dfrac{1}{2\beta}$。

同样，当 $i \in g_2$ 时，可以得到以下不等式：

$$\Phi_i = \left\{ x : x \in \left\| x - \frac{\gamma}{j\omega}\sum_{j \in N_i} a_{ij}e^{-j\omega\tau} \right\| \leqslant \sum_{j \in N_i}\left\| \frac{\gamma a_{ij}}{j\omega}e^{-j\omega\tau_{ij}} \right\| \right\} \tag{14.26}$$

由于点 $(-a, j0)(a \geqslant 1)$ 不能被 $\Phi_i(i \in g_2)$ 包围，所以

$$\left| -a - \frac{\gamma}{j\omega}\sum_{j \in N_i} a_{ij}e^{-j\omega\tau} \right| > \sum_{j \in N_i}\left| \frac{\gamma a_{ij}}{j\omega}e^{-j\omega\tau_{ij}} \right| \tag{14.27}$$

定义 $\displaystyle\sum_{j \in N_i} a_{ij} = \tilde{D}_i, i \in g_2$，则从式（14.27）中可以推导得到

$$\left| -a + \frac{\gamma\tilde{D}_i}{\omega}(j\cos(\omega\tau) + \sin(\omega\tau)) \right| > \left| \frac{\gamma\tilde{D}_i}{\omega}(-\sin\tau_{ij} - j\cos(\omega\tau_{ij})) \right| \tag{14.28}$$

经过一些计算，可得

$$a^2 - \frac{2a\gamma\tilde{D}_i}{\omega}\sin(\omega\tau) > 0 \tag{14.29}$$

从式（14.29）中可知，$a^2 - \dfrac{2a\gamma\tilde{D}_i}{\omega}\sin(\omega\tau)$ 会随着 a 增加而递增。所以 $1 - \dfrac{2\gamma\tilde{D}_i}{\omega}\sin(\omega\tau) > 0$ 成立。因为 $\dfrac{\sin(\omega\tau)}{\omega\tau} \leqslant 1$，所以 $\tau \leqslant \dfrac{1}{2\gamma\tilde{D}_i}$ 成立。

综上，定理 14.1 得证。

推论 14.1 对于系统（14.7），如果其拓扑是二分图且含有有向生成树，则系统可以渐近实现分组一致，当如下两个条件成立：$\beta^2 > 2\alpha D_i$ 和 $\tau \in \left[\dfrac{1}{2\beta}, \dfrac{1}{2\gamma\max\{\tilde{D}_i\}}\right]$。其中，$D_i = \displaystyle\sum_{j \in N_i} a_{ij}(i \in g_1)$，$\tilde{D}_i = \displaystyle\sum_{j \in N_i} a_{ij}(i \in g_2)$。

通过引理 14.1，结合定理 14.1 的证明，可以得到推论 14.1 中的相关结论。

注 14.1　从定理 14.1 可知，耦合强度和控制参数对于系统分组一致的实现起着关键作用。但是，通信时延对实现分组一致没有影响。此外，智能体之间的耦合强度或控制参数越小，系统所能容忍的输入时延就会越大。

注 14.2　系统（14.7）中提出的协议是基于智能体之间的竞争关系来构建的。现有的相关工作几乎都基于智能体间的合作关系，如文献[15]～[28]等。本章从一个新的角度研究了异构复杂系统的分组一致性。同时，系统（14.7）中的一阶智能体的动力学方程中没有虚拟速度估计。为了便于分析，一些现有的研究工作中使用了虚拟速度估计，如文献[26]～[28]等。虚拟速度会导致额外的计算并降低系统的灵活性。

注 14.3　不同于文献[25]～[29]，本章进一步释放了以下两个保守的假设条件：入度平衡和系统拉普拉斯矩阵的零特征值的几何重数不小于 2。众所周知，入度平衡意味着在不同子组间智能体的通信实际上是互相抵消的。也就是说，在子系统间没有实际的通信[9]。这是一个非常保守的条件。同时，第二个假设也对系统的拓扑结构有一些限制。此外，现有的一些研究工作要么没有考虑时延，如文献[24]～[27]，要么只考虑输入时延的影响[28]。因此，本章的研究工作更具有一般性。

接下来，将讨论同时具有不同输入时延和通信时延的情况。

在式（14.7）的基础上，系统模型可以扩展如下：

$$\begin{cases} \dot{x}_i(t) = v_i(t) \\ \dot{v}_i(t) = -\alpha \left[\sum_{j \in N_i} a_{ij}[x_j(t-\tau_{ij}) + x_i(t-\tau_i)] - \beta v_i(t-\tau_i) \right], & i \in g_1 \\ \dot{x}_i(t) = -\gamma \left[\sum_{j \in N_i} a_{ij}[x_j(t-\tau_{ij}) + x_i(t-\tau_i)] \right], & i \in g_2 \end{cases} \quad (14.30)$$

其中，τ_i 是智能体 i 的输入时延，而 τ_{ij} 是智能体 j 和 i 之间的通信时延。

定理 14.2　对于多智能体系统（14.30），假设系统的拓扑是无向二分图，如果以下两个条件成立：$\beta^2 > 2\alpha D_i$ 且 $\tau_i \in \left[0, \dfrac{1}{2\beta}\right](i \in g_1)$ 或者 $\tau_i \in \left[0, \dfrac{1}{2\gamma \tilde{D}_i}\right](i \in g_2)$，则系统可以实现分组一致。其中，$D_i = \sum_{j \in N_i} a_{ij}(i \in g_1)$，$\tilde{D}_i = \sum_{j \in N_i} a_{ij}(i \in g_2)$。

推论 14.2　对于多智能体系统（14.30），假设系统的拓扑是含有生成树的有向二分图，当以下两个条件成立时：$\beta^2 > 2\alpha D_i$ 且 $\tau_i \in \left[0, \dfrac{1}{2\beta}\right](i \in g_1)$ 或者 $\tau_i \in \left[0, \dfrac{1}{2\gamma \tilde{D}_i}\right](i \in g_2)$，则系统可以渐近实现分组一致。其中，$D_i = \sum_{j \in N_i} a_{ij}(i \in g_1)$，$\tilde{D}_i = \sum_{j \in N_i} a_{ij}(i \in g_2)$。

由于证明过程与定理 14.1 的证明相似，这里不再赘述。

注 14.4　从定理 14.2 可知，输入时延的上界将随着智能体的不同动力学行为而变化，并由具有相同动力学行为的智能体之间的控制参数和耦合强度决定。相似地，智能体之间的通信时延对系统的二分组一致性没有影响。

注 14.5　在本章中考虑的系统拓扑结构要么是无向二分图,要么是含有有向生成树的有向二分图。它们似乎也是一种特殊的拓扑结构,但事实上,系统分组一致的实现通常都要依赖一些特定的条件。例如,在文献[25]~[29]中,系统的拓扑结构也是一个无向图或包含生成树的有向图。同时,为了实现分组一致,有时还需要一些额外的假设条件,这些假设已在注 14.2 和注 14.3 中提及。总之,在一个更普适的条件下研究异构多智能体系统的分组一致性问题将是一项具有挑战性的工作。

14.4　例子与数值仿真

假设异构系统的拓扑结构如图 14.1 所示。其中,智能体 1 和 2 以及 3、4 和 5 分别属于子组 G_1 和 G_2。不失一般性,设定智能体 1 和 5 为二阶智能体,而一阶智能体包括剩余的智能体 2、3 和 4。因此,图 14.1 中的每个子组也均为异构形式。

注 14.6　与文献[24]~[26]不同,本章不限于同一子组内的智能体是同质的。显然,他们所讨论的情形是本章工作的一个特例。

为简单起见,设置 $a_{ij} = 1$, $i, j \in [1, 5]$,并选取 $\alpha = 1$, $\beta = 3$, $\gamma = 1$。从图 14.1 所示的系统拓扑中,很容易知道 $d_1 = 3$, $d_2 = 2$, $d_3 = 1$, $d_4 = 2$, $d_5 = 2$。

实验 14.1　根据定理 14.1 中所给出的分组一致判定准则,可计算出输入时延的范围为 $\tau \in [0, \min\{1/6, 1/4\}]$。在这种情况下,选择输入时延 $\tau = 0.15\text{s}$。易知,定理 14.1 的条件都可满足。根据定理 14.1,可知通信时延不会影响系统的分组一致性。因此,为方便起见,设定它们的值均相同。接下来,本章设计了几种不同的情形来讨论通信和输入时延对系统收敛速度的影响。图 14.2 和图 14.3 分别显示了系统(14.7)中各个智能体的状态轨迹。易知,当定理 14.1 的条件满足时,系统(14.7)均实现了分组一致。

注 14.7　图 14.2 和图 14.3 中的结果表明,通信和输入时延都能够影响智能体的轨迹。时延越短,系统收敛越快。因此,可以通过减少通信时延,输入时延或两种时延来提高系统的收敛速度。

实验 14.2　根据定理 14.2 以及给定的参数,可以得到 $\tau_i \leqslant \dfrac{1}{6}\text{s}(i \in \sigma_1)$, $\tau_3 \leqslant 0.5\text{s}$, $\tau_4 \leqslant 0.25\text{s}$, $\tau_5 \leqslant 0.25\text{s}$。在实验中,选择 $\tau_1 = 0.15\text{s}$、$\tau_2 = 0.2\text{s}$、$\tau_3 = 0.5\text{s}$、$\tau_4 = 0.25\text{s}$、$\tau_5 = 0.15\text{s}$。显然,定理 14.2 中的条件都可满足了。与实验 14.1 类似,本章考虑了几种情形来讨论时延对系统的影响。系统(14.30)中的各个智能体的轨迹分别如图 14.4 和图 14.5 所示。易知,系统(14.30)均实现了分组一致。

实验 14.3　假设异构系统(14.7)的拓扑结构如图 14.6 所示。可知,系统拓扑图含有有向生成树。设置 $\tau = 0.15\text{s}$,以满足推论 14.1 的条件。根据图 14.7,可知系统能渐近实现分组一致。同样,如果系统(14.30)具有如图 14.6 所示的拓扑结构,并设置 $\tau_1 = 0.15\text{s}$、$\tau_2 = 0.2\text{s}$、$\tau_3 = 0.5\text{s}$、$\tau_4 = 0.25\text{s}$、$\tau_5 = 0.15\text{s}$ 以满足推论 14.2 中的条件。图 14.8 显示了系统(14.30)中各个智能体的状态演化曲线。易知,系统(14.30)也实现了分组一致。

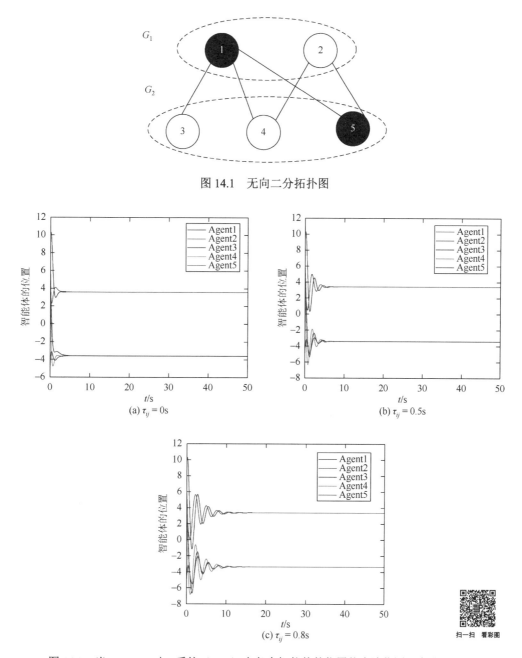

图 14.1　无向二分拓扑图

图 14.2　当 $\tau = 0.15\mathrm{s}$ 时，系统（14.7）中各个智能体的位置状态演化图（实验 14.1）

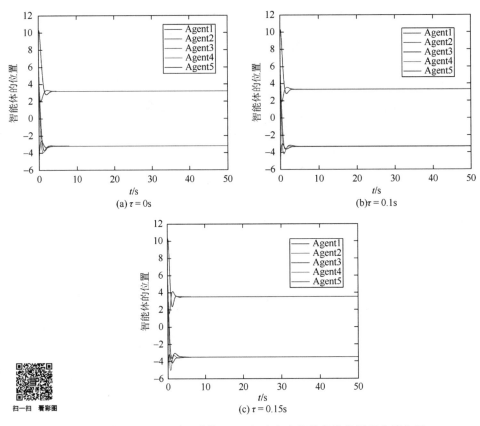

图 14.3　当 $\tau_{ij} = 0.15\mathrm{s}$ 时，系统（14.7）中各个智能体的位置状态演化图

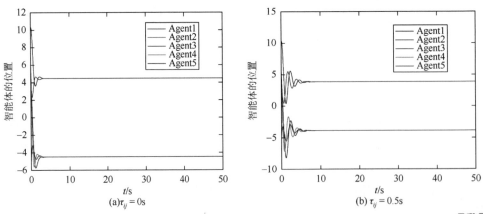

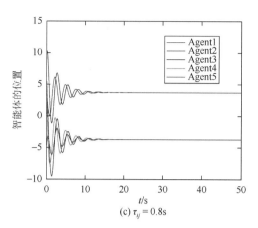

(c) $\tau_{ij} = 0.8\text{s}$

图 14.4　当 $\tau_1 = 0.15\text{s}$、$\tau_2 = 0.2\text{s}$、$\tau_3 = 0.5\text{s}$、$\tau_4 = 0.25\text{s}$、$\tau_5 = 0.15\text{s}$ 时，系统（14.30）中各个智能体的位置状态演化图（实验 14.1）

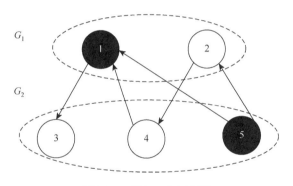

图 14.5　有向二分拓扑图

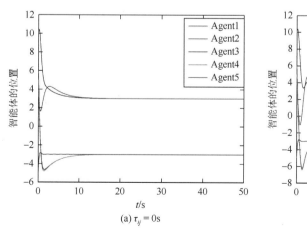

(a) $\tau_{ij} = 0\text{s}$

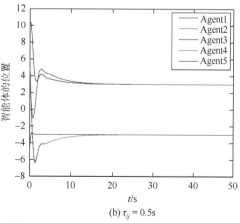

(b) $\tau_{ij} = 0.5\text{s}$

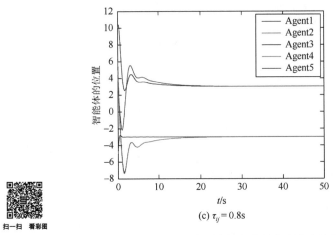

(c) $\tau_{ij} = 0.8\text{s}$

图 14.6　当 $\tau = 0.15\text{s}$ 时，系统（14.7）中各个智能体的位置状态演化图（实验 14.3）

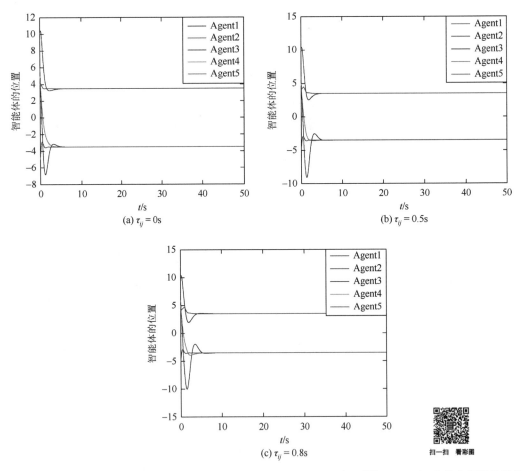

图 14.7　当 $\tau_1 = 0.15\text{s}$、$\tau_2 = 0.2\text{s}$、$\tau_3 = 0.5\text{s}$、$\tau_4 = 0.25\text{s}$、$\tau_5 = 0.15\text{s}$ 时，系统（14.30）中各个智能体的位
置状态演化图（实验 14.3）

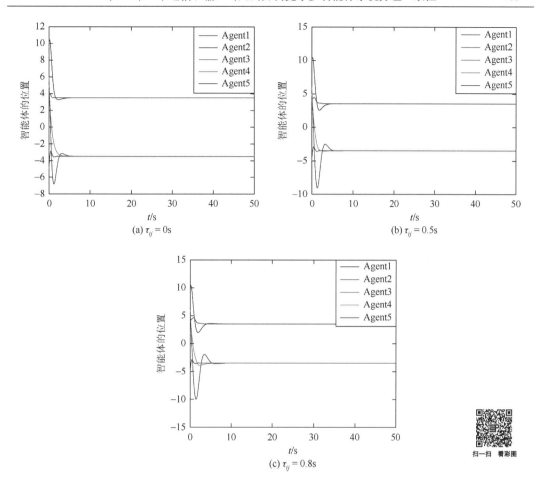

图 14.8　当 $\tau_1 = 0.15\text{s}$、$\tau_2 = 0.2\text{s}$、$\tau_3 = 0.5\text{s}$、$\tau_4 = 0.25\text{s}$、$\tau_5 = 0.15\text{s}$ 时，系统（14.30）中各个智能体的位置状态演化图（实验 14.3）

14.5　本 章 小 结

　　本章分别讨论了在通信时延和输入时延的影响下，一类异构多智能体系统的分组一致性问题。基于智能体间的竞争关系，提出了一种新颖的分布式分组控制协议。通过利用矩阵理论和奈奎斯特一般准则，从理论上分析给出了一些充分条件以及输入时延的上界条件。研究发现，系统的控制参数、智能体之间的耦合强度和输入时延对异构系统分组一致的实现起着关键作用，而通信时延则与异构系统的分组一致无关。但是，通信时延会影响系统的收敛速度。此外，仿真结果表明，通过减少通信时延、输入时延或同时减少通信和输入时延，可以提高系统的收敛速度。

参 考 文 献

[1]　Olfati-Saber R，Murray R. Consensus problems in networks of agents with switching topology and time-delays[J]. IEEE Transactions on Automatic Control，2004，49（9）：1520-1533.

[2]　Xiao F，Chen T，Gao H. Synchronous hybrid event and time-driven consensus in multiagent networks with time delays[J]. IEEE Transactions on Cybernetics，2016，46（5）：1165-1174.

[3]　Li H，Chen G，Huang T，et al. Event-triggered distributed average consensus over directed digital networks with limited communication bandwidth[J]. IEEE Transactions on Cybernetics，2016，46（12）：3098-3110.

[4]　Chen Y，Dong H，Lu J，et al. Robust consensus of nonlinear multiagent systems with switching topology and bounded noises[J]. IEEE Transactions on Cybernetics，2016，46（6）：1276-1285.

[5]　Wu X，Tang Y，Cao J，et al. Distributed consensus of stochastic delayed multi-agent systems under asynchronous switching[J]. IEEE Transactions on Cybernetics，2016，46（8）：1817-1827.

[6]　Yu J，Wang L. Group consensus in multi-agent systems with switching topologies and communication delays[J]. Systems & Control Letters，2010，59（6）：340-348.

[7]　Han Y，Lu W，Chen T. Cluster consensus in discrete-time networks of multiagents with inter-cluster nonidentical inputs[J]. IEEE Transactions on Neural Networks and Learning Systems，2013，24（4）：566-578.

[8]　Ji L，Liu Q，Liao X. On reaching group consensus for linearly coupled multi-agent networks[J]. Information Sciences，2014，287：1-12.

[9]　Liao X，Ji L. On pinning group consensus for dynamical multi-agent networks with general connected topology[J]. Neurocomputing，2014，135：262-267.

[10]　Wang Q，Wang Y. Cluster synchronization of a class of multi-agent systems with a bipartite graph topology[J]. Science China Information Sciences，2014，57（1）：1-11.

[11]　Han Y，Lu W，Chen T. Achieving cluster consensus in continuous-time networks of multi-agents with inter-cluster non-identical inputs[J]. IEEE Transactions on Automatic Control，2015，60（14）：793-798.

[12]　Shang Y. Group consensus of multi-agent systems in directed networks with noises and time delays[J]. International Journal of Systems Science，2015，46（14）：2481-2492.

[13]　Xu W，Ho D W C. Clustered event-triggered consensus analysis：An impulsive framework[J]. IEEE Transactions on Industrial Electronics，2016，63（11）：7133-7143.

[14]　Hu H，Yu W，Wen G，et al. Reverse group consensus of multi-agent systems in the cooperation-competition network[J]. IEEE Transactions on Circuits and Systems I：Regular Papers，2016，63（11）：2036-2047.

[15]　Lunze J. Synchronization of heterogeneous agents[J]. IEEE Transactions on Automatic Control，2012，57（11）：2885-2890.

[16]　Wang L，Chen M，Wang Q. Bounded synchronization of a heterogeneous complex switched network[J]. Automatica，2015，56：19-24.

[17]　Ma T，Song Y，Feng C，et al. Distributed adaptive consensus control of heterogeneous multi-agent chaotic systems with unknown time delays[J]. IET Control Theory & Applications，2015，9（16）：2414-2422.

[18]　Goldin D，Raisch J. Consensus for agents with double integrator dynamics in heterogeneous networks[J]. Asian Journal of Control，2014，16（1）：30-39.

[19]　Chen M，Feng W，Wang Q，et al. Global bounded consensus in heterogeneous multi-agent systems with directed communication graph[J]. IET Control Theory & Applications，2015，9（1）：147-152.

[20]　Liu C，Liu F. Dynamical consensus seeking of heterogeneous multi-agent systems under input delays[J]. International Journal of Communication Systems，2013，26（10）：1243-1258..

[21]　Sun Y，Zhang G，Zeng J. Consensus analysis for a class of heterogeneous multiagent systems with time delay based on frequency domain method[J]. Mathematical Problems in Engineering，2014：1-7.

[22]　Kim J M，Choi Y H，Park J B. Leaderless and leader-following consensus for heterogeneous multi-agent systems with random link failures[J]. IET Control Theory & Applications，2014，8（1）：51-60.

[23]　Li S，Feng G，Luo X，et al. Output consensus of heterogeneous linear discrete-time multiagent systems with structural uncertainties[J]. IEEE Transactions on Cybernetics，2015，45（12）：2868-2879.

[24]　Hu H，Yu W，Xuan Q，et al. Group consensus for heterogeneous multi-agent systems with parametric uncertainties[J].

Neurocomputing，2014，142：383-392.

[25]　Zheng Y，Wang L. A novel group consensus protocol for heterogeneous multi-agent systems[J]. International Journal of Control，2015，88（11）：2347-2353.

[26]　Liu C，Zhou Q，Hu X. Group consensus of heterogeneous multi-agent systems with fixed topologies[J]. International Journal of Intelligent Computing and Cybernetics，2015，8（4）：294-311.

[27]　Wen G，Huang J，Wang C，et al. Group consensus control for heterogeneous multi-agent systems with fixed and switching topologies[J]. International Journal of Control，2016，89（13）：259-269.

[28]　Wen G，Yu Y，Peng Z，et al. Dynamical group consensus of heterogenous multi-agent systems with input time delays[J]. Neurocomputing，2016，175：278-286.

[29]　Qin J，Ma Q，Gao H，et al. On group synchronization for interacting clusters of heterogeneous systems[J]. IEEE Transactions on Cybernetics，2017，47（12）：4122-4133.

第15章 基于竞争关系的离散异构多智能体系统分组一致性

15.1 引 言

目前,大部分多智能体系统一致性研究都是基于同构系统,即整个系统的所有智能体具有相同的动力学结构。然而,现实应用中普遍存在的外部干扰和通信限制往往使得不同智能体的动力学方程不尽相同。并且,对于实际工程应用需求,具有不同动力学方程的多智能体构成的系统更加灵活,从而可以减少系统开销。所以,异构多智能体系统近年来成为热门研究趋势,同时其也是研究难度更大和更具有挑战性的工作。近年来,针对异构多智能体系统一致性及分组一致性的相关研究工作也陆续被报道。文献[1]分别讨论了异构多智能体系统在固定和切换通信拓扑的情况下达到一致性的条件。Sun 和 Geng[2]研究了线性系统中随机动力学智能体的一致性轨迹控制问题。Sun 等[3]探讨了在时延影响下异构系统的一致性。Sun 等[4]基于离散异构多智能体系统,利用图论和矩阵理论讨论了确保系统一致性的充分必要条件及其达到一致时的平衡点。Liu 等[5]提出了在受限通信时延影响下异构系统达到一致的充分条件。Bernardo 等[6]研究了受时变通信时延影响的异构多智能体系统并将控制策略应用到编队控制中。

与此同时,多智能体系统的分组一致性也一直是研究热点[7-9],其可以满足多任务处理和大规模任务分解处理的应用需求。目前实现系统分组一致的策略大多数基于智能体间的合作关系[10-13],也有少数基于竞争关系[14,15]。合作关系使得相邻节点相互靠近,而竞争关系使得相邻节点相互远离。Yu 等[16]分别研究了一阶和二阶系统的分组一致性并通过代数理论分析得到了确保一致性达成的充分必要条件。文献[9]讨论了在随机噪声和通信时延干扰下多智能体系统的分组一致性。文献[13]探讨了考虑输入时延的异构系统的分组一致性策略。以上列举的基于合作关系的分组一致性策略都对系统拓扑有较为严苛的要求,或需满足强连通条件,或需满足入度平衡条件。而后,Wang 等[14]从一个全新的角度提出了基于竞争关系的分组一致控制策略,系统拓扑无须满足上述条件,这给分组一致性研究提供了新的思路。由于设计有效适用于异构系统的分组一致协议难度相比同构系统更大,所以相关的文献仍然欠缺,这是研究异构多智能体系统及其一致性的动机。

考虑到当传输信道拥堵会产生的通信时延以及当智能体本身传感器老化或计算能力不足时会产生的输入时延,本章合理地同时考虑了这两种时延对系统一致性的影响,而目前很多文献并没有考虑或者仅考虑了其中一种情况[5,10,13]。并且本章利用频域分析等方法得到了确保异构多智能体系统达到分组一致的时延上界。仿真实验验证了理论结果的正确性。

由于目前大部分相关文献都是基于连续多智能体系统[6-9,11,12],而离散系统在实际应用中也普遍存在,所以基于离散多智能体系统的研究也十分具有实用价值。综合以上创新点使得本章的研究结果适用范围更加广泛。

15.2　预 备 知 识

为了推导本章的主要结论,本节给出一些数学方面的预备知识,主要包括代数图论、矩阵理论以及一致性理论。

定义 15.1[15]　一个图 $G=(V,E)$ 可以称为二分图当且仅当如下两个条件成立:

(1)顶点集 V 可完全分解为两个不相交的子集 V_1 和 V_2;

(2)图中与每一条边 $e=(i,j)$ 相关联的两个顶点 i、j 分别属于不同的子集,即 $i\in V_1$,$j\in V_2$。

定义 15.2　有向生成树是指一个有向连通图,其除了根节点,所有的节点有且仅有一个从父节点接收信息的有向边。一个含有有向生成树的图是指该图中至少存在一个包含此图所有节点的有向生成树。

定义 15.3　一个包含一阶和二阶节点的异构离散多智能体系统,当以下两个条件成立时称系统可达到一致:

(1)$\lim\limits_{k\to\infty}\left\|x_i(k)-x_j(k)\right\|=0, i,j\in\sigma_k, k=1,2$;

(2)$\lim\limits_{k\to\infty}\left\|v_i(k)-v_j(k)\right\|=0, i,j\in\sigma_1$。

引理 15.1[15]　对于一个包含有向生成树的二分图,当 $\lambda_i(D+A)\neq 0$ 时 $\mathrm{Re}(\lambda_i(D+A))>0$,且 $\mathrm{rank}(D+A)=n-1$。其中 D、A 分别表示该图的入度矩阵和邻接矩阵;λ_i、$\mathrm{Re}(\lambda_i)$ 为矩阵的特征值及其实部。

引理 15.2[17]　假定向量 $z=[z_1,z_2,\cdots,z_n], z_i\in\mathbb{R}$ 和系统拓扑图的拉普拉斯矩阵 $L\in\mathbb{R}^{n\times n}$,则存在如下等价条件:

(1)拉普拉斯矩阵的特征值 $\lambda_i(L)$ 除唯一零值外其余都具有正实部;

(2)若 $Lz=0$,则 $z_1=z_2=\cdots=z_n$;

(3)系统 $z=-Lz$ 可达到渐近一致;

(4)拉普拉斯矩阵 L 对应的有向图具有至少一个有向生成树。

引理 15.3[17]　对于所有非负实数 D,有以下不等式成立:

$$\frac{\sin\left(\dfrac{(2D+1)\omega}{2}\right)}{\sin\left(\dfrac{\omega}{2}\right)}\leqslant 2D+1,\quad \omega\in[-\pi,\pi]$$

15.3　问题描述与分析

假设一个离散异构多智能体系统包含 $n+m$ 个智能体节点,为了便于讨论,设前 n 个为二阶节点,余下的 m 个为一阶智能体节点,此系统的动力学方程如下:

$$
\begin{cases}
\begin{cases}
x_i(k+1) = x_i(k) + v_i(k) \\
v_i(k+1) = v_i(k) + u_i(k)
\end{cases}, \quad i \in \sigma_1 \\
x_l(k+1) = x_l(k) + u_l(k), \quad l \in \sigma_2
\end{cases}
\tag{15.1}
$$

其中，一阶节点集合 $\sigma_1 = \{1, 2, \cdots, n\}$，二阶节点集合 $\sigma_2 = \{n+1, n+2, \cdots, n+m\}$，且 $\sigma = \sigma_1 \bigcup \sigma_2$。$u_i(k), x_i(k), v_i(k) \in \mathbb{R}$ 分别表示节点 i 的控制输入、位移和速度。

对于一个异构多智能体系统，节点 i 的邻居节点可包含二阶节点和一阶节点，可用 $N_{i,s}$ 和 $N_{i,f}$ 分别表示，则节点 i 的邻居节点集合可表示为 $N_i = N_{i,f} \bigcup N_{i,s}$。此异构系统拓扑图的邻接矩阵 A 可以分解为 $A = \begin{bmatrix} A_s & A_{sf} \\ A_{fs} & A_f \end{bmatrix}$，其中 $A_s \in \mathbb{R}^{n \times n}$ 和 $A_f \in \mathbb{R}^{m \times m}$ 分别包含全部二阶节点的连接关系和所有一阶节点的连接关系，A_{sf} 由一阶节点指向二阶节点的边组成，相应 A_{fs} 由二阶节点指向一阶节点的边组成。拉普拉斯矩阵也可分解为 $L = D - A = \begin{bmatrix} L_s + D_{sf} & -A_{sf} \\ -A_{fs} & L_f + D_{fs} \end{bmatrix}$，其中 L_s、L_f 分别表示只考虑二阶节点或一阶节点的拉普拉斯矩阵，且 $D_{sf} = \mathrm{diag}\left\{ \sum_{j \in N_{i,f}} a_{ij}, i \in \sigma_1 \right\}$ 表示一阶节点 i 从其二阶邻居节点收到的边权重和，相应 $D_{fs} = \mathrm{diag}\left\{ \sum_{j \in N_{i,s}} a_{ij}, i \in \sigma_2 \right\}$ 表示二阶节点 i 从其一阶邻居节点收到的边权重和。因此，矩阵 $D + A$ 可以分解为如下形式：

$$
D + A = \begin{bmatrix} D_s + A_s + D_{sf} & A_{sf} \\ A_{fs} & D_f + A_f + D_{fs} \end{bmatrix}
$$

目前大部分关于分组一致性的控制协议都基于合作关系[10-12]，但其局限性在于系统拓扑必须满足入度平衡的条件，即任一节点从不同分组节点接收的边权重和为零。从不同的角度，文献[18]基于二分图的特性提出了基于竞争关系的分组一致性协议。受该文章的启发，本章分别针对二阶智能体和一阶智能体设计了基于竞争的一致性控制协议，如下所示：

$$
u_i(k) = -\alpha \left[\sum_{j \in N_i} a_{ij}(x_j(k - \tau_{ij}) + x_i(k - \tau_i)) \right] - \beta v_i(k - \tau_i), \quad i \in \sigma_1
\tag{15.2}
$$

$$
u_l(k) = -\gamma \left[\sum_{j \in N_i} a_{lj}(x_j(k - \tau_{lj}) + x_l(k - \tau_i)) \right], \quad l \in \sigma_2
\tag{15.3}
$$

其中，τ_{ij} 为从节点 j 到节点 i 的通信时延；τ_i 为节点 i 的输入时延；$\alpha, \beta, \gamma > 0$ 为系统的控制参数。则在控制协议（15.2）和（15.3）下，异构系统（15.1）的闭环形式为

$$
\begin{cases}
\begin{cases}
x_i(k+1) = x_i(k) + v_i(k) \\
v_i(k+1) = v_i(k) - \alpha \left[\sum_{j \in N_i} a_{ij}(x_j(k - \tau_{ij}) + x_i(k - \tau_i)) \right] - \beta v_i(k - \tau_i), \quad i \in \sigma_1
\end{cases} \\
x_l(k+1) = x_l(k) - \gamma \left[\sum_{j \in N_l} a_{lj}(x_j(k - \tau_{lj}) + x_l(k - \tau_l)) \right], \quad l \in \sigma_2
\end{cases}
\tag{15.4}
$$

定理 15.1　系统拓扑为包含有向生成树的二分图，若以下条件成立，则异构多智能体系统（15.4）可达到渐近分组一致：

（1）存在一个实数 $\omega_{i0} \geqslant 0$ 满足等式 $\alpha d_i = 4\sin\dfrac{\omega_{i0}}{2}\cos\dfrac{(1+2\tau_i)\omega_{i0}}{2}\tan\dfrac{\omega_{i0}}{2}$，使得不等式

$2\beta - \alpha d_i > 4\sin\dfrac{\omega_{i0}}{2}\sin\dfrac{(1+2\tau_i)\omega_{i0}}{2}$ 成立；

（2）$\dfrac{\beta^2}{\alpha(\beta+2)} > \max\{d_i\}$，$\gamma < \dfrac{1}{\max\{\hat{d}_i\}}$；

（3）$\tau_i \in \left[0, \dfrac{1}{2\beta} - \dfrac{1}{2}\right]$，$i \in \sigma_1$，$\tau_i \in \left[0, \dfrac{1}{2\gamma\hat{d}_i} - \dfrac{1}{2}\right]$，$i \in \sigma_2$。

其中，$d_i = \sum\limits_{j \in N_i} a_{ij}(i \in \sigma_1)$，$\hat{d}_i = \sum\limits_{j \in N_i} a_{ij}(i \in \sigma_2)$。

证明　对系统（15.4）进行 z 变换，可得

$$
\begin{cases}
zx_i(z) = x_i(z) + v_i(z) \\
zv_i(z) = v_i(z) - \alpha\left[\sum\limits_{v_j \in N_i} a_{ij}(x_j(z)z^{-\tau_{ij}} + x_i(z)z^{-\tau_i})\right] - \beta v_i(z)z^{-\tau_i}, & i \in \sigma_1 \\
zx_l(z) = x_l(z) - \gamma\left[\sum\limits_{v_j \in N_i} a_{lj}(x_j(z)z^{-\tau_{ij}} + x_l(z)z^{-\tau_i})\right], & l \in \sigma_2
\end{cases}
\tag{15.5}
$$

其中，$x_i(z)$、$v_i(z)$ 分别表示 $x_i(k)$、$v_i(k)$ 经过 z 变换后的形式。

将式（15.5）改写为矩阵形式，分别令 $x_s(z) = (x_1(z), x_2(z), \cdots, x_n(z))^{\mathrm{T}}$，

$x_f(z) = (x_{n+1}(z), x_{n+2}(z), \cdots, x_{n+m}(z))^{\mathrm{T}}$，$\hat{D} + \hat{A} = \begin{cases} z^{-\tau_{ij}}a_{ij}, & i \neq j \\ \sum\limits_{j \in N_i} a_{ij}z^{-\tau}, & i = j \end{cases}$，现将矩阵表示为

$\hat{D} + \hat{A} = \begin{bmatrix} \hat{D}_s + \hat{A}_s + \hat{D}_{sf} & \hat{A}_{sf} \\ \hat{A}_{fs} & \hat{D}_f + \hat{A}_f + \hat{D}_{fs} \end{bmatrix}$，则由（15.5）可得

$$
\begin{cases}
(z-1)^2 x_s(z) = -\alpha(\hat{D}_s + \hat{A}_s + \hat{D}_{sf})x_s(z) - \alpha\hat{A}_{sf}x_f(z) - (z-1)\beta e^{-\tau_i}x_s(z) \\
(z-1)x_f(z) = -\gamma\hat{A}_{fs}x_s(z) - \gamma(\hat{D}_f + \hat{A}_f + \hat{D}_{fs})x_f(z)
\end{cases}
\tag{15.6}
$$

定义 $x(z) = (x_s(z), x_f(z))^{\mathrm{T}}$，则式（15.6）可改写为

$$
(z-1)x(z) = \hat{\Phi}(z)x(z)
\tag{15.7}
$$

其中

$$
\hat{\Phi}(z) = \begin{bmatrix} \dfrac{-(z-1)^2 I - \alpha(\hat{D}_s + \hat{A}_s + \hat{D}_{sf})}{\beta z^{-\tau_i}} & \dfrac{-\alpha\hat{A}_{sf}}{\beta z^{-\tau_i}} \\ -\gamma\hat{A}_{fs} & -\gamma(\hat{D}_f + \hat{A}_f + \hat{D}_{fs}) \end{bmatrix}
$$

由上可得系统的特征方程为

$$\det((z-1)I - \hat{\Phi}(z)) = 0 \tag{15.8}$$

由 Lyapunov 稳定性理论可知，若式（15.8）的特征根满足 $z=1$ 或位于复平面的单位圆内，则系统可以达到一致。接下来将分别讨论这两种情况。

当 $z=1$ 时，有 $\det((z-1)I - \hat{\Phi}(z)) = \left(\dfrac{\alpha}{\beta}\right)^n (-\gamma)^m \det(\hat{D} + \hat{A})$。根据引理 15.1 可知 $\det(\hat{D} + \hat{A}) = 0$，则式（15.8）的特征根在 $z=1$ 处。

当 $z \neq 1$ 时，定义 $\det((z-1)I - \hat{\Phi}(z)) = \det(I + G(z))$。其中 $G(z) = \dfrac{-\hat{\Phi}(z)}{z-1}$，具体表示为

$$G(z) = \frac{-\hat{\Phi}(z)}{z-1} = \begin{bmatrix} \dfrac{(z-1)^2 I + \alpha(\hat{D}_s + \hat{A}_s + \hat{D}_{sf})}{(z-1)\beta e^{-\tau_i}} & \dfrac{\alpha \hat{A}_{sf}}{(z-1)\beta z^{-\tau_i}} \\[4mm] \dfrac{\gamma \hat{A}_{fs}}{z-1} & \dfrac{\gamma(\hat{D}_f + \hat{A}_f + \hat{D}_{fs})}{z-1} \end{bmatrix} \text{。}$$

设 $z = e^{j\omega}$，根据奈奎斯特准则可知，当且仅当点 $(-1, j0)$ 不被奈奎斯特曲线 $G(e^{j\omega})$ 包围，式（15.8）的特征根才位于复平面的单位圆内，即此时可以确保系统达到一致。

根据盖尔圆盘定理可知，矩阵的所有特征根位于由 i 个圆盘 G_i 叠加的区域内，即 $\lambda(G(e^{j\omega})) \in \{G_i, i \in \sigma_1\} \bigcup \{G_i, i \in \sigma_2\}$。接下来将分别讨论二阶节点（$i \in \sigma_1$）和一阶节点（$i \in \sigma_2$）两种情况。

当 $i \in \sigma_1$，各圆盘可表示为

$$G_i = \left\{ x : x \in \mathbb{C}, \left| x - \frac{\alpha}{(e^{j\omega}-1)\beta} \sum_{j \in N_i} a_{ij} - \frac{e^{j\omega}-1}{\beta} e^{j\omega\tau_i} \right| \leqslant \sum_{j \in N_i} \left| \frac{\alpha a_{ij}}{(e^{j\omega}-1)\beta} e^{-j\omega(\tau_{ij}-\tau_i)} \right| \right\}$$

且各圆盘的圆心为

$$D_i(\omega) = \frac{\alpha}{(e^{j\omega}-1)\beta} \sum_{j \in N_i} a_{ij} + \frac{e^{j\omega}-1}{\beta} e^{j\omega\tau_i} \tag{15.9}$$

定义 $d_i = \sum\limits_{j \in N_i} a_{ij}(i \in \sigma_1)$，假定圆心 $D_i(\omega)$ 与复平面实轴的第一次交点为 ω_{i0}，则由公式（15.9）可得

$$\alpha d_i = 4 \sin\frac{\omega_{i0}}{2} \cos\frac{(1+2\tau_i)\omega_{i0}}{2} \tan\frac{\omega_{i0}}{2}$$

若点 $(-a, j0)(a \geqslant 1)$ 不被圆盘区域 $G_i(i \in \sigma_1)$ 包含，则其也可以不被奈奎斯特曲线包含，因此可得

$$\left| -a - \frac{\alpha d_i}{(e^{j\omega_{i0}}-1)\beta} - \frac{e^{j\omega_{i0}}-1}{\beta} e^{j\omega_{i0}\tau_i} \right| > \sum_{j \in N_i} \left| \frac{\alpha a_{ij}}{(e^{j\omega_{i0}}-1)\beta} e^{-j\omega_{i0}(\tau_{ij}-\tau_i)} \right| \tag{15.10}$$

利用欧拉公式，式（15.10）可改写为

$$\left| -a + \frac{\alpha d_i}{2\beta} - \frac{1}{\beta}(\cos(\omega_{i0}(1+\tau_i)) - \cos(\omega_{i0}\tau_i)) + j\left(-\frac{\alpha d_i}{2\beta}\frac{\sin\omega_{i0}}{1-\cos\omega_{i0}} + \frac{1}{\beta}(\sin(\omega_{i0}(1+\tau_i)) - \sin(\omega_{i0}\tau_i)) \right) \right|$$

$$> \sum_{j\in N_i} \left| \frac{\alpha a_{ij}}{\beta} \left(\begin{array}{l} -\frac{1}{2}\cos(\omega_{i0}(\tau_i - \tau_{ij})) - \frac{\sin\omega_{i0}\sin(\omega_{i0}(\tau_i - \tau_{ij}))}{2(1-\cos\omega_{i0})} \\ +j\left(\frac{\sin(\omega_{i0}(\tau_i - \tau_{ij}))}{2} - \frac{\sin\omega_{i0}\cos(\omega_{i0}(\tau_i - \tau_{ij}))}{2(1-\cos\omega_{i0})} \right) \end{array} \right) \right|$$

经过一系列推导可得

$$a^2 - a\left(\frac{\alpha d_i}{\beta} - 2\frac{\cos(\omega_{i0}(1+\tau_i)) - \cos(\omega_{i0}\tau_i)}{\beta} \right) + 2\frac{1-\cos\omega_{i0}}{\beta^2} - 2\frac{\alpha d_i\cos(\omega_{i0}(1+\tau_i))}{\beta^2} > 0 \tag{15.11}$$

易知式（15.11）对于所有 $a \geqslant 1$ 成立当且仅当以下两个不等式均成立：

$$2\beta - \alpha d_i > 4\sin\frac{\omega_{i0}}{2}\sin\frac{(1+2\tau_i)\omega_{i0}}{2} \tag{15.12}$$

$$1 - \frac{\alpha d_i}{\beta} + 2\frac{\cos\omega_{i0}(1+\tau_i) - \cos(\omega_{i0}\tau_i)}{\beta} + 2\frac{1-\cos\omega_{i0}}{\beta^2} - 2\frac{\alpha d_i\cos(\omega_{i0}(1+\tau_i))}{\beta^2} > 0 \tag{15.13}$$

已知 $\beta > 0$，式（15.13）等价于：

$$\begin{aligned} &\beta^2 - \alpha\beta d_i + 2\beta(\cos(\omega_{i0}(1+\tau_i)) - \cos(\omega_{i0}\tau_i)) \\ &+ 2(1-\cos\omega_{i0}) - 2\alpha d_i\cos(\omega_{i0}(1+\tau_i)) > 0 \end{aligned} \tag{15.14}$$

若满足以下两个不等式，则式（15.14）成立：

$$\beta^2 - \alpha\beta d_i - 2\alpha d_i\cos(\omega_{i0}(1+\tau_i)) > 0 \tag{15.15}$$

$$\beta\cos(\omega_{i0}(1+\tau_i)) - \cos(\omega_{i0}\tau_i) + 1 - \cos\omega_{i0} > 0 \tag{15.16}$$

已知 $\cos(\omega_{i0}(1+\tau_i)) \leqslant 1$，则由式（15.15）可得 $\frac{\beta^2}{\beta+2} > \alpha d_i$，由式（15.16）和引理 15.2 可得 $\tau_i < \frac{1}{2\beta} - \frac{1}{2}$。又已知时延 τ_i 非负，可得

$$\begin{cases} \dfrac{\beta^2}{\alpha(\beta+2)} > \max\{d_i\} \\ \tau_i \in \left[0, \dfrac{1}{2\beta} - \dfrac{1}{2} \right], \quad i \in \sigma_1 \end{cases}$$

当 $i \in \sigma_2$ 时，由盖尔圆盘定理可得

$$G_i = \left\{ x : x \in \mathbb{C}, \left| x - \frac{\gamma}{e^{j\omega}-1}\sum_{j\in N_i} a_{ij}e^{-j\omega\tau_i} \right| \leqslant \sum_{j\in N_i} \left| \frac{\gamma a_{ij}}{e^{j\omega}-1}e^{-j\omega\tau_{ij}} \right| \right\}$$

定义 $\hat{d}_i = \sum\limits_{j \in N_i} a_{ij}$，$i \in \sigma_2$。若点 $(-a, \mathrm{j}0)(a \geqslant 1)$ 不包含在圆盘区域 $G_i(i \in \sigma_2)$ 内，则下式

成立：

$$\left| -a - \frac{\gamma \hat{d}_i}{\mathrm{e}^{\mathrm{j}\omega} - 1} \mathrm{e}^{-\mathrm{j}\omega \tau_i} \right| > \sum_{j \in N_i} \left| \frac{\gamma a_{ij}}{\mathrm{e}^{\mathrm{j}\omega} - 1} \mathrm{e}^{-\mathrm{j}\omega \tau_y} \right|$$

经过一系列推导可得

$$a^2 - a\gamma \hat{d}_i \frac{\cos(\omega \tau_i) - \cos(\omega(1 + \tau_i))}{1 - \cos \omega} > 0 \tag{15.17}$$

由式（15.17）可得

$$\begin{cases} \gamma < \dfrac{1}{\max\{\hat{d}_i\}} \\ \tau_i \in \left[0, \dfrac{1}{2\gamma \max\{\hat{d}_i\}} - \dfrac{1}{2} \right], \quad i \in \sigma_2 \end{cases}$$

综上分析，定理 15.1 得证。

注 15.1　定理 15.1 的结论表明系统控制参数 α、β、γ 以及各智能体间的耦合强度 d_i 是系统可达分组一致与否的关键因素。并且减小控制参数或耦合强度都可以使系统接受更大的输入时延 τ_i，而智能体间的通信时延不影响系统达到分组一致。

注 15.2　不同智能体的输入时延上界不尽相同，其主要由系统控制参数和与之相邻的同阶节点的权重决定。

注 15.3　为了实现分组一致，通常所用的控制协议是基于智能体间的合作关系，处于合作关系中的智能体会相互靠近。然而，基于合作关系的系统对于拓扑的要求特殊，要求任一智能体所接收的来自不同分组邻居节点的权重和为零，即满足入度平衡条件。二分图的特点在于只允许不同分组间的智能体相互通信，所以可以利用基于竞争的控制协议实现分组一致，处于竞争关系中的智能体会互相排斥远离。基于竞争的系统放开了基于合作的系统所需的入度平衡条件，可以从一个全新的角度研究多智能体系统一致性问题。

15.4　例子与数值仿真

基于定理 15.1 中达到分组一致的充分条件，本节设计具体的系统实例来验证所得理论结果的正确性和离散异构系统分组一致性控制协议的有效性。

假定异构系统（15.4）的拓扑结构如图 15.1 所示，其为包含有向生成树的二分图。可以看出系统被分为两个分组 G_1 和 G_2，其中智能体节点 1 和 2 属于同一分组，节点 3、4、5 属于另一分组。不失一般性，假定节点 1 和 5 为二阶节点，节点 2、3、4 为一阶节点。此种情况下，每个分组内部的智能体节点无须拥有相同阶数的动力学方程。另一些研究异构分组一致性的文章[10-12]要求同一分组内智能体阶数相同，显然这是此处的一种特殊情况。

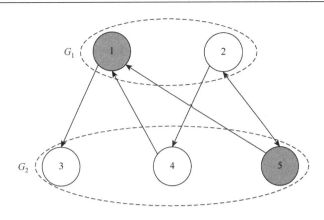

图 15.1　异构系统（15.4）的二分拓扑结构图

　　为便于观察，设每条边的权重为 $a_{ij}=0.1$，$i,j\in[1,5]$，易得各节点的入度为 $d_1=0.2$，$d_2=0.1$，$d_3=0.1$，$d_4=0.1$，$d_5=0.1$。根据定理 15.1 的条件，令 $\alpha=0.4$，$\beta=0.5$，$\gamma=1$，则各智能体节点的输入时延上限为 $\tau_1\leqslant\dfrac{1}{2}$s，$\tau_2\leqslant\dfrac{9}{2}$s，$\tau_3\leqslant\dfrac{9}{2}$s，$\tau_4\leqslant\dfrac{9}{2}$s，$\tau_5\leqslant\dfrac{1}{2}$s。在此，选取各节点输入时延为 $\tau_1=0.5$s，$\tau_2=4.5$s，$\tau_3=4.5$s，$\tau_4=4.5$s，$\tau_5=0.5$s。此时定理 15.1 中所有条件均已满足。由于节点间的通信时延不影响系统的收敛性，所以设通信时延为 $\tau_{ij}=1$s。各智能体节点的轨迹如图 15.2 所示，结果表明此异构系统达到渐近分组一致。

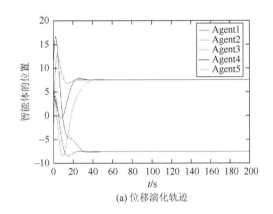

(a) 位移演化轨迹

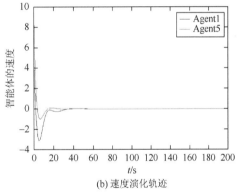

(b) 速度演化轨迹

图 15.2　当 $\tau_1=0.5$s、$\tau_2=4.5$s、$\tau_3=4.5$s、$\tau_4=4.5$s、$\tau_5=0.5$s、$\tau_{ij}=1$s 时，系统（15.4）中各智能体的状态演化图

　　此时若保持通信时延不变，将输入时延增大至 $\tau_1=3$s，$\tau_2=5$s，$\tau_3=4.5$s，$\tau_4=4.5$s，$\tau_5=0.5$s，结果如图 15.3 所示，结果表明输入时延超出定理 15.1 所给的上界，异构系统（15.4）将发散。若保持输入时延不变，将通信时延增大至 $\tau_{ij}=7$s，结果如图 15.4 所示，此时系统依然可以收敛达到分组一致，结果表明通信时延虽不能影响系统达到一致与否，但可影响系统达到一致的时间，通信时延越大，系统达到一致的时间越长。

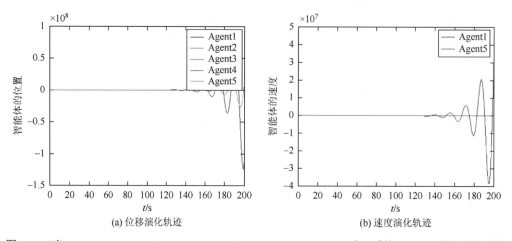

图 15.3　当 $\tau_1 = 3\text{s}$、$\tau_2 = 5\text{s}$、$\tau_3 = 4.5\text{s}$、$\tau_4 = 4.5\text{s}$、$\tau_5 = 0.5\text{s}$、$\tau_{ij} = 1\text{s}$ 时，系统（15.4）中各智能体的
状态演化图

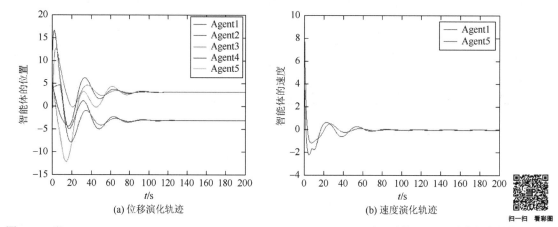

图 15.4　当 $\tau_1 = 0.5\text{s}$、$\tau_2 = 4.5\text{s}$、$\tau_3 = 4.5\text{s}$、$\tau_4 = 4.5\text{s}$、$\tau_5 = 0.5\text{s}$、$\tau_{ij} = 7\text{s}$ 时，系统（15.4）中各智能体的
状态演化图

15.5　本 章 小 结

　　本章基于有向二分图讨论了在通信时延和输入时延影响下离散异构多智能体系统的
分组一致性。通过设计基于竞争关系的控制协议使得系统可以在不满足入度平衡的情况下
达到分组一致。利用矩阵理论和频域分析法分析得到了保证异构系统达到一致的输入时延
上界，理论结果表明异构系统分组一致的达成与各智能体的输入时延、系统的控制参数以
及智能体网络的耦合强度有关，而与智能体间的通信时延无关。所设计的 MATLAB 仿真
实验也验证了本章所得理论结果的正确性。

参 考 文 献

[1]　Liu K，Ji Z，Xie G，et al. Consensus for heterogeneous multi-agent systems under fixed and switching topologies[J]. Journal

of the Franklin Institute，2015，352（9）：3670-3683.

[2]　Sun J，Geng Z. Adaptive consensus tracking for linear multi-agent systems with heterogeneous unknown nonlinear dynamics[J]. International Journal of Robust and Nonlinear Control，2016，26（1）：154-173.

[3]　Sun Y，Zhang G，Zhang S，et al. Consensus analysis for a class of heterogeneous multi-agent systems in fixed and switching topology[J]. Acta Physica Sinica，2014，63（22）：220201.

[4]　Sun Y，Zhang G，Zhang S，et al. Consensus equilibrium point analysis for a class of discrete-time heterogeneous multi-agent systems[J]. Control & Decision，2015，30（8）：1478-1484.

[5]　Liu C，Liu F. Stationary consensus of heterogeneous multi-agent systems with bounded communication delays[J]. Automatica，2011，47（9）：2130-2133.

[6]　Bernardo D M，SalviA，Santini S. Distributed consensus strategy for platooning of vehicles in the presence of time-varying heterogeneous communication delays[J]. IEEE Transactions on Intelligent Transportation Systems，2015，16（1）：102-112.

[7]　Yu J，Shi Y. Scaled group consensus in multiagent systems with first/second-order continuous dynamics[J]. IEEE Transactions on Cybernetics，2018，48（8）：2259-2271.

[8]　Feng Y，Xu S，Zhang B. Group consensus control for double-integrator dynamic multiagent systems with fixed communication topology[J]. International Journal of Robust and Nonlinear Control，2014，24（3）：532-547.

[9]　Shang Y. Group consensus of multi-agent systems in directed networks with noises and time delays[J]. International Journal of Systems Science，2015，46（14）：2481-2492.

[10]　Wen G，Yu Y，Peng Z，et al. Dynamical group consensus of heterogenous multi-agent systems with input time delays[J]. Neurocomputing，2016，175（PA）：278-286.

[11]　Liu C，Zhou Q，Hu X. Group consensus of heterogeneous multi-agent systems with fixed topologies[J]. International Journal of Intelligent Computing and Cybernetics，2015，8（4）：294-311.

[12]　Zheng Y，Wang L. A novel group consensus protocol for heterogeneous multi-agent systems[J]. International Journal of Control，2015，88（11）：2347-2353.

[13]　Liu C，Liu F. Dynamical consensus seeking of heterogeneous multi-agent systems under input delays[J]. International Journal of Communication Systems，2013，26（10）：1243-1258.

[14]　Wang Q，Wang Y. Cluster synchronization of a class of multi-agent systems with a bipartite graph topology[J]. Science China Information Sciences，2014，57（1）：1-11.

[15]　Godsil C，Royle G. Algebraic Graph Theory[M]. New York：Springer-Verlag，2001：19-32.

[16]　Yu J Y，Shi Y. Scaled group consensus in multiagent systems with first/second-order continuous dynamics[J]. IEEE Transactions on Cybernetics，2018，48（8）：2259-2271.

[17]　Wang L，Xiao F. A new approach to consensus problems in discrete-time multiagent systems with time-delays[J]. Science in China，2007，50（4）：625-635.

[18]　Sun Y，Zhang G，Zhang S，et al. Consensus equilibrium point analysis for a class of discrete-time heterogeneous multi-agent systems[J]. Control & Decision，2015，30（8）：1479-1484.

第16章 基于竞争-合作关系的离散异构多智能体系统分组一致性

16.1 引　言

20世纪80年代，科学家开始对自然界中生物的群集现象产生浓厚的兴趣，并试图探索这些现象中的内在规律加以应用。随后此领域的研究系统发展成为复杂系统及其协同控制这一学科。如今，多智能体系统协同控制已经应用到包括机器人编队控制[1, 2]、分布式传感器网络[3, 4]、无人机编队控制[5, 6]等各个领域。一致性问题是多智能体系统协同控制的关键问题，其是指设计合理的分布式控制协议使得一个系统中所有的智能体节点达到相同的状态，这个状态可以是位移、速度、海拔、温度等。随着多智能体系统规模越来越大及其应用场景越来越丰富，系统构造也日趋复杂。因此，涌现出了各种类型的一致性研究课题，例如，讨论在时变因素的影响下多智能体系统的演化特点[7, 8]，研究如何在有限时间内使多智能体系统达到一致[9-11]等。分组一致性问题由于能满足大规模任务分解和并行执行多任务的应用需求，也一直是一致性问题的一个研究热点。在多智能体分组一致性问题研究中，整个系统通信网络被划分为数个分组，通过分组控制协议的引导，使各个分组内部的智能体节点逐渐收敛到一起，而不同分组间不会相互靠近。时至今日，分组一致性问题已被大量研究，包括一阶/二阶动力学系统[12-14]、固定/切换拓扑系统[12, 15]、时延/噪声影响下的系统[13, 16]等。

上述提到的大部分相关文献都基于同构多智能体系统，即整个系统内所有的智能体具有相同的动力学方程。然而，由于外界环境差异和内部通信限制等因素，一个系统内部的智能体动力学模型互不相同。另外，灵活设计拥有不同动力学行为的智能体系统可以优化系统模型，从而减少控制成本。异构系统的模型构造可以是多样的，例如，由不同阶（包括一阶和二阶）智能体节点构成[17]，由一阶但具有不同适应结构和输入限制的智能体节点构成[18]，由高阶且具有不确定通信时延智能体节点构成[19]等。同时，由于异构系统的动力学模型的复杂性，其分组一致性问题的研究难度进一步增大。文献[15]讨论了在固定和切换拓扑下异构系统的一致性问题。文献[20]研究了线性和非线性异构系统并针对各分组提出了确保系统实现分组一致的条件。利用频域分析法和矩阵论，文献[13]提出了确保受输入时延影响的异构系统达到分组一致的代数条件。显然，相比同构系统，异构多智能体系统的分析难度更大，并且综合目前的成果来看相关研究仍然欠缺，这是本章研究内容的灵感来源。

通常，对多智能体系统分组一致性的研究是基于智能体之间的合作关系，处于合作关系中的智能体有彼此靠近的趋势。然而，绝大多数基于合作关系的一致性研究都基于一个较为严苛的条件，其要求任意节点接收的来自不同分组的邻居节点的边权重之和为零，称为入度平衡条件，这大大限制了实际应用中网络的拓扑结构。然后，受自然界中存在的不同种群间生物相互竞争现象的启发，有学者开始探索另一种基于竞争关系的分组一致性问题。处在竞争关系中的多智能体有相互远离对方的趋势。利用二分图的特殊结构以及智能体间的竞争关系，文献[21]实现了多智能体系统的二分组一致性，其系统的最终平衡状态的值互为相反数。但二分图的局限性在于其只允许不同分组间存在通信关系而同一分组内的智能体不能互相连接传递信息，这对实际应用中的网络拓扑结构也是一大约束。

基于合作关系的保守的入度平衡条件和基于竞争关系的二分图通信限制激发了我们结合合作关系和竞争关系来探索分组一致性的想法，其控制协议令处于同一分组内的智能体相互合作靠近而处于不同分组间的智能体相互竞争远离。

本章在第 15 章异构系统动力学方程的基础上，设计全新的合作-竞争控制协议以有效实现系统的分组一致，并且系统拓扑既不需要满足入度平衡条件也不需要限制其仅为二分图。同样，考虑实际应用中普遍存在的通信时延和输入时延，并利用频域分析法得到保证异构系统达到分组一致的时延上界。在第 15 章离散系统动力学方程的基础上考虑系统的采样周期，使得系统控制更加灵活，实际应用更加广泛。

16.2　预 备 知 识

本章所要用到的代数图论、矩阵理论和一致性理论与第 15 章类似，这里补充一个不同于二分图的一般连通图的矩阵性质。

引理 16.1[12]　对于一个包含有向生成树的图，其拉普拉斯矩阵 L 的唯一特征值为零，即 $\det(L) = 0$ 且 $\mathrm{rank}(L) = n - 1$。

16.3　问题描述及一致性分析

一个包含 $n+m$ 个智能体节点的离散异构多智能体系统，设前 n 个为二阶节点，后 m 个为一阶节点，考虑采样周期 T 的系统动力学方程如下：

$$
\begin{cases}
\begin{cases}
x_i(k+1) = x_i(k) + Tv_i(k) \\
v_i(k+1) = v_i(k) + Tu_i(k)
\end{cases}, & i \in \sigma_1 \\
x_l(k+1) = x_l(k) + Tu_l(k), & l \in \sigma_2
\end{cases}
\tag{16.1}
$$

其中，一阶节点集合为 $\sigma_1 = \{1, 2, \cdots, n\}$，二阶节点集合为 $\sigma_2 = \{n+1, n+2, \cdots, n+m\}$，且 $\sigma = \sigma_1 \bigcup \sigma_2$。$u_i(k), x_i(k), v_i(k) \in \mathbb{R}$ 分别表示 i 节点的控制输入、位移和速度。

此时节点 i 的二阶邻居节点和一阶邻居节点可分别用 $N_{i,s}$ 和 $N_{i,f}$ 表示，则节点 i 的所有邻居节点集为 $N_i = N_{i,f} \bigcup N_{i,s}$。系统拓扑图的邻接矩阵为 $A = \begin{bmatrix} A_s & A_{sf} \\ A_{fs} & A_f \end{bmatrix}$，相应的拉普

拉斯矩阵为 $L = D - A = \begin{bmatrix} L_s + D_{sf} & -A_{sf} \\ -A_{fs} & L_f + D_{fs} \end{bmatrix}$。$D_{sf} = \text{diag}\left\{\sum\limits_{j \in N_{i,f}} a_{ij}, i \in \sigma_1\right\}$ 表示一阶节点 i

从其二阶邻居节点接收到的边权重和，$D_{fs} = \text{diag}\left\{\sum\limits_{j \in N_{i,s}} a_{ij}, i \in \sigma_2\right\}$ 表示二阶节点 i 从其一

阶邻居节点接收到的边权重和。

利用同一分组内部智能体间合作靠近和不同分组间智能体竞争远离的思想，本章设计了如下控制协议以使异构多智能体系统达到分组一致：

$$u_i(k) = \alpha\left\{\sum_{j \in N_{Si}} a_{ij}(x_j(k-\tau_{ij}) - x_i(k-\tau_i)) - \sum_{j \in N_{Di}} a_{ij}(x_j(k-\tau_{ij}) + x_i(k-\tau_i))\right\} - \beta v_i(k-\tau_i), \quad i \in \sigma_1$$

$$（16.2）$$

$$u_l(k) = \gamma\left\{\sum_{j \in N_{Sl}} a_{lj}(x_j(k-\tau_{lj}) - x_l(k-\tau_l)) - \sum_{j \in N_{Dl}} a_{lj}(x_j(k-\tau_{lj}) + x_l(k-\tau_l))\right\}, \quad l \in \sigma_2$$

$$（16.3）$$

其中，N_{Si} 和 N_{Di} 分别为一阶节点 i 的相同分组邻居节点和不同分组邻居节点；τ_{ij} 为从节点 j 到节点 i 的通信时延；τ_i 为节点 i 的输入时延；对于二阶节点 l，N_{Sl}、N_{Dl}、τ_{lj} 和 τ_l 具有相对应的意义。$\alpha, \beta, \gamma > 0$ 为系统的控制参数。则在控制协议（16.2）和（16.3）下，异构系统（16.1）的闭环形式为

$$\begin{cases} \begin{cases} x_i(k+1) = x_i(k) + Tv_i(k) \\ v_i(k+1) = v_i(k) + \alpha T\left\{\sum\limits_{j \in N_{Si}} a_{ij}(x_j(k-\tau_{ij}) - x_i(k-\tau_i)) - \sum\limits_{j \in N_{Di}} a_{ij}(x_j(k-\tau_{ij}) + x_i(k-\tau))\right\} \\ \qquad - \beta Tv_i(k-\tau_i), \quad i \in \sigma_1 \end{cases} \\ x_l(k+1) = x_l(k) + \gamma T\left\{\sum\limits_{j \in N_{Sl}} a_{lj}(x_j(k-\tau_{lj}) - x_l(k-\tau_l)) \right. \\ \qquad \left. - \sum\limits_{j \in N_{Dl}} a_{lj}(x_j(k-\tau_{lj}) + x_l(k-\tau_l))\right\}, \quad l \in \sigma_2 \end{cases}$$

$$（16.4）$$

定理 16.1　系统拓扑为包含有向生成树的图，若以下条件成立，则异构多智能体系统（16.4）可达到渐近一致：

（1）存在一个实数 $\omega_{i0} \geq 0$ 满足等式 $\alpha T^2 d_i = 4\sin\dfrac{\omega_{i0}}{2}\cos\dfrac{(1+2\tau_i)\omega_{i0}}{2}\tan\dfrac{\omega_{i0}}{2}$，使得不

等式 $2\beta T - \alpha T^2 d_i > 4\sin\dfrac{\omega_{i0}}{2}\sin\dfrac{(1+2\tau_i)\omega_{i0}}{2}$ 成立；

（2）$\dfrac{\beta^2}{\alpha(\beta+2)} > \max\{d_i\}$，$\gamma < \dfrac{1}{\max\{\hat{d}_i\}}$；

（3）$\tau_i \in \left[0, \dfrac{1}{2\beta T} - \dfrac{1}{2}\right](i \in \sigma_1)$，$\tau_i \in \left\{0, \dfrac{1}{2\gamma T \max\{\hat{d}_i\}} - \dfrac{1}{2}\right\}(i \in \sigma_2)$。

其中，$d_i = \sum\limits_{j \in N_i} a_{ij} (i \in \sigma_1)$，$\hat{d}_i = \sum\limits_{j \in N_i} a_{ij} (i \in \sigma_2)$。

证明　系统（16.4）经过 z 变换后如下：

$$\begin{cases} zx_i(z) = x_i(z) + Tv_i(z) \\ zv_i(z) = v_i(z) + \alpha T \left\{ \sum\limits_{j \in N_{Si}} a_{ij}(x_j(k-\tau_{ij}) - x_i(k-\tau_i)) - \sum\limits_{j \in N_{Di}} a_{ij}(x_j(k-\tau_{ij}) + x_i(k-\tau_i)) \right\} \\ \qquad - \beta Tv_i(z)z^{-\tau_i}, \quad i \in \sigma_1 \\ zx_l(z) = x_l(z) + \gamma T \left\{ \sum\limits_{j \in N_{Si}} a_{lj}(x_j(k-\tau_{lj}) - x_l(k-\tau_l)) - \sum\limits_{j \in N_{Di}} a_{lj}(x_j(k-\tau_{lj}) + x_l(k-\tau_l)) \right\}, \quad l \in \sigma_2 \end{cases}$$

$$(16.5)$$

其中，$x_i(z)$、$v_i(z)$ 分别表示 $x_i(k)$、$v_i(k)$ 经过 z 变换后的形式。

令 $x_s(z) = (x_1(z), x_2(z), \cdots, x_n(z))^{\mathrm{T}}$，$x_f(z) = (x_{n+1}(z), x_{n+2}(z), \cdots, x_{n+m}(z))^{\mathrm{T}}$ 及

$$\hat{L} = \begin{cases} -z^{-\tau_{ij}} a_{ij}, & i \neq j \\ \sum\limits_{j \in N_i} a_{ij} z^{-\tau_i}, & i = j \end{cases}$$，则可得式（16.5）的矩阵形式：

$$\begin{cases} (z-1)^2 x_s(z) = -\alpha T^2(\hat{L}_s + \hat{D}_{sf})x_s(z) - \alpha T^2 \hat{A}_{sf} x_f(z) - \beta T(z-1)\mathrm{e}^{-\tau_i} x_s(z) \\ (z-1)x_f(z) = -\gamma T\hat{A}_{fs}x_s(z) - \gamma T(\hat{L}_f + \hat{D}_{fs})x_f(z) \end{cases} \quad (16.6)$$

定义 $x(z) = (x_s(z), x_f(z))^{\mathrm{T}}$，则式（16.6）可改写为

$$(z-1)x(z) = \hat{\Phi}(z)x(z) \qquad (16.7)$$

其中，$\hat{\Phi}(z) = \begin{bmatrix} \dfrac{-(z-1)^2 I - \alpha T^2(\hat{L}_s + \hat{D}_{sf})}{\beta T z^{-\tau_i}} & \dfrac{-\alpha T^2 \hat{A}_{sf}}{\beta T z^{-\tau_i}} \\ -\gamma T\hat{A}_{fs} & -\gamma T(\hat{L}_f + \hat{D}_{fs}) \end{bmatrix}$。

由此可得系统的特征方程为

$$\det((z-1)I - \hat{\Phi}(z)) = 0 \qquad (16.8)$$

根据 Lyapunov 稳定性理论，若式（16.8）的特征根满足 $z = 1$ 或位于复平面的单位圆内，则系统可以达到一致。接下来分别讨论这两种情况：

当 $z = 1$ 时，有 $\det((z-1)I - \hat{\Phi}(z)) = \left(\dfrac{\alpha}{\beta}\right)^n (-\gamma)^m \det(\hat{L})$。由引理 16.1 可知 $\det(\hat{L}) = 0$，则式（16.8）的特征根在 $z = 1$ 处。

当 $z \neq 1$ 时，定义 $\det((z-1)I - \hat{\Phi}(z)) = \det(I + G(z))$。其中 $G(z) = \dfrac{-\hat{\Phi}(z)}{z-1}$，具体表示为

$$G(z) = \frac{-\hat{\Phi}(z)}{z-1} = \begin{bmatrix} \dfrac{(z-1)^2 I + \alpha T^2 (\hat{L}_s + \hat{D}_{sf})}{(z-1)\beta T e^{-\tau_i}} & \dfrac{\alpha T \hat{A}_{sf}}{(z-1)\beta z^{-\tau_i}} \\ \dfrac{\gamma T \hat{A}_{fs}}{z-1} & \dfrac{\gamma T (\hat{L}_f + \hat{D}_{fs})}{z-1} \end{bmatrix}$$

设 $z = e^{j\omega}$，根据广义奈奎斯特准则可知，当且仅当点 $(-1, j0)$ 不被奈奎斯特曲线 $G(e^{j\omega})$ 包围时，式（16.8）的特征根才位于复平面的单位圆内，即此时可以确保系统达到一致。

根据盖尔圆盘定理有 $\lambda(G(e^{j\omega})) \in \{G_i, i \in \sigma_1\} \bigcup \{G_i, i \in \sigma_2\}$，接下来分别讨论二阶节点（$i \in \sigma_1$）和一阶节点（$i \in \sigma_2$）两种情况。

当 $i \in \sigma_1$，各圆盘可表示为

$$G_i = \left\{ x : x \in \mathbb{C}, \left| x - \frac{\alpha T}{(e^{j\omega}-1)\beta} \sum_{j \in N_i} a_{ij} - \frac{e^{j\omega}-1}{\beta T} e^{j\omega\tau_i} \right| \leqslant \sum_{j \in N_i} \left| \frac{\alpha T a_{ij}}{(e^{j\omega}-1)\beta} e^{-j\omega(\tau_{ij}-\tau_i)} \right| \right\}$$

且各圆盘的圆心为

$$D_i(\omega) = \frac{\alpha T}{(e^{j\omega}-1)\beta} \sum_{j \in N_i} a_{ij} + \frac{e^{j\omega}-1}{\beta T} e^{j\omega\tau_i} \tag{16.9}$$

定义 $d_i = \sum_{j \in N_i} a_{ij} (i \in \sigma_1)$，假定圆心 $D_i(\omega)$ 与复平面实轴的第一个交点为 ω_{i0}，则由公式（16.9）可得

$$\alpha T^2 d_i = 4 \sin \frac{\omega_{i0}}{2} \cos \frac{(1+2\tau_i)\omega_{i0}}{2} \tan \frac{\omega_{i0}}{2}$$

若点 $(-a, j0)(a \geqslant 1)$ 不被圆盘区域 $G_i(i \in \sigma_1)$ 包含，则其也可以不被奈奎斯特曲线包含，因此可得

$$\left| -a - \frac{\alpha T d_i}{(e^{j\omega_{i0}}-1)\beta} - \frac{e^{j\omega_{i0}}-1}{\beta T} e^{j\omega_{i0}\tau_i} \right| > \sum_{j \in N_i} \left| \frac{\alpha T a_{ij}}{(e^{j\omega_{i0}}-1)\beta} e^{-j\omega_{i0}(\tau_{ij}-\tau_i)} \right| \tag{16.10}$$

利用欧拉公式，式（16.10）可改写为

$$\left| -a + \frac{\alpha T d_i}{2\beta} - \frac{1}{\beta T}(\cos(\omega_{i0}(1+\tau_i)) - \cos(\omega_{i0}\tau_i)) + j\left(-\frac{\alpha T d_i}{2\beta} \frac{\sin \omega_{i0}}{1-\cos \omega_{i0}} + \frac{1}{\beta T}(\sin(\omega_{i0}(1+\tau_i)) - \sin(\omega_{i0}\tau_i)) \right) \right|$$
$$> \sum_{j \in N_i} \left| \frac{\alpha T a_{ij}}{\beta} \left[-\frac{1}{2}\cos(\omega_{i0}(\tau_i - \tau_{ij})) - \frac{\sin \omega_{i0} \sin(\omega_{i0}(\tau_i - \tau_{ij}))}{2(1-\cos \omega_{i0})} + j\left(\frac{\sin(\omega_{i0}(\tau_i - \tau_{ij}))}{2} - \frac{\sin \omega_{i0} \cos(\omega_{i0}(\tau_i - \tau_{ij}))}{2(1-\cos \omega_{i0})} \right) \right] \right|$$

经过推导可得

$$a^2 - a\left(\frac{\alpha T d_i}{\beta} - 2 \frac{\cos \omega_{i0}(1+\tau_i) - \cos(\omega_{i0}\tau_i)}{\beta T} \right) + 2 \frac{1-\cos \omega_{i0}}{\beta^2 T^2} - 2 \frac{\alpha d_i \cos(\omega_{i0}(1+\tau_i))}{\beta^2} > 0$$

$$\tag{16.11}$$

易知式（16.11）对于所有 $a \geqslant 1$ 成立当且仅当以下两个不等式均成立：

$$2\beta T - \alpha T^2 d_i > 4\sin\frac{\omega_{i0}}{2}\sin\frac{(1+2\tau_i)\omega_{i0}}{2} \tag{16.12}$$

$$1 - \frac{\alpha T d_i}{\beta} + 2\frac{\cos\omega_{i0}(1+\tau_i) - \cos(\omega_{i0}\tau_i)}{\beta T} + 2\frac{1 - \cos\omega_{i0}}{\beta^2 T^2} - 2\frac{\alpha d_i\cos(\omega_{i0}(1+\tau_i))}{\beta^2} > 0 \tag{16.13}$$

已知控制参数 $\beta > 0$，则式（16.13）等价于：

$$\begin{aligned}
&\beta^2 T^2 - \alpha\beta T^3 d_i + 2\beta T(\cos(\omega_{i0}(1+\tau_i)) - \cos(\omega_{i0}\tau_i)) \\
&+ 2(1 - \cos\omega_{i0}) - 2\alpha T^2 d_i\cos(\omega_{i0}(1+\tau_i)) > 0
\end{aligned} \tag{16.14}$$

若以下两个不等式满足，则式（16.14）成立：

$$\beta^2 - \alpha\beta T d_i - 2\alpha d_i\cos(\omega_{i0}(1+\tau_i)) > 0 \tag{16.15}$$

$$\beta T(\cos(\omega_{i0}(1+\tau_i)) - \cos(\omega_{i0}\tau_i)) + 1 - \cos\omega_{i0} > 0 \tag{16.16}$$

由于 $\cos(\omega_{i0}(1+\tau_i)) \leqslant 1$，则由式（16.15）可推得 $\dfrac{\beta^2}{\beta T + 2} > \alpha d_i$；由式（16.16）和引理 15.2 可推得 $\tau_i < \dfrac{1}{2\beta T} - \dfrac{1}{2}$。

当 $i \in \sigma_2$ 时，由盖尔圆盘定理可得

$$G_i = \left\{ x : x \in \mathbb{C}, \left| x - \frac{\gamma T}{e^{j\omega} - 1}\sum_{j \in N_i} a_{ij}e^{-j\omega\tau} \right| \leqslant \sum_{j \in N_i}\left| \frac{\gamma T a_{ij}}{e^{j\omega} - 1}e^{-j\omega\tau_{ij}} \right| \right\}$$

定义 $\hat{d}_i = \displaystyle\sum_{j \in N_i} a_{ij}, \quad i \in \sigma_2$。若点 $(-a, \mathrm{j}0)(a \geqslant 1)$ 不包含在圆盘区域 $G_i (i \in \sigma_2)$ 内，则公式（16.17）成立：

$$\left| -a - \frac{\gamma T\hat{d}_i}{e^{j\omega} - 1}e^{-j\omega\tau_i} \right| > \sum_{j \in N_i}\left| \frac{\gamma T a_{ij}}{e^{j\omega} - 1}e^{-j\omega\tau_{ij}} \right| \tag{16.17}$$

经过推导可得

$$a^2 - a\gamma\hat{d}_i\frac{\cos(\omega\tau_i) - \cos(\omega(1+\tau_i))}{1 - \cos\omega} > 0 \tag{16.18}$$

由式（16.18）可得 $\dfrac{1}{\gamma T} > \hat{d}_i$ 和 $\tau < \dfrac{1}{2\gamma T\hat{d}_i} - \dfrac{1}{2}$。

综上分析，定理 16.1 得证。

注 16.1　定理 16.1 的结论表明系统控制参数 α、β、γ，各智能体间的耦合强度 d_i 和采样周期 T 是离散多智能体系统可达分组一致的关键因素。并且采样周期固定，减小控制参数或耦合强度都可以使系统接受更大的输入时延 τ_i。而智能体间的通信时延不影响系统达到分组一致。

注 16.2　考虑到节点 i 的邻居节点可以来自与它相同的分组 N_{Si}，也可来自与它不同的分组 N_{Di}。由此本章设计了针对这两种情况区别处理的控制协议，使系统中的智能体可以逐渐收敛到两个不同的状态。此协议使得系统最终的收敛值互为相反数，称

为二分组一致。此种控制协议使系统拓扑结构既不用满足入度平衡条件也不只适用于
二分图。

16.4　仿真验证

本节设计具体的仿真实例来验证定理 16.1 所得理论结果的正确性和基于合作-竞争关
系的分组一致性控制协议的有效性。

设计一个含有生成树的有向图（图 16.1）作为异构系统（16.4）的拓扑结构。此时系
统被分为 G_1 和 G_2 两个分组，其中智能体节点 1 和 2 属于分组 G_1，节点 3、4、5 属于分
组 G_2。设节点 1 和 5 为二阶节点，节点 2、3、4 为一阶节点。另一些研究异构分组一致
性的文章[9, 22, 23]要求同一分组内智能体阶数相同，与之不同的是在此种情况下，每个分组
内的智能体节点也可是异构的。为了更具代表性，图 16.1 此时仅包含一个有向连通图所
需的最少的边，可以根据需要加入更多的同组合作边和异组竞争边。

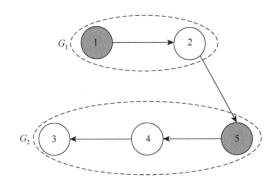

图 16.1　异构系统（16.4）的拓扑结构图

由图 16.1 可知邻接矩阵为
$\begin{bmatrix} 0 & 0.1 & 0 & 0 & 0 \\ 0 & 0 & 0 & 0 & 0 \\ 0 & 0 & 0 & 0.2 & 0 \\ 0 & 0 & 0 & 0 & 0.4 \\ 0 & 0.5 & 0 & 0 & 0 \end{bmatrix}$
，此时各节点的入度为 $d_1 = 0.1$ ，

$d_2 = 0$ ， $d_3 = 0.2$ ， $d_4 = 0.4$ ， $d_5 = 0.5$ 。不失一般性，可设采样周期为 $T = 0.05\text{s}$ ，控制
参数为 $\alpha = 2$ ， $\beta = 1.5$ ， $\gamma = 1.5$ 。根据定理 16.1 可得各节点的输入时延上界 $\tau_{1,5} \leqslant \dfrac{37}{6}\text{s}$ ，

$\tau_{2,3,4} \leqslant \dfrac{97}{6}\text{s}$ ，选取 $\tau_1 = 6\text{s}$ ， $\tau_2 = 16\text{s}$ ， $\tau_3 = 16\text{s}$ ， $\tau_4 = 16\text{s}$ ， $\tau_5 = 6\text{s}$ 。此时定理 16.1 中
所有条件均已满足。由于节点间的通信时延不影响系统的收敛性，所以设通信时延
为 $\tau_{ij} = 20\text{s}$ 。各智能体节点的轨迹如图 16.2 所示，结果表明此异构系统达到渐近分组
一致。

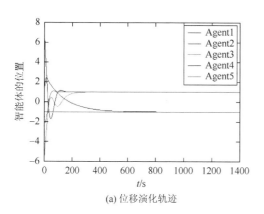
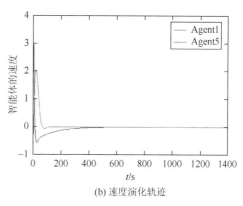

(a) 位移演化轨迹　　　　　　　　　　(b) 速度演化轨迹

图 16.2　当 $\tau_1 = 6\text{s}$、$\tau_2 = 16\text{s}$、$\tau_3 = 16\text{s}$、$\tau_4 = 6\text{s}$、$\tau_5 = 6\text{s}$、$\tau_{ij} = 20\text{s}$ 时，系统（16.4）中各
智能体的状态演化图

　　若保持通信时延不变，将输入时延增大至 $\tau_1 = 20\text{s}$，结果如图 16.3 所示，结果表明输入时延超出定理 16.1 所给的上界，异构系统（16.4）将发散。若保持输入时延不变，将通信时延增大至 $\tau_{ij} = 300\text{s}$，此时系统仍能收敛，结果（图 16.4）表明通信时延不是系统达成一致的决定性因素，但可影响系统达到一致的时间，通信时延越大，系统达到一致的时间越长。

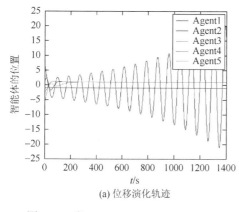
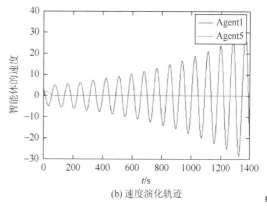

(a) 位移演化轨迹　　　　　　　　　　(b) 速度演化轨迹

图 16.3　当 $\tau_1 = 20\text{s}$、$\tau_2 = 16\text{s}$、$\tau_3 = 16\text{s}$、$\tau_4 = 16\text{s}$、$\tau_5 = 6\text{s}$、$\tau_{ij} = 20\text{s}$ 时，系统（16.4）中各
智能体的状态演化图

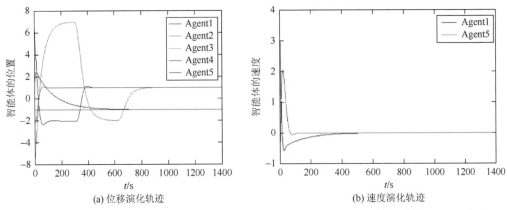

(a) 位移演化轨迹　　　　　　　　　　　　　　(b) 速度演化轨迹

图 16.4　当 $\tau_1 = 20\text{s}$、$\tau_2 = 16\text{s}$、$\tau_3 = 16\text{s}$、$\tau_4 = 16\text{s}$、$\tau_5 = 6\text{s}$、$\tau_{ij} = 300\text{s}$ 时，系统（16.4）中各
智能体的状态演化图

16.5　本 章 小 结

本章在第 15 章工作的基础上研究了拓扑结构为含有生成树的有向图的异构多智能体系统的分组一致性问题，提出了全新的基于合作-竞争关系的一致性控制协议，有效放开了入度平衡条件和二分图的约束条件，使系统拓扑结构更加普通。同时考虑了通信时延和输入时延的影响，利用频域分析法和代数理论分析得到了确保系统达到一致的时延上界。理论结果表明，影响系统达到一致的关键因素为采样周期、控制输入、耦合强度和输入时延，通信时延不影响系统一致的达成。仿真实例验证了理论结果的正确性，更进一步说明了通信时延虽不决定系统的一致性，但会影响系统达到一致的时间。

参 考 文 献

[1] Chen J，Sun D，Yang J，et al. Leader-follower formation control of multiple non-holonomic mobile robots incorporating a receding horizon scheme[J]. The International Journal of Robotics Research，2010，29（6）：727-747.

[2] Chang Y，Chang C，Chen C，et al. Fuzzy sliding-mode formation control for multirobot systems：Design and implementation[J]. IEEE Transactions on Systems，Man and Cybernetics，Part B（Cybernetics），2012，42（2）：444-457.

[3] Soummya K，José M. Distributed consensus algorithms in sensor networks：Quantized data and random link failures[J]. IEEE Transactions on Signal Processing，2010，58（3）：1383-1400.

[4] Michael K，O'Keefe S G，Thiel D V. Consensus clock synchronization for wireless sensor networks[J]. IEEE Sensors Journal，2012，12（6）：2269-2277.

[5] Laszlo T，David G，Craig A. Coordinated aerobiological sampling of a plant pathogen in the lower atmosphere using two autonomous unmanned aerial vehicles[J]. Journal of Field Robotics，2010，27（3）：335-343.

[6] Alex S，Kamran M. A fluid dynamic based coordination of a wireless sensor network of unmanned aerial vehicles：3-D simulation and wireless communication characterization[J]. IEEE Sensors Journal，2011，11（3）：722-736.

[7] Li X，Cao J. An impulsive delay inequality involving unbounded time-varying delay and applications[J]. IEEE Transactions Automatic Control，2017，62（7）：3618-3625.

[8] Zhao Y，Liu Y，Li Z，et al. Distributed average tracking for multiple signals generated by linear dynamical systems：An edge-based framework[J]. Automatica，2017，75（C）：158-166.

[9]　Zhao Y，Duan Z，Wen G. Distributed finite-time tracking of multiple Euler-Lagrange systems without velocity measurements[J]. International Journal of Robust and Nonlinear Control，2014，25（11）：1688-1703.

[10]　Liu Y，Zhao Y，Ren W，et al. Appointed-time consensus：Accurate and practical designs[J]. Automatica，2018，89：425-429.

[11]　Liu X，Lam J，Yu W，et al. Finite-time consensus of multiagent systems with a switching protocol[J]. IEEE Transactions on Neural Networks & Learning Systems，2016，27（4）：853-862.

[12]　Feng Y，Xu S，Zhang B. Group consensus control for double-integrator dynamic multiagent systems with fixed communication topology[J]. International Journal of Robust and Nonlinear Control，2014，24（3）：532-547.

[13]　Wen G，Yu Y，Peng Z，et al. Dynamical group consensus of heterogenous multi-agent systems with input time delays[J]. Neurocomputing，2016，175（PA）：278-286.

[14]　Yu J，Shi Y. Scaled group consensus in multiagent systems with first/second-order continuous dynamics[J]. IEEE Transactions on Cybernetics，2018，48（8）：2259-2271.

[15]　Wen G，Huang J，Wang C. Group consensus control for heterogeneous multi-agent systems with fixed and switching topologies[J]. International Journal of Control，2016，89（2）：259-269.

[16]　Shang Y. Group consensus of multi-agent systems in directed networks with noises and time delays[J]. International Journal of Systems Science，2015，46（14）：2481-2492.

[17]　Liu C，Liu F. Dynamical consensus seeking of heterogeneous multi-agent systems under input delays[J]. International Journal of Communication Systems，2013，26（10）：1243-1258.

[18]　Xiao F，Chen T. Adaptive consensus in leader-following networks of heterogeneous linear systems[J]. IEEE Transactions on Control of Network Systems，2017，5（3）：1169-1176.

[19]　Tian Y，Zhang Y. High-order consensus of heterogeneous multi-agent systems with unknown communication delays[J]. Automatica，2012，48（6）：1205-1212.

[20]　Qin J，Ma Q，Gao H，et al. On group synchronization for interacting clusters of heterogeneous systems[J]. IEEE Transactions on Cybernetics，2016，47（12）：4122-4133.

[21]　Wang Q，Wang Y. Cluster synchronization of a class of multi-agent systems with a bipartite graph topology[J]. Science China Information Sciences，2014，57（1）：1-11.

[22]　Wu Z，Fang H. Improvement for consensus performance of multi-agent systems based on delayed-state-derivative feedback[J]. Journal of Systems Engineering and Electronics，2012，23（1）：137-144.

[23]　Zhao Y，Duan Z，Wen G，et al. Distributed finite-time tracking control for multi-agent systems：An observer-based approach[J]. Systems & Control Letters，2013，62（1）：22-28.